人类的故事

The Story of Mankind

（美国）房龙 著

庆学先 译

U0340753

时代出版传媒股份有限公司

安徽文艺出版社

图书在版编目（CIP）数据

人类的故事/（美）房龙（Van Loon, H. W.）著；庆学先译. 一合肥：安徽文艺出版社，2012.4

（理想图文藏书·房龙作品）

ISBN 978-7-5396-4066-2

Ⅰ. ①人… Ⅱ. ①房… ②庆… Ⅲ. ①人类学－通俗读物 ②世界史－通俗读物 Ⅳ. ①Q98-49 ②K109

中国版本图书馆CIP数据核字（2012）第033230号

出 版 人：朱寒冬　　　　丛书统筹：岑　杰
特约编辑：张秀琴　　　　责任编辑：岑　杰
图片解说：大雅堂　　　　装帧设计：视觉共振工作室

出版发行：时代出版传媒股份有限公司　www.press-mart.com
　　　　　安徽文艺出版社　www.awpub.com
地　　址：合肥市翡翠路1118号　　邮政编码：230071
营 销 部：(0551)3533889
印　　制：天津海德伟业印务有限公司　电话：022-29937888

开本：889×1194　1/32　印张：17.875　字数：400千字
版次：2012年5月第1版　2021年5月第2次印刷
定价：52.00元

房龙的笔，有这一种魔力，但这也不是他的特创，这不过是将文学家的手法，拿来用以讲述科学而已。

——郁达夫

前言

汉斯及威廉:

　　我十二三岁时,引导我爱上书籍和图画的伯父答应带我进行一次难以忘怀的探险。我要跟他一起登上鹿特丹老圣劳伦斯教堂的塔顶。

　　于是,在一个风和日丽的日子里,一位教堂司事拿来一把钥匙,竟然与圣彼得的天国钥匙一般大[1]。他打开了一扇神秘的大门,说道:"回来想出去时,拉拉铃。"随着生锈的旧铰链发出巨大的声响,他锁上了大门,将繁忙街道的喧嚣之声与我们隔绝开来,使得我们置身于一个新奇而又陌生的世界。

　　我平生第一回遇到寂静竟能听见的现象。当我们踏上第一段楼梯时,我对自然现象的有限认识又有一个发现,即竟能触摸黑暗。划亮一根火柴,照亮我们向上的道路。我们登上一层又一层,数不清上了多少层,似乎不计其数,突然间我们置身于一片光明之中。这一层与教堂的顶部齐平,用作储藏室,里面堆放的圣像积满了厚厚的灰尘,它们属于某个古老的宗教,这一宗教多年以前便被这座城市善良的居民所弃绝。曾被先辈视为重如生死的器物,在这里沦为废物尘埃和垃圾。辛劳的耗子在雕像之间筑窝,一贯警觉的蜘蛛在一尊看似慈善的圣像张开的胳膊之间结网。

---

[1] 耶稣对他的门徒彼得说:"我要把天国的钥匙给你,凡你在地上捆绑的,在天上也要捆绑;凡你在地上所释放的,在天上也要释放。"(《圣经·马太福音》)

又登上一层楼梯，我们这才发现亮光来自何处。宽大的窗户嵌着厚重的铁条，完全敞开，这间高高在上的屋子成了数百只鸽子栖息的场所。风透过铁栅栏吹进来，空气中夹杂着一种神秘而愉悦的音乐。那是城市的嘈杂之声，从我们的脚下传来，由于距离遥远而被纯化和洗涤。驮重的马车的隆隆声、马蹄的踢踏声、吊车和滑轮的吱咄声，以及数以千计不同行业的人们耐心劳作而发出的吁吁喘气声，这一切汇成了一种温柔的簌簌低语，成为鸽子咕咕叫声的背景声。

楼梯到此为止，再往上必须爬梯子。第一段梯子又旧又滑，必须小心翼翼踩稳每一级。爬上第一段梯子以后，迎面是一个崭新而伟大的奇迹——城市的时钟。我看到了时间的心脏，我听到了飞快的秒钟沉重的脉搏声，1秒钟、2秒钟、3秒钟，直到60秒钟。接着，随着一阵猛然的震颤声，所有的齿轮仿佛一齐停止了转动，又1分钟从永恒的时间中截除。没有片刻的停留，1秒钟、2秒钟、3秒钟，最终是一声钟鸣，头顶上众多的齿轮发出轰然的响声，告诉世界现在是正午。

再往上一层安放着各式的挂钟，既有漂亮的小钟，也有可怕的大钟。中间悬挂一口大钟，半夜听到敲响的钟声，便会获悉失火或洪水的消息，那时我总会吓得浑身僵硬。在孤寂而庄严的氛围中，大钟似乎在回忆与鹿特丹的人民共享欢乐与哀愁的600年。大钟的四周挂着一圈小钟，整整齐齐，就像一家旧式药店中悬挂的蓝色大口瓶，一周两次，为进城到市场上买卖东西并探听大千世界万般变化的乡下人演奏欢快的乐曲。一口巨大的黑钟孤零零待在一个角落，沉默而肃穆，那是死亡之钟，其他的钟对之敬而远之。

随后，我们再次置身于黑暗之中，梯子比刚才所爬的梯子更陡更险。突然间，迎面扑来一股来自广阔天地的清新空气。我们到达了塔楼的最高点。头顶是天空，脚下是城市——玩具般的小镇，人们似成群的蚂蚁匆匆忙忙地爬来爬去，各自忙着自己的事情。远处，在一堆乱石之外是开阔的绿色田野。

这是我对大千世界的最初一瞥。

自此以后，一有机会，我便登上楼顶，自得其乐。虽然登楼极不容易，可是体力的付出却能带来充足的回报。

此外，我清楚会得到什么回报。我可以纵览大地和天空，聆听我那位好心的朋友——塔楼看守人——讲述的各种故事。塔楼的一个隐蔽的角落搭建了一间小屋，看守人住在里面。看守人负责照顾报时钟，他还是那些挂钟的父亲，发现火情时就敲钟报警。闲暇的工夫很多，这时他便抽着烟斗，安静地想着自己的心思。他几乎是在50年前上的学，很少会看完一本书，但是他在塔顶住了多年，从周边的广阔世界汲取了丰富的智慧。

他熟知历史，历史对他来说是活生生的事实。"看那儿，"他会指着河弯说，"就在那儿，我的孩子，你看见那些树了吗？奥兰治亲王[1]在那儿挖开了河堤，淹没了大片的田地，解了莱顿之困。"抑或他会给我讲老默兹河[2]的故事，这条宽阔的河流经过一个普通的港口，然后注入大海，载着德·鲁伊特[3]与特龙普[4]指挥的舰队进行了那一次著名的航行，直到他们为了所有人都能在海上自由航行而奉献了自己的生命。

---

1 奥兰治亲王威廉一世（1533—1584），又称"奥兰治的威廉"，外号"沉默者威廉"，他领导了反抗西班牙统治的荷兰独立战争，1581年任联省共和国（即荷兰共和国）第一任执政。

2 默兹河源于法国朗格勒高原，大致向北流，经比利时和荷兰注入北海。

3 米歇尔·阿德里安松·德·鲁伊特（1607—1676），荷兰历史上最杰出的海军将领，17世纪曾多次打败英格兰人和法兰西人。

4 科内利斯·特龙普（1629—1691），第一次英荷战争（1652—1654）因表现出色而晋升海军少将，在第二次英荷战争（1664—1667）期间任海军中将，1691年任荷兰共和国军队总司令。

再前面是几座小村庄，佑护村庄的教堂建在村庄的中间，教堂多年以前曾是守护圣徒们的居所。远处还能望见代尔夫特[1]的斜塔，在高耸的拱顶视野之内，沉默者威廉遭人暗杀，格鲁特[2]开始学习拉丁文造句。再远处是豪达[3]的教堂绵长而低矮的建筑，举世闻名的伊拉斯谟[4]早年住在那里，他是教堂收养的孤儿，他以自己的行动证明了一个人的智慧远比许多皇帝的军队更加强大。

最后是无垠的大海银色的边际，与近在脚下的屋顶、烟囱、花园、学校和铁路等我们称之为家的各种建筑形成鲜明的对比。塔楼以新的姿态向我们展示了古老的家园。从塔顶俯瞰下去，街道、集市、工厂和作坊杂乱无章的喧嚣成为一种有序的表达方式，反映了人类的干劲和人生的目的。最让人欣慰的是，纵览萦绕在我们四周的昔日辉煌能给我们增添新的勇气，有助于我们回头处理日常事务时直面未来的种种困难。

历史是一座雄伟的经验之塔，由时间在过往的岁月中搭建。登上这座古老建筑的顶端一览全景并非易事，因为没有电梯，但是年轻人的双脚强健有力，能够完成此任。

我在这里把开启大门的钥匙交给你们。

等你们回来时，你们会理解我的兴致为什么那么高。

亨德里克·威廉·房龙

1　代尔夫特（Delft），荷兰的一个城市，位于海牙和鹿特丹之间。

2　胡戈·德·格鲁特（Hugo de Groot或Hugo Grotius，1583—1645），荷兰哲学家、法学家和政治学家。

3　豪达（Gouda），荷兰的一个小镇，距离鹿特丹东北方向25公里。

4　伊拉斯谟（约1466—1536）），又名德西德里乌斯·伊拉斯谟、沉稳伊拉斯谟，荷兰哲学家，16世纪初欧洲人文主义主要代表人物，著有《愚人颂》。

目录

房龙

人类的故事

（美国）房龙 著

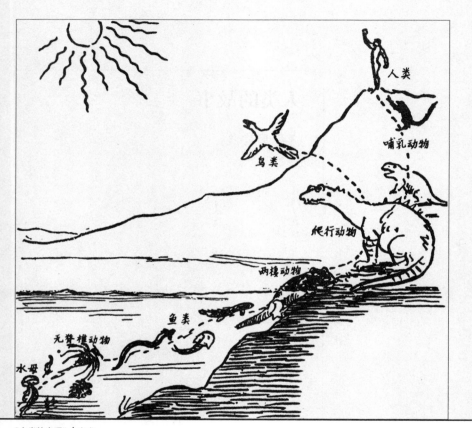

人类

鸟类

哺乳动物

爬行动物

两栖动物

鱼类

无脊椎动物

水母

《人类的出现》｜房龙

第1章　人类历史舞台的形成

我们生活在一个巨大问号的阴影之下。

我们是谁？

我们从哪儿来？

我们要去向哪里？

凭着不懈的勇气，我们将这一问号慢慢推向越来越远的天际，希望最终找到答案。

迄今为止，我们还没有走出多远。

虽然我们仍然知之甚少，但是我们至少可以推测出许多事情，而且相当准确。

我在这一章要告诉你们，根据我们的最佳推测，人类最初活动的舞台是如何搭建起来的。

如果我们以一根长线来代表动物生命在我们这个星球上可能存活的时间，那么这条线末端的一条短线即表示人类（或与人多少有些类似的生命）在地球上生活的时间。

人类出现的时间最晚，却最先使用脑力征服大自然。基于这一原因，我们才研究人类而非猫、狗、马或其他动物，尽管它们同样经历了非常有趣的历史发展进程。

最初，据目前所知，我们居住的星球曾是一个燃烧的巨大球体，在浩瀚无边的宇宙中只不过是一块微小的烟云。数百万年以后，其表面渐渐燃烧殆尽，最终覆盖了一层薄薄的岩石。暴雨不断地冲刷生机全无的岩石，坚硬的花岗岩石裸露在外，剥落的泥土被带进雾气笼罩的高山峡谷之间。

最终雨过天晴，太阳破云而出，小小的星球遍布众多的小水洼，进而形成东西半球巨大的海洋。

随后的某一天，伟大的奇迹发生了。死寂的世界诞生了生命。

第一个活细胞漂流在大海之上。

在数百万年间，这一细胞随波漂荡，漫无目标。在此期间，它却不断形成某些习性，以便更加适于在环境恶劣的地球上生存。有些细胞乐于待在池塘湖泊的黑暗深处，扎根于从山顶冲刷而下的淤泥之间，进而变成了植物。另一些细胞更愿意四处游荡，长出了奇形怪状的腿，带有关节，像蝎子一样，然后开始在海底植物和状似水母的淡绿色物体之间爬行。还有一些身上覆盖鳞片的细胞游来游去，以寻找食物，渐渐变成了海洋中繁若晨星的鱼类。

与此同时，植物的数量不断增加，它们需要寻找新的居所。海底的空间容纳不下，于是它们很不情愿地离开水域，在沼泽地和山脚下的泥岸建立新家。一天两次的潮汐卷来的海水将它们淹没。在没有潮汐的时间，植物尽量适应所处的不利环境，力争在覆盖于地球表面的稀薄空气里生存下来。经过数百年的训练，它们学会了如何在空气里自在生活，就像以前在水中生活一样。它们增大了体形，变成了灌木和大树，最终学会长出美丽的花朵，吸引忙碌的野蜂和鸟儿。野蜂和鸟儿将植物的种子带到四面八方，直到整个陆地布满了绿色的草地和大树的浓荫。同时，有一些鱼类也开始迁离海洋，它们学会了用鳃和肺呼吸。我们称之为两栖动物，因为它们在水里和陆上同样都能轻松自在地生活。从你们走过的小路上穿过的第一只青蛙便能够说明两栖动物的乐趣。

一旦离开了水，这些动物便越来越适应陆上生活。有一些动物成为爬行动物，即像蜥蜴一样爬行的动物，它们与昆虫一起分享森林的寂静。为了更加迅捷地穿过松软的土壤，它们发展了自己的肢体，增大了自己的体形，直到全世界到处都是庞然大物。

生物学手册将这些动物列为鱼龙、斑龙和雷龙，它们长达30至40英尺，如果跟大象在一起玩，它们就像一只完全长大的老猫带着小猫玩耍一样。

爬行动物科的某些动物开始生活在100英尺高的树顶。虽然它们不再需要腿移动，但是必须能够从一棵树枝迅速跃上另一棵树枝。于是，它们的身体两侧与脚趾之间的部分皮肤变得像降落伞，这些薄薄的肉膜进而又逐渐长出了羽毛，尾巴则变为方向航。它们就这样开始在树林间飞行，最终进化成真正的鸟类。

这时，一件神秘的事情发生了。所有这些庞大的爬行动物在短时间内悉数灭绝。我们不知道其中的原因。也许是因为气候突然有了变化，也许是因为它们的身体长得过于庞大，因而行动困难，再也不能游泳、奔走和爬行。肥美的蕨类植物和树叶近在咫尺，它们却只能眼睁睁看着，然后活活饿死。不管出于什么原因，统治地球数百万年的古爬行动物帝国到此就覆灭了。

现在，地球开始被不同的动物占据，它们是爬行动物的子孙，但是性情与体质迥异于自己的祖先。它们用乳房"哺育"自己的后代，因此现代科学称之为"哺乳动物"。它们褪去了鱼类身上的鳞甲，也不像鸟儿那样长出羽毛，而是周身覆以浓密的毛发。哺乳动物由此发展出另一些比其他动物更适合延续种族的习性。雌性动物将受精卵孕含在身体内部，直至孵化下一代。同时期的其他动物将自己的下一代置于严寒酷热之下，不顾它们可能会遭遇猛兽袭击的危险，而哺乳动物却将自己的下一代长期留在身边，在它们无法应对各种天敌的脆弱阶段悉心呵护。年幼的哺乳动物从母亲身上学到很多东西，因而更有机会生存下去。如果看过母猫如何教小猫照顾自己，如何洗脸，如何捉老鼠等，你们便能理解这一道理。

关于哺乳动物，其实不用我多说。许多情况你们都了解，你们的四周都是哺乳动物。它们是你们日常生活的同伴，出没于街道和家庭。在动物园的铁栅栏后面，你们还能目睹那些不太熟悉的近亲哺乳动物。

人类现在发生了突变，不再像其他动物一样，在浑浑噩噩中重复生死的过程，转而开始使用理智来改变自己种族的命运。

有一头哺乳动物特别聪明，在觅食和寻找栖身之所方面，他的技能大大超过了其他的动物。它不仅学会用前肢捕捉猎物，而且通过长期的训练，进化出类似手掌的前爪。又经过无数次的尝试，它还学会了用两条后腿站立，并能保持身体的平衡。这个动作难度非常大，尽管整个人类直立行走的历史已有上百万年，但是每一个小孩子在成长过程中都得从头学起。

虽然这种动物一半像猿、一半像猴，但是却比这两者都优越，并且成为地球上最成功的猎手，能在各种气候条件下生活。出于安全的考虑，同时也便于相互照顾，它们常常成群结队行动。它们一开始只能发出奇怪的咕哝声，以此警告自己的子女们危险正在迫近。经过几十万年的发展，它们竟然学会了如何用喉音来交谈。

你们也许难以相信这种动物就是最初的"类人"的祖先。

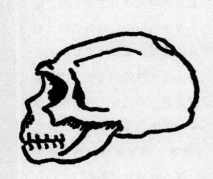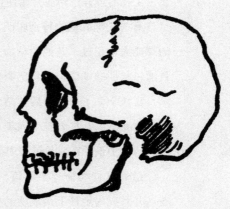

《人类头骨的成长》| 房龙

第2章 我们最早的祖先

关于第一批"真正的"人，我们所知甚少。我们不曾见过他们的照片。在古老的土壤最深的一层，我们有时会找到他们的碎骨，与早已从地球上灭绝的其他动物的碎骨埋在一起。人类学家是学识渊博的科学家，专门研究动物王国的成员之一——人类，他们搜集的这些骨头，能够重构我们最早的祖先，准确度相当高。

人类最早的祖先是一种非常丑陋的哺乳动物，毫无出众之处。他身材矮小，比今天的人类矮小得多。在盛夏炙热的阳光和严冬刺骨的寒风作用下，他的皮肤是黑褐色的。他的脑袋、大部分的躯体和臂腿长着又粗又长的毛发。他的手指纤细而有力，看上去像是猴掌。他的前额下陷，下颚如同把利齿当做刀叉的野兽下颚。他赤身裸体，从未见过火，只看到过火山喷发的火焰。那时地球上到处都是隆隆作响的火山，烟雾弥漫，熔岩横流。

他住在森林深处潮湿的阴暗地带，就像今天非洲的俾格米人[1]一样。饥饿难忍时，他便生吃树叶和草根，或者不顾发怒的禽鸟，取走鸟蛋，喂养自己的幼儿。偶尔经过长久而耐心的追逐，他会抓到一只麻雀，一只小狗，或一只野兔。这些东西他都是生吃，因为他还没有发现食物烧煮以后味道更好。

白天，原始人四处寻觅可食之物。夜幕降临大地时，他便将妻子儿女藏在一个树穴中，或者藏在一些巨大的圆石的后面，因为他们的周围到处是残暴凶猛的野兽。天黑以后，这些野兽便开始游荡，为配偶和仔兽猎寻食物，人也是它们喜欢吃的对象。那是一个你不吃野兽即被野兽所吃的世界，生活是非常不幸的，因为这样的

---

1 俾格米人是尼格罗—澳大利亚人种中的一个类型，分布在非洲中部，以及亚洲的安达曼群岛、马来半岛、菲律宾和大洋洲某些岛屿。

生活充满了恐惧和苦难。

夏天，人类饱受烈日的暴晒；冬季，幼儿会冻死在怀中。人类一旦受伤，比如猎杀动物经常会导致骨折或脚踝扭伤，如果得不到任何的照顾，必然会凄惨而死。

像动物园里许多动物怪叫一样，早期的人类也喜欢叫个不停。换句话说，人类老是重复谁也听不懂的胡言乱语，因为他们喜欢听见自己发出的声音。时间一长，他们发现一旦遇到危险，他们可以用喉部发出的声音来警示同伴。他们会用刺耳的尖叫表示"那里有老虎！"或"这里有5头大象。"随后，其他人应声嘟哝几声，表示"我看见它们了"，或者"我们赶紧跑，然后躲起来。"这大概就是所有语言的由来。

然而，正如我在前面所说的那样，我们对于人类的起源所知甚少。早期的人类没有工具，也不会建造自己的房屋。他们生死一世，除去几片锁骨和几片头盖骨外，没有留下任何生存的痕迹。通过这些骨头碎片，我们得知在数万年以前，完全不同于其他动物的某些哺乳动物曾经栖居在这个世界。他们很可能从另一种类似猿的不明动物进化而来，进而学会后腿直立走路，以前爪当手。此外，他们很可能与某种生物有关，而他们碰巧又是我们的直系祖先。

我们所知的情况仅此而已，对于其他的情况则一无所知。

《史前期的欧洲》| 房龙

第3章 史前人

史前人开始为自己制造工具

早期的人类不知道时间的意义。他们没有生日、结婚纪念日或死亡忌日的记载，对年月日没有概念。但是，他们掌握了季节交替变化的规律，因为他们发现严冬过后必定是温暖的春天，春天之后又是炎热的夏天，那时成熟的野果和野麦的穗子可以食用。夏天结束时，阵阵突起的狂风吹落树叶，于是动物们纷纷准备迎接漫长的冬眠。

这时发生了一件不同寻常而又令人惊恐的事情。气候起了变化。炎热的夏季姗姗来迟，野果还没有成熟。一向是青草遍地的山顶仍然覆盖着一层厚厚的白雪。

随后的一天早晨，一大群野人从高山地带游荡下来，他们和住在附近的其他人极不相同。他们看上去骨瘦如柴，面有饥色。他们叽叽咕咕，说着谁也听不懂的话。他们似乎在说他们食不果腹。现有的食物不够养活原住民和新移民，可是新移民却赖着不走。几天以后，双方手脚并用，展开了一场可怕的厮杀，一家又一家的人惨遭杀害。其他人逃回到山坡上，在暴风雪再次袭来时被冻死了。

居住在森林中的人们吓得要死。白天一直在缩短，夜晚比以往更加寒冷。最终，在两座高山之间的一条豁缝中，出现了一小块呈现绿色的冰块，冰块迅速变大，不久，巨大的冰川便从山上滑下，将巨石推入山谷。冰块、泥土和岩石组成的阵阵急流突然奔腾而下，砸死了睡梦中的森林居民，轰鸣之声甚于十几场暴风雨一并袭来。百年大树拦腰切断，继而燃烧不止。随后天开始下雪。

大雪连绵不绝。所有的植物都已死去，动物纷纷寻找南方的阳光。人们背起年幼的孩子，跟在动物的后面，可是他们无法像野兽那样奔跑。他们只得赶紧想办法，否则就会迅速死亡。他们似乎愿意赶紧想办法，因为他们曾经设法在可怕的冰川期生存下来。冰川期先后发生了4次，几乎将人类赶尽杀绝。

首先，人们必须遮盖自己的身体，否则就会被冻死。他们学会了挖洞设陷阱，上面盖上树枝和树叶，用来捕捉熊和鬣狗。困住猎物以后，他们搬来大石头把它们砸死，然后剥下兽皮给自己和家人做外套。

其次是住宿问题。这一点倒是简单。许多动物习惯于睡在黑暗的山洞中。人类模仿它们，于是把野兽从温暖的家中赶出去，将山洞据为己有。

即便如此，对于大多数人来说，天气实在过于恶劣，老人和幼儿大量死亡。这时，一个天才想到了使用火。有一次外出打猎时，他遇到了森林大火。他记得自己差一点被火烧死。火在以前一直是人类的敌人，现在却成了人类的朋友。那人把一棵枯树拖进了洞里，再从正在燃烧的树林中取来一根冒烟的树枝将它点燃。熊熊的火焰使得山洞变成了一个温暖舒适的房间。

一天晚上，一只死鸡掉进了火堆。死鸡烧透了才被拣出来。人们这才发现肉烧熟了味道更好，于是立即放弃了无异于其他动物的旧习，开始烹饪自己的食物。

这样又过了数万年。只有头脑最聪明的人活了下来。他们必须日夜与饥饿和寒冷斗争。他们被迫发明了工具。他们学会了将尖利的石块磨成石斧，学会了制造石锤。他们不得不为漫长的冬日储存大量食物。他们发现了泥土可以捏成碗和罐，放在阳光下晒干以后便能使用。因此，曾经威胁人类生存的冰川期成了人类最伟大的导师，迫使人类动用自己的大脑。

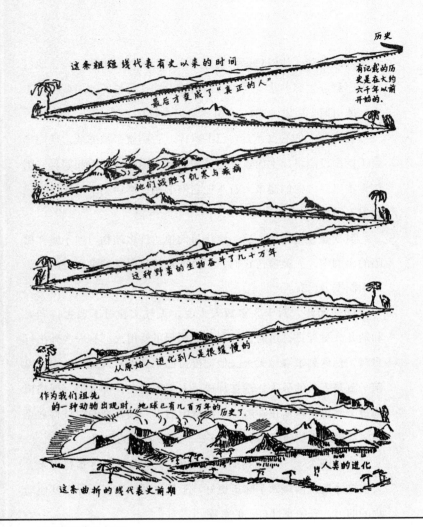

历史

这条粗短线代表有史以来的时间

有记载的历史是在大约六千年以前开始的.

最后才变成了"真正的人"

他们战胜了饥寒与疾病

这种野蛮的生物奋斗了几十万年

从原始人进化到人是很缓慢的

作为我们祖先的一种动物出现时，地球已有几百万年的历史了.

人类的进化

这条曲折的线代表史前期

《史前史和历史》┃房龙

第4章　象形文字

埃及人发明了书写术，历史从此有了记录。

我们那些生活在欧洲荒野的最早的祖先迅速学习着许多新的事物。假以时日，应该说他们会放弃野蛮的生活方式，发展自己的文明。但在突然之间，他们不再与外界隔绝，他们被人发现了。

一个旅行者从不为人知的南方横渡大海，翻越高山，来到了欧洲大陆，见到了那些野人。他来自非洲，他的家乡在埃及。

在西方人做梦都没有想过刀叉、车轮或房屋的数千年之前，尼罗河流域便进入了文明的高级阶段。我们暂时不谈那些穴居的祖先，先谈谈地中海的南岸和东岸，那里分布了人类最早的一支。

埃及人教会了我们许多东西。他们是优秀的农民。他们熟悉灌溉的一切事宜。他们建筑了庙宇，这些庙宇不仅日后成为希腊人仿造的对象，而且也是现今宗教崇拜场所最初的雏形。他们发明了计时的历法，这种历法一直沿用至今，直到今天才作了少许的改变。最重要的是，埃及人学会了如何记录语言，以便传给子孙后代。他们发明了书写术。

我们习惯于阅读报刊书籍，因而想当然地以为人类一直掌握读写的能力。其实，虽然书写是最重要的发明，但却不是久远以前的发明。如果没有书面文献，我们便和猫狗一般，猫狗因为不会书写，只会教会幼仔简单的几招，无法传承以往历代猫狗所掌握的经验教训。

公元前1世纪，古罗马人来到了埃及，发现尼罗河流域到处都能见到奇异的小块图画，它们似乎与该国的历史有关。可是，罗马人对"一切外来的东西"都不感兴趣，他们对庙宇的墙壁、

《索斯神》┃埃及神话中司知识和魔法的神

宫殿的墙壁和不计其数的纸草[1]上面古怪的图形未予深究。制作这些图画曾是一门神圣的艺术，熟悉这一艺术的最后一名埃及祭司在几年之前去世。埃及被剥夺了主权以后，便成为一个仓库，堆满了重要的历史文献，无人能够译解，对人对兽都毫无用处。

17个世纪过去了，埃及仍是一个神秘之国。1798年，一位姓波拿巴的法兰西将军[2]碰巧造访东非，准备攻击英属印度殖民地。他没有越过尼罗河，他的出征以失败告终，可是法兰西这次著名的远征却在偶然之间破解了古埃及人的象形文字。

尼罗河的河口有一条河叫罗塞塔河，附近的小城堡中有一个法兰西青年军官，他有一天感到百无聊赖，于是决定外出几个小时，前往尼罗河三角洲的废墟搜寻一番。看啊！他找到了一块让他大惑不解的石头。像埃及的其他东西一样，石头上面尽是小块的图画。可是这块黑玄武岩石板不同于以往发现的任何物件。它上面刻有3种铭文，其中之一是希腊文。希腊文是为人所知的语言。他由此推断："只要将埃及图画与希腊文字对照，奥秘就能迎刃而解。"

这一计划听起来非常简单，但是解开这一谜团却用了20多年。1802年，一位名叫商博良[3]的法兰西教授开始对比研究著名的罗塞塔石碑上刻写的希腊铭文和古埃及铭文。1823年，他宣称自己破解了14个小块图形文字的意义。虽然他在不久之后劳累而

---

1 纸草的学名是Cyperus Papyrus，这是一种生长在沼泽地的植物。古代埃及曾经盛产纸草，并且用它制作纸张。英语中纸（paper）一词即来自"纸草"。

2 拿破仑·波拿巴（1769—1821），法国大革命期间脱颖而出，为欧洲历史上最著名的将领之一。拿破仑两度称帝，1815年兵败滑铁卢之后被迫流亡于圣赫勒拿岛，1821年5月5日去世。

3 让·弗朗索瓦·商博良（1790—1832），法国历史学家、语言学家，率先破译罗塞塔石碑，被誉为埃及学之父。

死，但是古埃及文字的主要规律已经查明。今天，我们对尼罗河流域历史的了解多于对密西西比河历史的了解，因为我们掌握了4000年历史的文字记录。

英语中，"象形文字"一词来自希腊语，意即"神圣的文字"。古埃及象形文字在历史上发挥了重大的作用，其中几个字母改变了形状，变成了欧洲语言的字母，所以你们应该了解这种精妙的文字系统。古埃及人在5000年前使用这种文字系统，记录了口头表达的语言以传承后代。

你们当然知道什么是表记语言。美国西部平原的印第安人流传着各种故事，每一个故事都会提到使用小块的图画传递奇怪的信息，诸如杀了多少头野牛，或有多少个猎人参加了某一次狩猎。总的来说，理解这些信息的含义并不难。

然而，古埃及文字不是表记语言。聪明的尼罗河流域人民早就超越了那个阶段。他们的图画除了指代事物，另有深刻的含义，现在我便尽量向你们加以说明。

假定你是商博良，正在研究一叠带有象形文字的纸草。你突然发现一张男人持锯的图画。你肯定会说："那好，这当然是表示农民外出伐树。"随后，你拿起另一张纸草，上面讲述一个82岁去世的王后的故事。句子中间出现了一个男人持锯的图画。82岁的王后不会拉锯。因此，这一图画必定另有含义。可是，究竟是什么含义呢？

商博良终于解开了这一谜底。他发现古埃及人率先使用我们现在所称的"表音文字"，这种文字系统可以再现一个口述单词的声音，借助点、横和钩等几个笔画，便能把所有口述的单词都变成书面语言。

让我们再来谈一谈持锯的小人。"saw"（锯）这个单词或许指你们在木工房可以看到的一件工具，也可以指代动词"to see"（看见）的过去时。

若干个世纪间，单词就是这么演变的。它最初仅是指代工具。这一单词随后丧失了原意，转而变成一个动词的过去 时。过了几百年，古埃及人忘记了这两个意义，于是

这个图画代表一个字母，即字母S。现举一个短句子加以说明。一个现代英语句子用象形文字写出来会是这样。

 或表示头上两个圆形的物体，你们看得见，或意

为"I"（我），即正在说话的人。

 或是一个采集蜂蜜的昆虫，或是代表动词"to be"（是）。再者，它也许是动词"be-come"（成为)或"be-have"（举止)的前一部分。在这一例句中，其后的 意

思是"leave"（树叶）或"live"（离开)或"lieve"（欣然），这三个词发音相同。

你知道"eye"(眼睛)代表的是什么。

最后你看到 这样一幅图画。它是长颈鹿。这是古代表记语言的一部分，象形文字即从古代表记语言演变而来。

你现在可以轻易理解我写的句子。

"I belive I saw a giraffe."（我相信我看见了一头长颈鹿。）

埃及人在发明了这种文字系统之后，数千年间不断对其加以完善，最终能够书写一切事物。他们使用这些"表音文字"与朋友互通信息、登记商业账目，并且记录自己国家的历史，以便让后人能从过去的错误中吸取教训。

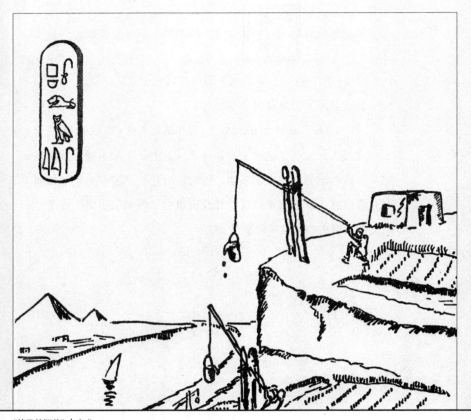

《埃及的河谷》｜房龙

第5章　尼罗河流域

文明始于尼罗河流域

人类的历史是一种饥饿的生物寻找食物的记录。何处食物丰盛，人们就去何处安家立业。

远古时期，尼罗河流域便闻名遐迩。人们成群结队，从非洲内地、阿拉伯沙漠和亚洲西部来到埃及，分享那里富饶的农田。这些入侵者共同组成了一个新的民族，自称"雷米"（remi）即"人"，犹如我们有时称非洲为"上帝的国度"一样。他们有理由感激命运的眷顾，引导他们来到这个狭长的地带。每年的夏季，尼罗河便变成了浅湖，河水一退去，田地和牧场覆盖上一层数英寸厚的沃土。

埃及有一条造福一方的河流，所起的作用胜过百万人，能够养活历史上第一批大城市的众多居民。虽然所有的可耕地并非全在尼罗河流域，但狭小的运河和汲水的桔槔组成了复杂的取水系统，从河面引水至最高的河岸，再通过纵横交错的灌溉系统进入各处的田地。

尽管史前的人类每天24个小时必须忙上16个小时，为自己及部落的其他成员采集食物，但是埃及的农民或埃及的城市居民却有一定的闲暇时间。他们利用这一段农闲的时间制作了许多东西，尽管仅是装饰性的物件，毫无实用的价值。

更有甚者，他们有一天发现自己的头脑能够思考各种问题，既与吃睡无关，也与为子女寻找住所无关。埃及人开始思考他们遇到的许多奇怪问题。星星来自何处？谁制造了使他们惧怕的隆隆雷声？谁让尼罗河的河水定期上涨，从而可以根据每年洪水的泛滥和消退来制定历法？人是什么？这种奇怪的小生物必受死亡和疾病的困苦，然而却能体验幸福和欢笑。

他们探询许多这样的问题，于是有些人责无旁贷，他们挺身而出，尽其所能加以解答。埃及人称他们为"祭司"，他们是埃及人的思想指导者，因而获得公众的崇高敬意。他们博学多闻，承担文字记录的神圣任务。他们认为人们仅仅考虑眼前的利益徒劳无益，而应关注死后的日子，那时人的灵魂会生活在西部大山的另一侧，必须向掌管生死的奥西里斯[1]汇报自己在世上的行为，由其依据各人的品行进行裁决。的确，祭司们大谈伊西斯[2]和奥西里斯掌管的冥界，于是埃及人开始只把今生看做是短暂的阶段，为死后作准备，从而把富饶的尼罗河流域当成奉献给死者的栖身之地。

奇怪的是，埃及人相信尸体应该保存在这个世界，否则灵魂便不能进入奥西里斯的冥国。所以，人死了以后，亲属对尸体进行防腐处理。尸体在氧化钠溶液里浸泡了数个星期，然后填入树脂。波斯语中树脂一词是"mumiai"，于是防腐处理的尸体叫做"木乃伊（Mummy）"。尸体用特制的亚麻布层层包裹，放进一个特制的棺材，然后运到最终的存放之地。埃及人的坟墓确实像是一个真正的住家，尸体周围放置各种家具及乐器，以便打发无聊的等待时光，还有厨师、面包师和理发师的塑像，方便黑暗住所的主人享用充足的食物，头发胡须也会有人打理。

人们起初开凿西部大山的岩石修建坟墓。随着古埃及人向北迁移，他们不得不在沙漠建造墓地。可是沙漠里到处都是野兽，还有同样凶残的盗墓贼，他们闯入坟墓扰动木乃伊，或者偷窃随葬的宝物。为了防止亵渎坟墓的行为，埃及人通常在坟墓上筑造小石冢。这些石冢逐渐修得越来越大，因为富人修建的石冢高于

1　奥西里斯 (Osiris) 是古埃及主神之一，也是公认的葡萄树 (Vines) 和葡萄酒 (Wines) 之神。他统治已故之人，并使万物自阴间复生，如使植物萌芽，使尼罗河泛滥等。

2　伊西斯（Isis）是古埃及守护死者的女神，亦为生命与健康之神。

《建造金字塔》| 房龙

穷人修建的石冢。人们竞相攀比，看谁修建的石冢最高。最高的纪录属于国王胡夫[1]，即希腊人所称的齐奥普斯王，生活在公元前3000年。他的陵墓有500多英尺高，希腊人称之为金字塔。[2]

胡夫金字塔占地13英亩，面积比世界上最大的基督教建筑圣彼得教堂[3]大3倍。

在长达20年的时间里，10多万人忙于搬运建造金字塔所需的石料。他们从尼罗河对岸开采石头，使用渡船将石头运过河（具体的过程我们不得而知），然后拖着石头长途跋涉，最后在正确的位置竖起石头。胡夫法老王陵的建筑师和工程师出色地完成了任务，他们建造了一条狭窄的过道，通往巨石构成的王陵中心，因而承受数千吨石头之压的金字塔从没有变形。

1　胡夫（Khufu），古埃及第四王朝（前2613—前2494）的第二位法老（前2598—前2566）。

2　英文中金字塔一词（pyramid）来自古埃及语的"高"（pir-em-us）。

3　圣彼得教堂(Basilica di San Pietro)，又译为圣伯铎大殿，位于梵蒂冈，是罗马基督教的中心教堂，也是全世界第一大教堂。

《斯芬克斯》

根据传说，当斯芬克斯没入黄沙之时，寻访者可以从斯芬克斯的双唇间获得智慧。

第6章　埃及的故事
埃及的兴亡

尼罗河是一位仁慈的益友，偶尔也是一个严厉的工头。尼罗河教会了两岸的居民齐心协力的高尚品德。他们依靠彼此的力量筑渠修坝，并且学会了如何与邻里相处。由于他们信奉互助互惠的精神，因而没有费多大的周折便组成了一个井然有序的国家。

接着，有一个人的权威超过了大多数的人，于是自然成为社会的领袖。在心存忌妒之心的西亚邻邦入侵繁荣的尼罗河流域时，他又成为抵御外敌的统帅。他不久便成为国王，统治介于地中海和西部群山的所有国土。

对于法老的这些政治冒险，坚忍而勤劳的农民几乎没有多大的兴趣。法老一词意为"住在大屋的人"。只要不用被迫向国王缴纳过多的赋税，人们愿意接受法老的统治，就像他们承认奥西里斯是冥神一样。

一旦外族入侵并掠夺了他们的财物，情况便大为不同。在经历了2000多年的独立之后，一个野蛮的阿拉伯牧羊人部落，即希克索斯人[1]，攻入了埃及并成为尼罗河谷的主人，历时500年之久。他们非常不得民心，希伯来人[2]也遭到当地人的憎恨。在沙漠长期漂泊之后，希伯来人来到歌珊地[3]避难安身，他们帮助外族侵略者希克索斯人，充当税吏和官员。公元前1700年之后不久，底比斯[4]的人民开始抗击外族的长期斗争，最终赶走了希克索斯人，恢复了埃及的自由。

1　希克索斯人（Hyksos）据说来自迦南，在埃及第11王朝时期开始进入埃及，在第13王朝时期控制了阿瓦利斯(Avaris)和三角洲地区，促使古埃及进入第二中间期（第14—17王朝）。在第15王朝时期，希克索斯人统治埃及，第17王朝末被赶出埃及。希克索斯一词来源于希腊语，意为"异族统治者"。

2　希伯来人（Hebrew）属于古代闪米特民族，为犹太人的祖先。

3　歌珊地（Goshen），出埃及以前以色列人所居住之埃及北部的肥沃牧羊地。又作丰饶乐土解。

4　埃及的底比斯（Thebes）是古埃及尼罗河中游的古城。

又过了1000年，亚述[1]征服了西亚诸国，埃及也成为萨尔丹那帕勒斯[2]帝国的一部分。公元前7世纪，埃及再一次成为独立的国家，国王建都于尼罗河三角洲的塞易斯城[3]。公元前525年，波斯国王甘比西斯[4]占领了埃及。公元前4世纪，亚历山大大帝[5]征服了波斯，于是埃及又成为马其顿的一个行省。亚历山大大帝的一位将军自立为王，开创了托勒密王朝，首都设于新建的亚历山大城。[6]在这种背景下，埃及获得了名义上的独立。

最后，在公元前39年，罗马人入侵埃及。埃及最后一代女王克丽奥佩特拉[7]努力拯救国家。对于罗马的将军们来说，她的美貌和魅力比十几个埃及军团更危险。她主动出击，罗马征服者两次为她心醉神迷。公元前30年，恺撒的甥孙和继承人奥古斯都大帝[8]在亚历山大城登陆。他没有像已故的叔公那样爱慕迷人的女王。他歼灭了她的军队，但是饶了她一命，打算将她作为战利品带回罗马凯旋巡游。克丽奥佩特拉获悉了这一计划，结果饮毒自杀了。于是埃及沦为罗马的一个行省。

1　公元前23世纪至公元前21世纪，属于古代闪米特民族的阿卡德人（Akkadian）在美索不达米亚北部的上底格里斯河流域建立了亚述（Assyria）王国，进而发展成一个庞大的帝国。

2　萨尔丹那帕勒斯（Sardanapalus）是亚述王国的末代国王，亚述王朝的首都尼尼微在公元前612年被攻陷。法国画家曾作画《萨尔丹那帕勒斯之死》，英国诗人拜伦曾在1821年创作《萨尔丹那帕勒斯》一剧。

3　塞易斯（Sais），又称萨哈杰尔（Sa el—Hagar），埃及古城，位于西尼罗河三角洲。

4　甘比西斯二世，波斯皇帝（前559年—前530年），波斯帝国居鲁士大帝的儿子。

5　亚历山大大帝（前356年—前323年），又称亚历山大三世，马其顿国王，欧洲历史上最伟大的军事天才之一，与凯撒大帝、汉尼拔、拿破仑齐名。少年时曾经师从亚里士多德。

6　公元前323年亚历山大死去，留驻埃及的总督托勒密·索特尔（Ptolemy Soter，约前367年—前283年）成为埃及的实际统治者，公元前305年称王，为托勒密一世（Ptolemy I）。

7　克丽奥佩特拉即克丽奥佩特拉七世（前69年—前30年），她和她的儿子托勒密十五世是托勒密王朝的最后君主。为了保护国家免遭罗马帝国的吞并，克丽奥佩特拉先后诱惑了恺撒和马克·安东尼。

8　盖乌斯·裘力斯·恺撒·屋大维（公元前63年—公元14年），尊称为"奥古斯都"，罗马帝国的开国君主，统治罗马长达43年。屋大维是恺撒的甥孙和养子，亦被指定为其继承人。

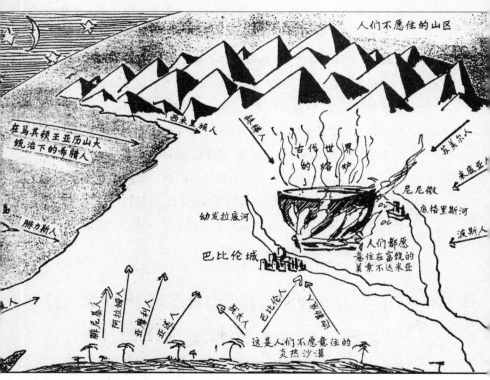

美索不达米亚，古代世界的熔炉

第7章　美索不达米亚

美索不达米亚——东方文化的第二个中心

我要领你们到最高的金字塔之巅，请你想象一下自己拥有鹰目一般的眼睛。在黄沙弥漫的沙漠之外，远方是一抹闪亮的绿色。那是两河流域，介于两条河流之间，即《旧约》所描述的乐园。那是一片充满了神秘和神奇的土地，希腊人称之为美索不达米亚——"两河流域之地"。

那两条河流分别是幼发拉底河（巴比伦人[1]所称的普拉图河）和底格里斯河（又名迪克拉特河）。两河发源于亚美尼亚发现诺亚方舟的雪山之间，流经南方的平原，最后注入海岸泥泞的波斯湾。两河是上天的恩赐。有了两河，西亚的干旱地区变成了肥沃的田园。

尼罗河流域的吸引力在于能够提供丰饶的食物，"两河流域之地"同样为人向往。这是一片充满希望的福地，北方山区的居民和南方沙漠的部落都试图据为己有，断不容人染指。山民和沙漠游牧民之间经常发生冲突，战争接连不断。只有无出其右的强者和勇者才有希望生存下来，由此可知只有一个非常强大的种族才能立足于美索不达米亚，并能创造在各方面堪与埃及文明相比的文明。

1　巴比伦人指生活在巴比伦（Babylon）的人。巴比伦原是阿卡德人在公元前3000年建立的一个城邦，位于美索不达米亚，距离现今的伊拉克首都巴格达以南85公里。公元前612年至公元前539年，迦勒底建立了新巴比伦王国，又称迦勒底王国或帝国。

双眼的偶像

本作品发现于美索不达米亚北部，约公元前 3300—前 3000 年作品，现存于卢浮宫。

《巴别塔：没有建成的通天塔》| 房龙

第8章　苏美尔人

苏美尔人[1]的黏土板刻有楔形文字，讲述了闪米特人的大熔炉亚述和巴比伦的故事。

15世纪是地理大发现的时代。哥伦布[2]想寻找一条通往震旦岛国[3]的路线，结果发现了一个不为人知的新大陆。一位奥地利主教组织了一支远征队，向东寻找莫斯科大公的家乡，结果以彻底的失败而告终。过了一代人，才有西方人造访莫斯科。与此同时，一个名叫巴尔贝罗[4]的威尼斯人考察了西亚的废墟，他回来以后宣称自己发现了一种十分奇异的文字，这种文字刻在设拉子[5]庙宇的石头上，也刻在无数烘干的黏土板上。

欧洲一直忙于许多其他的事务，直到18世纪末，一个名叫尼布尔的丹麦勘测人员[6]才将第一批楔形文字带到欧洲。一个名叫格罗特芬德[7]的德国教师潜心研究，经过30年的努力，破解了波斯王大流士[8]名字的头四个字母D、A、R和SH。又过了20年，英国的一位官员亨利·罗林森[9]，在伊朗发现了著名的贝希斯敦铭文[10]，这一发现为我们译解西亚的楔形文字提供了一把有用的

---

1 苏美尔人（Sumerians）是在两河（底格里斯河和幼发拉底河）流域的早期居民，建立了苏美尔文明（约前4000—前2000），为美索不达米亚文明中最早的文明。

2 克里斯托弗·哥伦布（1451—1506），中世纪热那亚共和国（今意大利一部分）的航海家，1492年到1502年4次横渡大西洋，是地理大发现的先驱者。

3 所谓的震旦岛国应指中国，据传哥伦布航海的目的是寻找震旦（中国）和日本。

4 达尼埃莱·巴尔贝罗（1514—1570），意大利翻译家、评论家。

5 设拉子（Shiraz）在公元前6世纪曾是波斯帝国的中心地区，现为伊朗中部最大的城市。

6 卡斯滕·尼布尔（1733—1815），德国探险家。

7 乔治·弗雷德里克·格罗特芬德（1775—1853），德国教师、考古学家和语言学家。

8 大流士应指大流士一世（Darius I，前550—前486），波斯国王（前522—前486）。大流士一世即位以后统一了波斯，建立了波斯帝国，疆域西至埃及、东括印度、南达波斯湾和阿拉伯半岛、北至里海及黑海一带，为历史上第一个地跨亚非欧三大洲的帝国。

9 亨利·罗林森（1810—1895），英国外交官和东方学专家，人称"亚述学之父"。

10 贝希斯敦铭文（Behistun Inscription），指伊朗克尔曼沙汗省（Kermanshah Province）贝希斯敦山的悬崖上发现的一段铭文。据说公元前522年就位的波斯王大流士为了颂扬自己的功绩，让人用埃兰语（Elamite）、波斯语和巴比伦语（由阿卡德语演变而成）的3种楔形文字在悬崖上刻写了同一篇文章，史称"贝希斯敦铭文"。

钥匙。

与译解楔形文字这一难题相比，商博良破解埃及象形文字的工作倒是一件容易的差事。埃及人使用图画，但是美索不达米亚最初的居民苏美尔人想到在黏土板上刻写文字。他们完全弃用了图画，而是创造了一种V形文字系统。这种文字系统虽由图画发展而来，但是几乎与图画没有关系。试举几个图例加以说明。起

初，"星"用钉子在砖上刻出的形状如，可是这个符

号太烦琐了。过了不久，当"星"增加"天空"之意时，上图便

简化成，看上去却使人更加迷惑不解。同样，一头"公

牛"从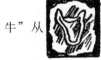变成了，一条"鱼"从变

成了。"太阳"原是一个简单的圆圈，进

而变成了。如果我们今天使用苏美尔人的楔形文字，

我们可将变成。这种表达思想的文字系统看

起来相当复杂，但是苏美尔人、巴比伦人、亚述人、波斯人和

强行进入两河流域的其他部落都使用这一文字系统，时间长达3000年。

　　美索不达米亚的故事充满了战争和征服。首先，苏美尔人从北方来到这里。他们原是生活在山区的白种人，习惯于在山顶上祭祀信奉的神祇。进入平原以后，他们筑建了人工小山，在上面建起祭坛。他们不会修建楼梯，因此在塔状高楼的四周修建倾斜的长廊。当今的工程师们借用这一构思，在大火车站建造了上行走廊，连接不同的楼层。我们也许还借用了苏美尔人的其他创意，只是我们没有意识到而已。苏美尔人虽然被后来进入两河流域的其他部落完全同化了，然而他们建造的塔状高楼仍然屹立在美索不达米亚的废墟之中。犹太人在巴比伦流亡期间曾经见过它们，称之为"巴别塔"。

　　公元前40世纪，苏美尔人进入美索不达米亚，他们不久便被来自阿拉伯沙漠的部落之一阿卡德人[1]征服。阿拉伯沙漠的部落众多，他们又叫"闪米特人"，因为古代的人相信他们是诺亚三个儿子之一闪的直系后裔。1000年以后，阿卡德人被迫臣服于亚摩利人[2]的统治。亚摩利人是闪米特人的又一支沙漠部落，他们的国王汉谟拉比[3]在圣城巴比伦建造了一所华丽的宫殿，并且为他的臣民制定了一套法律，使巴比伦王国成为古代治理最好的帝国。接着，《旧约》提及的赫梯人[4]侵占了肥沃的两河流域，

1　阿卡德人（Akkadian）是闪米特族的一支，他们曾经生活在北美索不达米亚（现今的伊拉克）建立了自己的国家，位于亚述西南和苏美尔以南。

2　亚摩利人（Amorite）是闪米特族中的一支。约公元前1894年，亚摩利人的首领苏姆阿布姆（Sumuabum）在美索不达米亚南部建立巴比伦（Babylon）王国，史称古巴比伦（Old Babylon）。

3　汉谟拉比（Hammurabi），巴比伦第一王朝的第6代国王，以其制定的《汉谟拉比法典》而著称于后世，该法典是目前所知的世界上第一部比较完整的成文法典。

4　赫梯人（Hittites）是原先生活在北高加索大草原上的古印欧人。

摧毁了一切无法带走的东西。他们接着又被沙漠大神阿舒尔[1]的信徒们征服,那些人自称亚述人。在征服了西亚和埃及的所有部落以后,亚述人以尼尼微[2]为中心建立了一个令人生畏的庞大帝国,并向不计其数的臣民征收赋税。直到公元前7世纪末,亚述帝国才被迦勒底人[3]推翻。

迦勒底人也是隶属闪米特人的一支部落,他们重建了巴比伦,使之成为当时最重要的国都。迦勒底人最著名的国王叫尼布甲尼撒[4],他鼓励科学研究,现代天文学和数学的知识都是根据迦勒底人发现的最初原理发展而来。[5]公元前538年,波斯一支野蛮的牧羊人部落入侵这片古老的土地,推翻了迦勒底人的帝国。200年以后,他们又被亚历山大大帝推翻。肥沃的两河流域曾是许多闪米特部落古老的熔炉,亚历山大大帝将它变成了希腊的一个省。继之而来的是古罗马人,其后又是土耳其人。美索不达米亚这个世界文明的第二中心历尽沧桑,成为一片广阔的荒原,只有庞大的土丘讲述着古老的辉煌。

---

1 阿舒尔(Ashua),亚述人的太阳神。

2 尼尼微(Nineveh),新亚述帝国都城。位于底格里斯河上游东岸今伊拉克摩苏尔附近。

3 迦勒底人(Chaldeans)是闪米特族的一支,公元前8世纪定居在两河流域的南部。迦勒底人在公元前627年趁亚述帝国内乱之际,联合其他部落攻打亚述帝国,后来在公元前605年建立了新巴比伦王国。

4 尼布甲尼撒即尼布甲尼撒二世(Nebudchadnezzar II,约前630年—前561年),迦勒底人建立的新巴比伦王国最伟大的君主,曾经征服犹大国和耶路撒冷,在巴比伦建成了著名的空中花园。

5 房龙的这种观点只能说是一家之言,实在有些夸张。

《摩西看到圣地》│房龙

第9章 摩西

犹太人的领袖摩西的故事

公元前20世纪的某个时期，闪米特人的一支牧羊人部落离开了幼发拉底河口的乌尔地区。他们人数不多，而且也不很重要。他们想在巴比伦王国的领土寻找新牧场。他们被巴比伦王国的士兵驱逐出境，于是辗转西行，以便寻找一小块无主的领地安营。

这一支牧羊人部落为希伯来人，我们称之为犹太人。他们四处漂泊，经过多年凄苦的流浪，终于在埃及安顿下来。他们与埃及人相处了5个多世纪。在介绍埃及的历史时，我曾告诉过你们，收留犹太人的国家曾被希克索人侵占。犹太人当时竭力讨好异族的侵略者，从而保住了他们的牧场。经过长期的独立战争，埃及人把希克索人赶出尼罗河流域。犹太人随后的生活苦不堪言，他们被贬为普通的奴隶，被迫为法老修建官道和金字塔。由于埃及士兵把守边境，犹太人根本无法逃跑。

在经历了多年的苦难之后，一个名叫摩西的犹太青年挺身而出，拯救他们脱离凄惨的命运。摩西曾在沙漠里长期生活，他敬仰祖先质朴的美德。尽管他们远离城市和城市生活，但是拒不受异族文化的腐蚀，毫不贪图安逸而奢侈的生活。

摩西决定引导他的族人恢复祖先的生活方式。他躲过了追赶的埃及军队，率领族人来到西奈山的脚下，然后进入了平原的中心地带。在漫长而孤独的沙漠生活期间，他学会了敬畏雷电风雨之神的力量。他认为，此神统治七重天，牧羊人依赖于他才有生命、光明和呼吸。他是西亚各地广受崇拜的众神之一，名叫耶和华。在摩西的教导下，耶和华成为希伯来人唯一的精神主宰。

有一天，摩西离开了犹太人的营地。有人传言他走时携带了两块粗糙的石板。当天下午，西奈山顶隐而不见，一场猛烈的暴风雨遮住了人们的视线。摩西回来时，所带的两块石板上刻有耶和华在雷鸣电闪中告知以色列人的训诫。从那时起，耶和华便被所有的犹太人尊为命运的最高主宰，唯一的真神。耶和华教导他们要遵守"十诫"，以追求神圣的生活。

他们听从摩西的训示，继续在沙漠中跋涉。摩西告诉他们该吃什么、该喝什么，以及怎样才能在炎热的气候下保持身体健康，他们言听计从。经过多年的颠沛流离，他们终于来到了一个貌似祥和而繁荣的地方。这个地方叫巴勒斯坦，意为皮利斯图人或非利士人[1]之地。

非利士人是克里特人[2]的一支小部落，从克里特岛被逐之后定居在沿海地带。不幸的是，巴勒斯坦本土当时已被另一支名叫迦南人的闪米特部落占据。尽管如此，犹太人还是强行进入河谷，他们建立了多个城市，并在他们命名为耶路撒冷即"和平之乡"的小镇上兴建了一座壮观的神庙。

至于摩西，他不再是族人的领袖。上帝已经让他从远处看到过巴勒斯坦的山脊。他永远地闭上了疲倦的眼睛。他曾虔诚地工作，努力取悦于耶和华。他不仅引导他的同胞摆脱了外族的奴役，在新的家园过上独立自由的生活，而且也使犹太人成为第一个信仰一神教的民族。

1　非利士人（Philistine）又称皮利斯图人（Pilistu），他们曾是地中海岛屿的古代居民，并不是闪米特族。非利士人曾与以色列人长期交战，约在公元前10世纪终被打败。

2　克里特人（Cretans）指古代地中海北部克里特岛的居民。克里特现在属于希腊，为希腊的第一大岛。

《腓尼基商人》｜房龙

第10章 腓尼基人

腓尼基人创造了我们的字母表

腓尼基人是犹太人的近邻，也是闪米特人的一支部落。很早以前，他们就定居在地中海沿岸。他们曾经建立了两个坚固的城镇，一个是提尔[1]，一个是西顿[2]。他们在短时间内便垄断了西方的海上贸易。他们的船只定期前往希腊、意大利和西班牙，甚至冒险穿越直布罗陀海峡，前去锡利群岛[3]买锡。他们在所到之处都设立小型的贸易货栈，称之为殖民地，其中有许多日后成为近代的城市，如加的斯[4]和马赛[5]。

他们做买卖唯利是图，从不受良心的谴责。如果我们相信他们的邻人所言属实，那么他们就是不知诚实和正直的含意的人。他们视装满财宝的箱柜为一切善良之人最高的理想。他们的确令人讨厌，连个朋友都没有。然而，他们却为后世做了一件功德无量的好事——创造了我们所使用的字母。

腓尼基人熟悉苏美尔人发明的文字，但是他们认为这些符号笔画笨拙，书写费时。他们是讲究实际的商人，不能花费数小时才刻写两三个字母。于是，他们动手发明了一种新的文字系统，大大优于旧的文字系统。他们借用了几个埃及象形文字，简化了若干个苏美尔楔形文字。为了提高书写速度，他们舍弃了旧文字系统漂亮的外观，将数千个不同的图形文字简化成简洁方便的22个字母。

过了一段时间，这个字母表通过爱琴海传入希腊。希腊人增

1　提尔（Tyre）曾是腓尼基人的著名城市，濒临地中海，位于现今黎巴嫩的首都贝鲁特以南约80公里。

2　西顿（Sidon）现为黎巴嫩的沿海城市。

3　锡利群岛（Scilly）约由50座小岛和许多礁石组成，现隶属英格兰康沃尔郡。

4　加的斯（Cadiz）是西班牙西南沿海的一个港口城市。

5　马赛（Marseille）是法国第二大城市和最大海港，位于法国南部，濒临地中海。

加了几个字母，然后把改进的文字系统传入意大利。罗马人对字形稍微改进，然后传授给西欧未开化的蛮族，即我们的祖先。因此本书所用的文字源自腓尼基文字，而非埃及象形文字或苏美尔楔形文字。

《托米丽斯和居鲁士》▏佛兰德斯▏鲁本斯

居鲁士穷兵黩武，结果自己也死在剑下。马萨格泰人的女皇托米丽斯命人献上居鲁士的头颅，将其浸泡在注满鲜血的花坛中，并说道："开怀畅饮吧，既然你是如此热爱它。"

第11章　印欧人

印欧族的波斯人征服了闪米特人和埃及人

埃及、巴比伦、亚述和腓尼基的世界已经存在将近3000年了，两河流域古老的种族日渐式微。他们注定要走向衰亡，因为一个精力充沛的新兴种族闯进了历史舞台，即我们所称的印欧族。印欧族不仅征服了欧洲，而且统治了现今被称为英属印度[1]的那个国家。

这些印欧人像闪米特人一样都是白种人，但使用的语言不同。除了匈牙利语、芬兰语和西班牙北部的巴斯克方言[2]之外，他们使用的语言是所有欧洲语言的共同母语。

在我们听说他们之前，他们已经在里海的沿岸生活了许多个世纪。他们有一天收起帐篷外出漂泊，以寻找新的家园。他们当中有些人进入了中亚的群山，在伊朗高原四周的山峦之间又生活了许多个世纪，我们称之为雅利安人[3]。其他一些人则追逐落日，并且占据了欧洲平原，我在向你们讲述希腊和罗马的故事时会介绍有关的情况。

我们现在必须关注雅利安人。他们当中有许多人在伟大的导师琐罗亚斯德[4]的领导下，离开山中的家园，顺着奔腾入海的印度河迁居。

其他人则宁愿留在西亚的山区，成为半独立的玛代人[5]和波

1　18世纪中期至19世纪中期，英国逐步控制了南亚次大陆，故印度又称英属印度。房龙此书出版之时，英属印度尚未独立。1947年，印度获得独立，分为印度共和国和巴基斯坦自治领。1956年，巴基斯坦改自治领为巴基斯坦伊斯兰共和国。1971年，东巴基斯坦独立，成立了孟加拉人民共和国。

2　巴斯克方言或巴斯克语言为巴斯克人使用的语言。巴斯克人是欧洲远古时代的居民，主要分布在西班牙比利牛斯山脉西段和比斯开湾南岸。

3　雅利安人一词出自梵文aryan，意即"贵族"。

4　琐罗亚斯德（Zarathushtra）约在公元前628年生于今日的伊朗北方，约在公元前551年去世。他创立了拜火教（Zoroastrianism或Mazdaism）。

5　玛代人（Medes）属于印欧语族，他们约在公元前2000年至公元前1000年进入现今的伊朗，为伊朗的一个古老民族。据传为现代的库尔德人（Kurd）的祖先。

斯人¹，这两个民族的名字取自希腊的史书。公元前7世纪，玛代人建立了自己的王国，史称玛代，但被一个名叫安善²的部落所灭。安善的首领是居鲁士，他自称为所有波斯部落的国王，征讨四方，他和他的子孙不久便成为西亚和埃及的君主。

的确，印欧族的波斯人精力充沛，他们在向西征讨之时所向披靡。不久遭遇到印欧语系的其他部落，从而陷入严重的困境。这些部落早在几个世纪前就移居欧洲，占领了希腊半岛和爱琴海诸岛。

大流士国王³和薛西斯国王⁴侵入希腊半岛的北部，企图在欧洲大陆建立一个据点，结果引发了希腊与波斯之间三次著名的战争。⁵

波斯人未能获胜。雅典的海军战无不胜。雅典的海军切断了波斯军队的补给线，最终迫使亚洲的入侵者退守他们的基地。

这是古老的导师亚洲和年轻好学的学生欧洲之间的第一次交锋。本书的许多章节将会告诉你们，东西方之间的争斗一直持续到今天。

1　波斯人（Persian）属于印欧语族，他们约在公元前2000年至公元前1500年进入现今的伊朗，公元前850年开始称呼他们的定居地为"波斯"，管自己叫"波斯人"。波斯人即为现代的伊朗人。

2　安善（Anshan）最早指埃兰人在古代波斯建立的一个城市。公元前700年左右，阿契美尼斯（Achaemenes）以安善城为中心建立了波斯王国，但是波斯在其子铁伊斯佩斯（Teispes）之后分为安善和波斯两支，直到居鲁士一世的孙子居鲁士二世（居鲁士大帝）崛起，安善和波斯才再次成为统一的国家。

3　大流士一世（Darius I），波斯国王（前522年—前486年在位）。

4　薛西斯一世（Xerxes I，约前519年—前465年），波斯国王（前485年—前465年在位）。

5　公元前499年至前449年之间，波斯与古希腊城邦之间进行了多次战争，史称希波战争。希腊最终取胜，希腊文明得以保存并在日后成为西方文明的基础。波斯则逐渐走向衰落，最后被亚历山大大帝所灭。

《爱琴海》 | 房龙

第12章　爱琴海

爱琴海人把古老的亚洲文明传入欧洲荒野

海因里希·谢里曼[1]小时候听父亲讲过特洛伊[2]的故事。比起其他的故事，他更喜欢特洛伊的故事。他暗下决心，长大以后马上离家远行，前去希腊"发现特洛伊"。他并不在意他的父亲是梅克伦堡[3]的一个贫穷的乡村牧师。他知道自己需要钱，于是决定先赚钱，然后再去进行考古挖掘工作。事实上，他竟在很短的时间内赚了一大笔钱。等到他的钱足以支付探险所需时，他便立即奔赴小亚细亚的西北隅，以为那里应是特洛伊遗迹的所在地。

古亚细亚的那个地点有一个高丘，上面是农田。根据传说，这里曾是特洛伊王普里阿摩斯[4]的故国。谢里曼学识渊博，工作热情更是高涨，他在前期的勘测过程中分秒必争。他立即开始挖掘。他以巨大的热情和惊人的进度进行挖掘，开挖的壕沟直接穿越他所寻找的城市的中心，结果找到了另一座城市深埋的废墟，至少比荷马描述的特洛伊早1000年。接着又发生了更有意思的事情。如果谢里曼发现了几把打磨的石锤，也许再加上几件粗糙的陶器，都不会有人感到意外。如果发现这些东西，人们通常以为它们属于先于希腊人而定居于此的史前人。相反，谢里曼发现了漂亮的小雕像、极其昂贵的珍宝和花纹不为希腊人所知的装饰瓶。他大胆提出，在伟大的特洛伊战争整整10世纪前，一个神秘的种族曾在爱琴海的沿岸居住，他们在许多方面都比野蛮的希腊部落先进，但是希腊部落入侵了他们的国土，摧毁或吸收了他们

---

1 海因里希·谢里曼（Heinrich Schliemann，1822—1890），德国考古学家。出于一个童年的梦想，他投身于考古事业，使得荷马史诗中长期被认为是虚构的国度特洛伊（Troy）、迈锡尼（Mycenae）、米诺斯（Minos）和梯林斯（Tiryns）等重现天日。

2 特洛伊（Troy）是古希腊的殖民城市，公元前16世纪前后由古希腊人所建，位于小亚细亚半岛即达达尼尔海峡的东南部。为了争夺世上最漂亮的女人海伦（Helen），希腊城邦与特洛伊进行了一场长达10年的战争。

3 梅克伦堡（Mecklenburg）地区位于现今德国的东北部。

4 普里阿摩斯（Priams），特洛伊战争时期的特洛伊国王，帕里斯之父。

的文明，直到这一文明荡然无存。随后的发现证明情况确实如此。19世纪70年代末，谢里曼探访迈锡尼¹的废墟，罗马的旅游手册曾对这一古老的废墟赞叹不止。在石板砌成的圆形矮墙之下，谢里曼再一次意外发现了那些神秘的种族遗留下来的精美宝藏，这些种族先前曾在希腊沿岸建立了自己的城市，城墙高大而坚固，希腊人称之为泰坦²之作。泰坦是神一般的巨人，远古时代曾在高山之巅打球娱乐。

仔细研究众多的历史遗迹，这个故事包含的一些浪漫色彩便不复存在了。早期艺术品的制作者和坚固城堡的建造者并不是魔法师，而是普通的水手和商人。他们曾经生活在克里特岛和爱琴海众多的小岛上。他们是吃苦耐劳的水手，他们把爱琴海变成了一个商业中心，连接高度文明的东方与发展迟缓的欧洲大陆。

1000多年间，他们在这些岛屿上建立了一个帝国，拥有高度发达的艺术形式。他们最重要的城市克诺索斯³位于克里特岛北部海岸，就卫生条件和生活舒适程度来说，的确非常现代化。宫殿建有合理的排污水暗沟，民居置备火炉。克诺索斯人率先每日洗浴，使用了当时尚无人知晓的浴盆。国王的宫殿以旋转楼梯和宽敞的宴会厅著称于世。宫殿下面的地窖宽敞无比，用来贮藏葡萄酒和谷物，给第一批到访的希腊人留下深刻的印象，因而流传"迷宫"之说。迷宫一词指修建许多复杂通道的建筑，一旦关上大门，惊吓之下几乎无法找到出口。

---

1 约在公元前2000年左右，希腊人开始在巴尔干半岛南端定居，建立了多个城市，其中包括迈锡尼（Mycenae）。

2 泰坦或提坦（Titans)是希腊神话中古老的神族，是天穹之神乌拉诺斯和大地女神盖亚（盖娅）的子女，曾经统治世界，后来被宙斯家族推翻并取代。

3 克诺索斯（Cnossus或Knossus）是克里特岛上的一座米诺斯文明遗迹，据传是米诺斯（Minos）王的王宫。

《特洛伊木马》| 房龙

伟大的爱琴海帝国最终遭遇如何，以及是什么原因使它突然毁灭，我一无所知。

克里特人谙熟书法，但是没有人能够破译他们留下的铭文，因此我们对于他们的历史一无所知。我们只能依靠爱琴海人遗留的废墟再现他们的历险。这些废墟清楚地表明，来自北欧平原的一支野蛮的部落在不太遥远的年代突然征服了爱琴海人的世界。除非我们的判断错得离奇，应对毁灭克里特人和爱琴海人的文明负有责任的正是某些游牧部落，他们刚刚占领亚得里亚海和爱琴海之间岩石遍布的半岛，即我们所知的的希腊人。

《斗鸡的希腊青年》｜法国｜若望－莱昂·热罗姆

第13章　希腊人

与此同时，印欧语系的赫楞人部落正在占领希腊。

一支人数不多的牧羊人部落离开了多瑙河两岸的故乡,往南寻找新的牧场,此时屹立千年的金字塔开始显现衰败的初步迹象,巴比伦王国贤明的君主汉谟拉比已被埋葬几个世纪了。这个部落自称赫楞人[1],取自丢卡利翁[2]和皮拉[3]的儿子赫楞的名字。根据古老的神话,人类在许多年以前变得邪恶无比,生活在奥林匹斯山上的天神宙斯[4]对人类深恶痛绝,于是引发了一场滔天的洪水,毁灭了世界各地所有的人,只有丢卡利翁和皮拉两人幸免于难。

我们对于早期的赫楞人一无所知。记述雅典衰落的历史学家修昔底德[5]在谈到他的祖先时,说他们"无足轻重",这很可能是实情。他们粗野无礼,过着猪一般的生活,竟把敌人的尸体扔给凶猛的牧羊犬。他们毫不尊重其他民族的权利,他们杀死了希腊半岛上的土著皮拉斯基人[6],霸占他们的农场,掠夺他们的牧畜,迫使他们的妻女为奴,写下赞颂亚该亚人[7]英勇事迹的无数歌曲,亚该亚人曾经带领赫楞人的先头部队进入色萨利[8]和伯罗奔尼撒[9]山脉。

---

1 古希腊人自称是丢卡利翁(Deucalion)和皮拉(Pyrrla)的儿子赫楞(Hellen)的后代,故称赫楞人。

2 丢卡利翁(Deucalion):普罗米修斯和克吕墨涅之子。

3 皮拉(Pyrrla):厄庇墨透斯(Epimetheus)和潘多拉(Pandora)的女儿,丢卡利翁的妻子。

4 宙斯(Zeus)是希腊神话中的主神,众神之神,奥林匹斯山最高统治者。

5 修昔底德(Thucydides,约前460—约前395),古希腊历史学家,著有《伯罗奔尼撒战争史》。

6 皮拉斯基人(Pelasgians)是古希腊最早的土著居民,来自西亚。他们可能是米诺斯文明的创造者。

7 亚该亚人(Acheans)最初指生活在古希腊亚该亚的居民,有人认为即是迈锡尼人。在《荷马史诗》中,亚该亚人泛指希腊人。

8 色萨利(Thessaly),位于希腊大陆的中部。

9 伯罗奔尼撒半岛(The Peloponnese)是希腊南部的一个半岛,在希腊历史上扮演过重要的角色。

　　站在岩石裸露的山巅，他们总能一再看见爱琴海人的城堡。他们不敢贸然攻打这些城堡，因为他们害怕爱琴海士兵用金属铸造的刀剑和长矛，他们知道使用笨拙的石斧难以取胜。

　　他们继续漂泊了好几个世纪，从这个山谷迁到另一个山谷，从山的这一侧迁到山的另一侧。等到他们完全占领了这一片土地以后，迁居的生活才告结束。

　　希腊文明在这一时期开始形成了。希腊农民居住的地方与爱琴海人的聚居地相距不远，相互可以看得见对方。最终在好奇心的驱使下，希腊人前去探访高傲的邻居。他们发现那些人住在迈锡尼[1]和梯林斯[2]高大的石头城墙之内，从他们身上可以学习许多有用的东西。

　　他们是聪明的学生。爱琴海人从巴比伦和底比斯带回了奇异的铁铸武器，希腊人很快就掌握了如何使用这些武器。希腊人还学会了神秘的航海术，并且开始建造自用的小船。

　　希腊人学会了爱琴海人可以传授的一切东西，随后便与老师反目成仇，将他们赶回了岛上。其后不久，他们冒险出海，征服了爱琴海上的所有城市。公元前15世纪，他们劫掠并毁坏了克诺索斯，使之成为一片废墟。在初次登上历史舞台的1000年后，赫楞人成为希腊、爱琴海及小亚细亚沿海地区不可争辩的统治者。公元前11世纪，特洛伊这个更为古老的文明的最后一个大的贸易中心遭到了灭顶之灾。欧洲历史即将正式开始了。

1　迈锡尼（Mycenae）是古希腊的著名城市，位于希腊伯罗奔尼撒半岛。

2　梯林斯（Tiryns）是古希腊的著名城市，距离不远。

《希腊本土上的爱琴海城市》┃房龙

第14章 希腊城市

希腊各个城市实际上都是城邦

我们现今都喜欢听到"大"这个词。我们属于世界上"最大的"国家，拥有"最大的"海军，出产"最大的"柑橘和马铃薯，这些事实都让我们倍感自豪。我们喜欢住在居民多达"百万"的大城市，死后要葬于"本州最大的公墓"。

假如古希腊的某个市民听到我们这些话，肯定不会明白我们的意思。"凡事节制"是古希腊市民的生活准则，他们丝毫不会追求片面的"大"。在某些特定的场合，对于节制的偏爱不仅仅是一句空话。它影响着希腊人的一生，从生到死。它是希腊文学的一部分。它促使他们建造了虽然小巧但却完美的神殿。它表现于男人所穿的衣服及其妻子所戴的戒指和手镯。它追随到剧院看戏的观众，任何剧作家胆敢违反品味高雅或合情合理的这一铁律都会被嘘下台。

希腊人甚至要求政治家和最受欢迎的运动员应该具备这种品质。一个强壮的赛跑者来到斯巴达，吹嘘他单腿站立的时间比任何一个希腊人都长，结果被人们从这个城市赶走，因为他竟然炫耀任何一个普通的笨人都能取胜于他的技艺。

你们会说："这样挺好，追求凡事节制和尽善尽美无疑是一种美德，但为什么在古代只有希腊人才养成这一种品质呢？"为了回答这一问题，我要介绍一下希腊人的生活方式。

埃及人或美索不达米亚人都是一个神秘的统治者属下的"臣民"，统治者掌握至高无上的权力，住在数英里以外的深宫，普通百姓几乎见不上一面。另一方面，希腊人则是"自由市民"，分属众多独立的小"城市"。在最大的城市中，居民人数比现代社会一个大村庄的人数都少。生活在乌尔地区的一个农民说他是巴比伦人时，他的意思是他像数百万人一样向巴比伦王纳贡，而巴比伦王恰好是西亚的主宰。可是，当希腊人骄傲地说他是雅典人或底比斯人[1]时，他所提到的小城市既是他的家乡，也是他的国家，而他的家乡和国家并不承认什么主宰，只承认普通百姓的意志。

对于希腊人来说，他的祖国就是他出生的地方。他小时候曾在雅典卫城的石柱之间玩捉迷藏的游戏，他与成千上万的男孩和女孩一起长大成人，他熟悉其他孩子的小名，如同你们知道同学的绰号一样。他的祖国是埋葬父母的圣地，是高大的城墙之内每家每户的小屋，是他的妻儿老小安身的居所。他的整个世界不过四五英亩之大，布满了岩石。你们难道看不出周围的环境必定影响了他的所做、所说和所想吗？巴比伦人、亚述人和古埃及人都是人数众多的暴民。他们在众人之中无足轻重。另一方面，希腊人从未脱离身边的环境。他一直是每一个小城市中的一员，相互熟悉。他感到聪明的邻居们都在注视着他。无论他做什么事，撰写什么戏剧，雕刻什么大理石像，或者谱写什么歌曲，他都记得家乡小城所有精通此道的自由居民对他的努力进行的评判。这种认识迫使他追求完美。自儿童时代起，他就受到这样的教导：没有节制，就无法达到完美的境地。

由于接受了这种严格的教育，希腊人在许多方面都取得了卓越的成绩。他们创造了新的统治模式、新的文学形式和新的艺术思想，这一切我们都无法超越。在面积小于现代城市四五个街区的小村庄里，他们创造了这些奇迹。

看看究竟发生了什么事情吧！

---

1 希腊的底比斯（Thebes）位于希腊中东部的波提亚（Boeotia），公元前4世纪达到极盛，与雅典和斯巴达并称为希腊三大城邦。

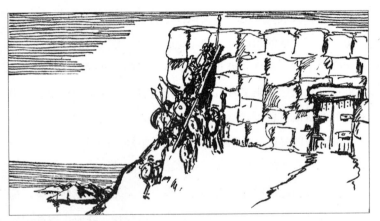

《亚该亚人攻克一座爱琴海城市》｜房龙

公元前4世纪，马其顿的亚历山大征服了世界。战争结束以后，亚历山大立即决定要让全世界分享希腊人的真正智慧。他从那些小城市和小村庄中采撷了智慧的种子，在刚刚建立的一个庞大的帝国各地播撒，好让这些种子开花结果。但是希腊人一旦看不见熟悉的神庙，脱离了那些弯曲的街道亲切的声音和气息，便立即丧失了欢快愉悦的心情和追求节制的精神，正是这一切曾经激发他们用自己的体力和脑力创造了昔日城邦的辉煌。他们成为廉价的工匠，只满足于二流的工作。在古希腊人的小城邦丧失独立而被迫并入一个大国之时，古老的希腊精神便宣告消亡了，而且自此永远消亡了。

《一个希腊城邦》| 房龙

第15章　希腊人的自治

希腊人率先进行艰难的自治试验

　　起初，全体希腊人贫富均等。每人都有一定数量的牛羊，所住的土屋是自己的城堡。他们来去自由，没有任何限制。如果必须讨论公共事务，所有的居民齐集集市。村民推举一位长者主持会议，他的责任是保证每个人都有发言的机会。若有战事，他们便挑选一个能干而自信的村民担任主帅。危险一旦解除，自愿挑选此人担任首领的村民同样有权免去他的职务。

　　村庄逐渐发展成为城市。有些人辛勤劳动，有些人游手好闲。有些人运气不佳，有些人完全采取不诚实的手段同邻居打交道，从而聚敛了财富。因此，城市的居民贫富不一，少部分人成为富人，大多数人则变成穷人。

　　还有一个变化。村民曾经自愿推举某人担任"首领"或"王"，因为此人知道如何领导村人取得胜利。这样的人从历史舞台上消失了，贵族取代了他的地位。所谓的贵族就是一个富人阶层，他们经过一段时间掌握了过多的农场和财产。

　　这些贵族享有许多普通的自由民所没有的特权。他们能在东地中海沿岸的集市上购买最好的武器。他们有许多闲暇时间练习搏击术。他们住在坚固的房屋里。他们能够雇佣兵士为自己作战。他们之间经常争斗，以决定应该由谁来统治城市。在争斗中获胜的贵族便能称王，凌驾于所有的邻居之上并统治城市，直至另一个野心勃勃的贵族将他杀害或赶走为止。

　　这样一位拥兵自重的国王被称为"僭主"[1]。公元前7世纪至公元前6世纪期间，每一个希腊城市在一段时间里都由这样的僭主统治。顺便说一下，他们当中许多人其实极有才干。但是从长

1　僭主在古希腊指违宪夺取政权或继承政权的统治者。

远来看，这种状况让人难以忍受。于是有人设法推行改革，正是这些改革才促成了世界自有文字记录以后最早的民主政体。

公元前7世纪初，雅典人决定进行一些彻底的改革，以便让大批的自由民再次参与政治，如同他们的祖先亚该亚人所做的那样。他们请一个名叫德拉古¹的人制订一套法律，以保障穷人不受富人的侵犯。德拉古立即着手进行这项工作。不幸的是，德拉古是一个职业法律学者，不大了解日常的生活状况。在他看来，犯法就是犯法，有罪必究。在他完成法典以后，雅典人发现德拉古法典过于严峻，根本无法付诸实施。如果按照新的法律断案，偷窃一只苹果都要判死罪，这样肯定都没有足够的绳索绞死所有的罪犯。

雅典人四下寻找一个较为仁慈的改革者。他们终于找到了比其他人更能胜任这一工作的人。他名叫梭伦²，出身于一个贵族家庭，曾经周游世界各地，研究过许多其他国家的政体。梭伦仔细研究了法律涉及的课题，制订出一套以节制原则为本的法律，而追求节制正是希腊人的秉性。他试图改善农民的境遇，同时又不摧毁贵族富足的生活。贵族作为勇士对城邦贡献颇大，或者能对城邦做很大的贡献。当时法官总是从贵族阶层中产生，因为法官不领薪水。因此，为了保护穷人们并防止法官滥用职权，梭伦制订了一项条款，鸣冤的市民有权面向30位雅典人组成的陪审团申诉。

---

1 德拉古（Draco），公元前7世纪古希腊的政治家、立法者。他曾统治雅典，在公元前621年编写了一部完整的法典，规定所有罪行均处以死刑。

2 梭伦（Solon，前638年—前559年），古代雅典的政治家、立法者和诗人。梭伦在公元前594年出任雅典城邦的第一任执政官，进行了一系列的改革，废除了德拉古法典，只保留惩治谋杀的内容。

《梭伦像》

　　最重要的是，梭伦迫使普通自由民直接和亲自参与城邦事务。他再也不能待在家里，说什么"噢，我今天太忙"或"天在下雨，我最好还是留在家中"。每个自由民都要尽其本分，列席市政议会，担负保卫城邦安全与繁荣的职责。

　　民治政府通常难有成就可言。无益的空谈太多，政治对手争权夺利演绎太多让人忌恨和为人不齿的场景，但是民治政府却教育了希腊人，引导他们争取独立，依靠自己争取自身的解放，这的确是一件大好事。

《希腊的社会》｜房龙

第16章 希腊人的生活
希腊人怎样生活

你们也许会问：如果古希腊人老是跑到集市上讨论城邦事务，他们会有时间照管家庭和生意吗？我将在本章给你们介绍这一方面的情况。

在所有的政府事务中，希腊民主政体只承认一个公民阶层即自由民。每一个希腊城市都是由少数的自由民、多数的奴隶和零星的外族人组成的。

在极少的情况下，通常在需要人参军打仗之时，希腊人愿意授予他们称之为"野蛮人"的外族人以市民权。不过，这种情形是个例外。公民权由出身而定。如果你的父亲和祖父是雅典人，那么你才是雅典人。但是，如果你的父母不是雅典人，不管你经商或从军立下何等功劳，你终生都是"外族人"。

只要希腊城邦不是由国王或僭主统治，城邦应由自由民治理并为自由民服务。如果没有人数超过自由民五六倍的大批奴隶，根本无法做到这一点。奴隶从事社会的各种工作，这些工作我们现今如要养家并支付房租必须亲力亲为，为此耗费了我们大部分的时间与精力。奴隶承担了整个城邦的烹饪、烤面包和制作烛台等所有的事宜。他们是裁缝、木匠、首饰匠、学校的老师和簿记员。如果主人参加公众大会讨论战争与和平，或去剧院观看埃斯库罗斯[1]的新作，或去听人讨论欧里庇得斯[2]敢于怀疑无所不能的天神宙斯的革命思想时，他们必须照看商店和工厂。

古代的雅典的确像一个现代的俱乐部，所有的自由民是世

---

[1] 埃斯库罗斯（Aeschylus，约前525/524年—约前455/456年），古希腊著名的悲剧作家，与索福克勒斯和欧里庇得斯一起被称为是古希腊最伟大的悲剧作家。他有"悲剧之父"的美誉，代表作为《被缚的普罗米修斯》。

[2] 欧里庇得斯（Euripides，约前480年—前406年），古希腊著名悲剧作家，代表作有《美狄亚》、《特洛伊妇女》等。

袭的会员，所有的奴隶则是世袭的仆役，静候主人的使唤，因此成为这一组织的会员倒是一件幸事。

我们所说的奴隶并非指《汤姆叔叔的小屋》一书描述的那种人。耕种的奴隶所处的境况的确令人不快，但是家道败落的普通自由民同样过着凄惨的生活，他们也要下地干活。此外，生活在城市里的许多奴隶甚至比自由民中的贫穷阶层都富有。希腊人崇尚凡事节制为上，他们不愿以后来的罗马通行的方式对待奴隶。罗马的奴隶没有多少权利可言，他们像是现代工厂的机器，而且随便找个借口便可将他们扔给野兽。

希腊人认为奴隶制是一种必要的制度，否则任何一个城市都不能成为真正的文明人居住的场所。

奴隶们也承担现今的商人和专业人员从事的工作。家务活占用你的母亲太多的时间，也让你从办公室回家的父亲不胜其烦。希腊人懂得休闲的价值，他们的生活极尽简朴，家务活被尽可能压缩到最低的程度。

首先，他们的住宅非常简陋。就连最富有的贵族一辈子都住在像是谷仓的土坯房屋里，缺少现代的工人认为天生应有的生活设施。希腊人的住宅由四面墙壁和一个屋顶构成，大门通往大街，但是没有窗户。住宅的中间是一个庭院，厨房、起居间和卧室建在四周。庭院的中央修有一个小喷泉，摆放一座雕像，种植几株花木，以彰显庭院的生机。天不下雨或天不太冷的时候，全家人便住在庭院里。一位厨师（奴隶）在庭院的一个角落准备食物，一位教师(也是奴隶)在另一个角落教孩子们学习希腊字母表和乘法表，很少离家外出的家庭主妇（因为已婚妇女在街上露面次数太多有失体统）在又一个角落同女缝工们（奴隶）修补她丈这尊雕塑和《米诺斯的维纳斯》《蒙娜丽莎》是卢浮宫的三件「镇馆之宝」。这尊美仑美奂的雕像，充分表现了胜利者的雄姿和欢呼凯旋的激情。

《胜利女神像》 ｜ 古希腊雕塑

夫的外套，主人在大门旁边的一间小办公室里检查农田的监工（奴隶）刚刚送来的账目。

正餐准备好了，全家人便在一起就餐。食物非常简单，所以就餐用不了多长时间。希腊人似乎认为饮食是一件无可避免的坏事，并非是一种消遣方式，虽能打发无聊的时光，但是最终却会害死无聊的人们。他们的主食是面包和葡萄酒，外加一点肉和一些蔬菜。他们实在没有葡萄酒喝才会喝水，因为他们认为喝水有损健康。他们喜欢邀人共同进餐。我们认为参加盛宴必定大吃大喝，他们对于这种观点会不屑一顾。虽然他们聚在一起就餐目的在于一边饮酒喝水，一边开心交谈。可是，他们都是有节制的人，他们鄙视饮用过量的人。

他们在饮食方面崇尚简朴，在衣着选择上也同样如此。他们喜欢干净清洁，须发修剪整齐。他们常去体育馆游泳健身，但是从不追逐亚洲的时尚，不喜艳丽的色彩和奇异的图案。他们身穿白色的长袍，尽量穿出一身的精神气，就像现今身穿蓝色长披风的意大利军官。

虽然他们乐于见到妻子穿戴首饰，但是他们认为公开炫示财富(或妻子)实属庸俗之举，所以妇女们离家外出，尽可能不惹人注目。

总之，希腊人的生活既崇尚节制，也追求朴素。桌椅、书籍、房屋和马车等"物件"势必占用物主太多的时间，并且最终使人变成物件的奴隶，人要照管物件的所需，花费时间为其抛光、擦拭和上漆。希腊人首当其冲追求身心"自由"。为了维持他们的自由，真正享受精神自由，他们把日常生活的需求压缩到最低程度。

《酒神狄奥尼索斯》 | 公元前 500 年古希腊花瓶上的画像

第17章　希腊戏剧

戏剧这一最早的公共娱乐形式的
起源

希腊人很早便开始搜集颂扬祖先英雄业绩的诗篇，诸如他们如何赶走皮拉斯基人，如何消灭强国特洛伊。他们当众吟诵这些诗篇，人人都来聆听。不过，作为我们的生活当中几乎必不可少的娱乐形式，戏剧并非从吟诵的英雄故事中发展而来。戏剧的起源甚为奇特，我必须单辟一章给你们阐述。

古希腊人历来喜爱游行，每年都组织隆重的游行，以敬酒神狄俄尼索斯[1]。希腊的每个人都喜欢喝葡萄酒，因而酒神深受民众的喜爱，就像我国的民众喜爱汽水冰棍儿一样。希腊人不喜欢喝水，提到水只会想到游泳和航行。

由于希腊人认为酒神生活在葡萄园，终日与活泼的怪物萨提尔（半是人形半是山羊）相伴嬉戏，因而游行队伍中有人身披山羊皮，模仿公山羊咩咩直叫。山羊的希腊语单词是“tragos”，歌手的希腊语单词是“oidos”，因此像山羊般发出咩咩叫声的歌手称为“tragos-oidos”，即山羊歌手，这个奇怪的名称日后发展为现代的“tragedy”（悲剧），意为一出结局悲惨的戏剧，而喜剧——原意指歌唱某种欢快之事——用来指一出结局欢喜的戏剧。

可是你们会问，化装歌手扮成野山羊一边跺脚一边乱叫，怎么会发展成在全世界的剧院上演将近2000年的高尚悲剧呢？

山羊歌手和哈姆雷特之间的联系其实非常简单，其中的原因我马上就告诉你们。

合唱起初非常逗人开心，为之吸引的围观者不计其数，他们站在路旁哈哈大笑，可是咩咩的叫声不久便让人厌烦。希腊人

1　酒神狄俄尼索斯（Dionysus）即是罗马人信奉的巴克斯（Bacchus），既是葡萄酒与狂欢之神，也是古希腊的艺术之神。

认为乏味的表演是一种恶习，如同丑恶或疾病。他们要求一种娱乐性更强的东西。此时，阿提卡[1]的伊卡里亚村出了一位才华横溢的青年诗人，他想出了一个新点子，结果取得巨大成功。他安排山羊合唱队的一位队员迈步向前，同游行队伍前头吹着潘神排箫[2]的首席乐师对话。这个人走出队列，一边挥舞双臂做出各种姿势，一边向首席乐师提出各种问题，即在其他人站着唱歌时，他在"表演"。首席乐师则依照诗人在演出前在莎草纸卷上所写的答案作答。在他表演的同时，山羊合唱队的其他队员只是站在一旁唱歌。

对话简单而机警，大多讲述狄俄尼索斯或另外某个天神的故事。这种表演形式立即博得了群众的欢心。此后，每次举行狄俄尼索斯节日的游行都有这种"表演场面"，而且人们很快就觉得这种"表演"比游行和咩咩叫更重要。

埃斯库罗斯（前525年—前455年）是最成功的悲剧作家，他在漫长的一生写了不少于80部的剧本。他迈出了勇敢的一步，率先使用两名"演员"以代替一名"演员"。又过了一代人，索福克勒斯[3]把演员人数增至3人。公元前5世纪中叶，欧里庇得斯开始创作他的经典悲剧，当时他可以随意使用多名演员。阿里斯托芬[4]的喜剧名作取笑的对象不拘一格，不管是什么人，也不管是什么事，甚至包括奥林匹亚山的诸神。当时合唱队已经降至旁观者地位，他们只是排队站在主要演员的后面，在前台的主角犯下

1　阿提卡（Attica）是希腊首都雅典所在的行政大区，也是古希腊对这一地区的称呼。

2　潘神（Pan）是人身羊腿，住在山林中保护牧人及牲畜，爱好音乐和舞蹈。

3　索福克勒斯（Sophocles，约前496年—前406年），古希腊三大悲剧作家之一，其代表作是《俄狄浦斯王》。

4　阿里斯托芬（Aristophanes，约前44年—前386年），古希腊的喜剧作家。他交游甚广，苏格拉底和柏拉图都是他的朋友。

古希腊喜剧中的愚翁

忤逆诸神意志的罪行时，才会高歌"此乃可怖的人间"。

这种新的戏剧形式需要一个适当的固定场所，于是随后不久，每个希腊城市都在附近的山上开凿石头，修建自己的剧场。观众坐在木凳上，面向一个宽阔的圆形场地，即我们现今的乐队所在的乐池，我们要花3.3美元才能购买一张坐票欣赏乐队的演奏。演员和合唱队员演出的舞台占半个圆形场，他们的身后是一座帐篷，他们在里面戴上泥制大面具。演员不以自己的面孔示人，而是以借助面具揭示角色的快乐、喜悦、不幸和悲伤。希腊语中帐篷一词是"skene"，因此英语中表示舞台"布景"一词是"scenery"。

悲剧一旦成为希腊人生活的一部分，人们便对之抱以认真的态度，他们前去剧场看戏绝不是放松自己的大脑。新剧的上演变成像选举一样的重大事件，成功的剧作家获得的荣誉大于取得大捷而凯旋归来的将军。

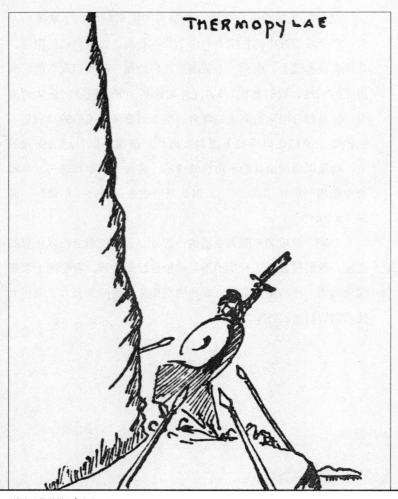

THERMOPYLAE

《德摩比勒关隘》｜房龙

第18章　波斯战争

希腊人如何抵御入侵欧洲的亚洲人，以及如何将波斯人赶回到爱琴海的对岸。

希腊人从腓尼基人的门徒爱琴海人那里学会了贸易之道。他们不但仿照腓尼基人的样子建立了殖民地，甚至改变了腓尼基人的经商方式，与国外的顾客做生意更加普遍使用金钱。公元前6世纪，他们牢牢占据了小亚细亚的沿海地区，迅即抢走了腓尼基人的生意。腓尼基人当然对此不悦，但是碍于实力不够，不敢贸然与希腊人开战，于是便坐观其变。

我在前面一章曾经讲过，一个卑微的波斯牧羊人部落四处讨伐，征服了西亚的大部分地域。这些波斯人的文明程度很高，他们并不劫掠归顺的新臣民，只要他们年年进贡就行。波斯人抵达小亚细亚海岸时，要求吕底亚的希腊各殖民地承认波斯王的霸主地位，并且按照规定缴纳赋税。希腊各殖民地坚决反对，波斯人毫不相让。于是希腊各殖民地求助于宗主国，一场战争在所难免。

如若实话实说，波斯历任国王的确视希腊各城邦为敌，他们认为希腊各个城邦确立的政治体制树立了坏的榜样，因为其他地区的人民应该乖乖成为波斯国王的奴隶。

由于希腊位于水深浪高的爱琴海彼岸，所以希腊人凭借这一优势而拥有一定的安全保障，但是他们的宿敌腓尼基人却主动跳出来，为波斯人提供帮助并出谋划策。只要波斯王出兵，腓尼基人保证提供必要的船只，负责运兵前往欧洲。公元前492年，亚洲准备摧毁欧洲正在崛起的强国希腊。

作为最后的警告，波斯王派遣使节面见希腊人，索取"土和水"作为归顺的信物。希腊人当即将使节投入最近的水井，好让他们找到足够的"土和水"。在这种情况下，和平当然是断无可能了。

但是，奥林匹亚高山的诸神祐护了自己的孩子们。载运波斯军队的腓尼基人舰队在接近阿托斯山[1]时，风暴之神鼓起双颊使劲吐气，直到额头的血管几乎爆裂。一场可怕的飓风摧毁了这支舰队，波斯人全被淹死了。

波斯人在两年后卷土重来。他们这一次横渡爱琴海，在马拉松村附近登陆。雅典人获悉这一消息，立即派出多达万人的军队防守马拉松平原外围的丘陵地带，同时派出一名赛跑能手前去斯巴达求援。斯巴达妒忌雅典的声望，拒绝出手救援。其他的城邦竞相效尤，只有小小的普拉提亚派出1000人。公元前490年9月12日，雅典统帅米尔提亚德斯[2]率领这支小股的部队去迎战波斯大军。希腊人突破了波斯人用弓箭和长矛组成的防线，从未遭遇如此强敌的亚洲人乱成了一团，溃不成军。

当天夜晚，雅典的人们目睹了船只燃烧的火光映红了天空。他们在焦急中等候消息。终于，通往希腊北部的道路上扬起了一小团尘土。那是赛跑者斐里庇得斯[3]，他跌跌撞撞，气喘吁吁，快要气绝身亡。仅仅几天前，他刚从斯巴达办完差使回来。他赶到米尔提亚德斯的阵前。那天早上，他曾参加了进攻，事后主动请求将胜利的喜讯传给他所敬爱的城市。雅典的人们看见他倒下去，于是冲上去扶起他。他低声说了句"我们胜利了"，随后死去。他死得光荣，成为众人景仰的对象。

再说波斯人，他们战败以后曾经企图在雅典附近登陆，但是

---

1 阿托斯山（Mount Athos），又称圣山，位于希腊的圣山半岛。该岛在1054年成为希腊东正教的宗教圣地。

2 指小米尔提亚德斯（Miltiades the Younger，前550年—前489年），雅典人，为老米尔提亚德斯（Miltiades the Elder）的外甥。他曾领导希腊人赢得马拉松战役，击退大流士一世的军队。

3 斐里庇得斯（Pheidippides，前530年—前490年），古希腊的英雄。在雅典军队取得了马拉松之役的胜利后，斐迪庇第斯一口气跑了40公里，将喜讯传给了雅典人，自己则因体力不支而倒地死亡。

《马拉松战役》│房龙

发现沿岸有人防守，于是只好撤走了。希腊再次迎来了和平。

希腊人随时等候敌人来犯，8年之中从不懈怠。他们知道必定会有一场决战，但在怎样才是避免这一危险的最佳策略上，他们却意见不一。有些人希望加强陆军，其他人则认为建设强大的海军是取胜的关键。两派分别以阿里斯蒂底斯[1]（陆军派）和泰米斯托克利[2]（海军派）为首，相互之间斗争激烈，结果希腊人一事无成。在阿里斯蒂底斯被放逐之后，泰米斯托克利获得了施展抱负的机会，他尽量多建造各种战舰，并将比雷埃夫斯变成了一个强大的海军基地。

公元前481年，庞大的波斯军队出现在希腊北方的色萨利地区。在此危急时刻，希腊推举最伟大的英勇城邦斯巴达挂帅应战。可是，斯巴达人并不在乎希腊北方的战事，只管自己的国家不受侵犯。他们忽视了加强防守进入希腊的关隘。

李奥尼达斯[3]率领一支斯巴达王的小股部队，领命防守介于高山和大海之间的温泉关，这是一条狭窄的通道，连接色萨利与希腊南方。李奥尼达斯恪守命令，以无比的英勇顽强杀敌，死守关隘。但是，一个名叫埃费亚特斯的叛徒熟悉马里斯的小道，他领着一支波斯军队翻山越岭，从背后包抄李奥尼达斯。德摩比勒山的温泉关附近展开了一场恶战。

夜幕降临之际，李奥尼达斯及其忠诚的兵士躺在敌人的尸体之下。

1　阿里斯蒂底斯（Aristides，前530年—前468年），雅典政治家。

2　泰米斯托克利（Themistocles，约前524年—前459年），雅典政治家和将军。

3　李奥尼达斯（Leonidas），斯巴达国王阿纳克桑德里达斯二世（Anaxandridas II）的儿子，温泉关战役的英雄。公元前480年8月，李奥尼达斯率领斯巴达勇士在德摩比勒山的温泉关迎战数倍于己的波斯大军，坚守了3天，除2人幸存外，其他298人全部殉国。

可是，山隘还是失守了，希腊的大部分国土落入了波斯人之手。波斯人闯进雅典，将守城的兵士从卫城的岩石上扔下去，并且烧毁了这座城市。人们逃往萨拉米斯岛。似乎一切都完了，但在公元前480年9月20日，泰米斯托克利迫使波斯舰队进入萨拉米斯岛与大陆间的狭窄海峡与之作战，不出几小时就摧毁了3/4的波斯战船。

在这种情况下，波斯人在德摩比勒山取得的胜利化为乌有。薛西斯被迫撤军，但他声称来年决战。他率领军队驻扎色萨利，等待春天的来临。

然而，这一次斯巴达人认识到了形势的严重性。他们离开在科林斯地峡修筑的屏障，在保萨尼亚斯的领导下攻打波斯将军马尔多尼乌斯。在普拉提亚附近，来自十几个城邦的希腊联军约10万人攻打多达30万的敌军。希腊重装步兵又一次突破了弓箭组成的防线，波斯人像在马拉松战役中一样再次战败，但是这一次撤军以后他们再也没有回来。恰好在希腊军队在普拉提亚附近赢得胜利的同一天，雅典海军在小亚细亚的米卡勒海角附近也摧毁了敌人的舰队。

亚洲和欧洲之间的第一次会战就这样结束了。雅典荣誉卓著，斯巴达英勇善战。如果两个城邦能够达成协议，愿意冰释前嫌，他们也许能成为强大而统一的希腊的领袖。

但是他们却让荣誉和热情的时刻悄悄溜走，而这样的机遇一去不复返。

《李奥尼达斯在温泉关战役中》局部 | 法国 | 大卫

《波斯人火烧雅典》│房龙

第19章　雅典与斯巴达之争

雅典与斯巴达为了争夺希腊的领导权长期交战，结果招致灾难性的后果。

雅典和斯巴达是希腊的两个城邦，尽管它们的人民使用共同语言，但在其他各方面却没有相同之处。雅典矗立在平原上，这个城市沐浴着清新的海风，愿意以一个快乐孩童的眼光看待世界。而斯巴达则建于一个山谷的深处，以四围群山为屏障阻挡外界的思想。雅典是一个繁忙的贸易城市。斯巴达是一个厉兵秣马的营地，尚武的人民个个都是战士。雅典人喜欢坐在太阳下讨论诗歌，或者倾听哲学家的妙言隽语，而斯巴达人绝不热衷于所谓的文学创作，但是他们懂得打仗，喜欢打仗，为了用兵一时的理想不惜牺牲人类所有的情感。

难怪沉闷的斯巴达人对雅典的成功怀有恶毒的憎恨。雅典现在把保卫共同家园时焕发的干劲用于和平的目的，他们重建了雅典的卫城，将它改建成奉祀女神雅典娜[1]的大理石圣殿。雅典民主政体的领袖伯里克利[2]派人奔赴各地，找来著名的雕塑家、画家和科学家，不仅使这个城市变得更加美丽，而且使雅典的年轻人更有才识，无愧于雅典的声名。与此同时，他密切关注斯巴达，在雅典与大海相接之处修建高墙，使得雅典成为当时最坚固的堡垒。

两个希腊城邦之间的一次无谓的争吵引发了双方的决战。战争持续了30年，以雅典惨遭浩劫而告终。[3]

在战争的第3年，瘟疫袭击了雅典，人们死亡过半，其中包括

1　雅典娜（Athena）是希腊神话中的胜利女神与智慧女神，亦是农业与园艺的保护神、司职法律与秩序的女神，奥林匹斯十二主神之一。

2　伯里克利（Pericles，约公元前495年—前429年），雅典黄金时期——希波战争和伯罗奔尼撒战争时期著名的政治家和演说家。

3　公元前431年，以雅典为首的提洛同盟与以斯巴达为首的伯罗奔尼撒联盟之间爆发了伯罗奔尼撒战争（the Peloponnesian War），战争一直持续到公元前404年，斯巴达最终获胜，从而结束了希腊的民主时代。

伟大的领袖伯里克利。瘟疫过后，接二连三的继任者政事腐败，民心尽失。之后，一位杰出的年轻人阿尔西比亚德斯[1]获得人民议会的赏识。他提议袭击斯巴达在西西里岛的殖民地锡拉库萨[2]。于是，雅典组织了一支远征队，并且做好了准备，可是阿尔西比阿德却卷入一场街头斗殴，随后被迫远走他乡。继任的将军是一个无能之辈，先是战船被摧毁，随后又是陆军被歼灭。少数幸存的雅典人被投入锡拉库萨的采石场，结果死于饥饿和口渴。

这一次远征导致雅典所有的青年悉数阵亡。雅典在劫难逃了。长期围困之后，雅典在公元前404年投降。高大的城墙被夷为平地，海军被斯巴达人掠走。雅典在鼎盛时期曾经建立了一个庞大的殖民帝国，并是这个帝国的中心，现在这种局面已经不复存在。但是，在雅典强大而繁荣的时期形成了自由民追求知识并不断探索的精神，这种精神没有同城墙和战船一起毁灭，而是继续延续下来，甚至发扬光大。

雅典不再决定希腊的命运，可是作为第一所大学的所在地，这个城市却开始影响希腊狭窄的边境之外聪慧之人的心灵。

1　阿尔西比亚德斯（Alcibiades，前450年—前404年），雅典杰出的政治家、演说家和将军。

2　锡拉库萨（Syracuse），现今意大利西西里岛东岸的一座沿海古城，又译叙拉古。公元前734年，古希腊科林斯的居民在此建立了殖民地城市。

《亚里士多德与亚历山大》

第20章 亚历山大大帝

马其顿人亚历山大建立了一个希腊人的世界帝国，他的雄心壮志结局如何。

亚该亚人离开了多瑙河沿岸的家园以寻找新的牧场，他们曾在马其顿的群山之间生活过一段时间。自此以后，希腊人便与这个北方国家的人民保持了或多或少的正式联系。马其顿人一直掌握着希腊人的情况。

在斯巴达和雅典为了争夺希腊的领导权而进行的灾难性战争结束时，一个名叫菲利普[1]的人刚好是马其顿的统治者。他聪颖超群，赞赏希腊人的文学艺术成就，但却鄙视希腊人在政治事务上缺乏自制。看到一个优秀的民族陷入无谓的争斗而消耗人力物力，他甚为恼火。为了解决这一难题，他自立为希腊所有城邦的主宰。他要求他的新臣民一同前往波斯，以报复薛西斯在150年前入侵希腊之仇。

菲利普为了这次远征进行了精心的准备，然而事与愿违，他在出征之前遇刺身亡。为雅典毁灭雪耻的任务落到了菲利普的儿子亚历山大的身上。亚历山大是希腊最具智慧的教师亚里士多德[2]心爱的学生。

亚历山大在公元前334年告别了欧洲，7年后抵达印度。在此期间，他消灭了希腊商人的老对手腓尼基人。他征服了埃及，被尼罗河流域的人民推崇为法老的儿子和继承人。他打败了波斯最后一个国王，推翻了波斯帝国。他下令重建了巴比伦。他带领军队深入喜马拉雅山的腹地。他将整个世界变成了马其顿的行省和属地。随后，他停止出征，宣布了更加雄心勃勃的计划。

新建立的帝国必须接受希腊精神的影响。人民必须学习希腊

1　即菲利普二世（Philip II，前382年—前336年），又译腓力二世，马其顿国王（前359年—前336年在位），亚历山大大帝和菲利普三世（腓力三世）的父亲。

2　亚里士多德（Aristotle，前384年—前322年），古希腊的哲学家、科学家和教育家，师承柏拉图，他与柏拉图、苏格拉底一起被誉为西方哲学的奠基者。

语言，必须住在根据希腊模式建设的城市之中。亚历山大手下的士兵现在成了教师。昔日的军营成为和平中心，传播刚刚引入的希腊文明。正当希腊的礼仪和风俗犹如洪水一样不断高涨之时，亚历山大却突发热病，在公元前323年死于巴比伦国王汉谟拉比的旧王宫。

虽然洪水退却了，但是留下了高度文明的肥沃土壤。亚历山大以其稚气的雄心和愚蠢的虚荣完成了极具价值的业绩。在他死后，他建立的帝国随之瓦解。一批野心勃勃的将军裂土为王，但是他们仍然忠于希腊与亚洲追求世界大同的梦想。

他们仍然保持独立，直到罗马人将西亚与埃及并入他们的领土。古希腊文明——包括希腊文明、波斯文明、埃及文明和巴比伦文明——这份奇怪的遗产落入罗马征服者的手中。在此后的数百年间，它牢牢控制了罗马世界，时至今日我们在生活中仍能感受到它的影响。

《纳比拉苏皇后青铜像》 | 美索不达米亚作品，约作于公元前 1250 年，现存于卢浮宫

第21章　第1章至第20章的综述

我们一直在高楼上眺望东方，可是自此开始，埃及和美索不达米亚的历史不再那么有趣，我必须引你们细看西方的景色。

在此之前，让我们稍停片刻，回顾一下我们看到了什么。

我首先给你们介绍了史前人，他们的习性非常简单，他们的行为极不起眼。我告诉过你们，五大洲的原始荒野曾有众多的动物，其中数史前人的防御能力最差，但是他们拥有更大、更好的头脑，所以才能生存下来。

随后是冰川期，寒冷的气候持续许多个世纪。地球上的生活变得非常艰难，史前人若想存活下去，必须加倍认真思考对策。求生的愿望是促使每一种生物在咽下最后一口气前拼尽全力的主要动力。冰川期的史前人使劲开动大脑。长期的严寒天气冻死了许多凶猛的动物，坚强的史前人却设法存活下来。当地球上再次变得温暖宜人时，史前人已经学会了多种生存手段，与智力不如自己的其他动物相比，他们拥有极大的优势，因而遭遇灭绝的危险变得极其渺茫。人类生活在这个星球上已有100万年，在前50万年遭遇灭绝的危险却是非常严重的。

我告诉过你们，我们最早的祖先如何迈着沉重的脚步行走，出于为我们所不知的原因，生活在尼罗河流域的人们突然崛起，几乎在一夜之间建立了第一个文明中心。

接着我向你们介绍了两河流域的美索不达米亚，这是人类的第二所大学。接着我又给你们描绘了一幅爱琴海诸岛地图，这些海岛像是桥梁，从古老的东方把知识和科学传到年轻的西方，教给生活在那里的希腊人。

再后来我给你们介绍了一支印欧语系的部落，他们叫赫楞人，数千年前离开了亚洲腹地。他们在公元前11世纪进入了岩石嶙峋的希腊半岛，变成了我们所知的希腊人。我还给你们讲述了希腊多个小城的历史，这些小城其实就是国家。埃及和亚洲的文明在这些地方演变为一种新的文明，远比以前的任何文明高贵和璀璨。

　　如果你们注视地图，你们会看出诞生文明的地区此时呈现一个半圆状。文明始于埃及，经由美索不达米亚和爱琴海诸岛由西进入欧洲大陆。在文字历史的前4000年间，埃及人、巴比伦人、腓尼基人和大批的闪米特部落——请记住犹太人只是众多的闪米特部落之一——高举火炬照亮了世界，然后将火炬交给了印欧语系的希腊人，希腊人转而又成为另一支名叫罗马人的印欧语系部落的老师。与此同时，闪米特人沿着非洲的北海岸向西推进，成为地中海地区西半部的统治者，与占有东半部的希腊人分庭抗礼。

　　你们马上就会看到，这种局面导致了两个敌对的种族之间的一场可怕的冲突，获胜的罗马人建立了罗马帝国，把美索不达米亚—希腊文明带到了欧洲大陆最遥远的角落，这种文明后来成为现代社会赖以形成的基础。

　　我知道这一切听起来似乎非常复杂，但是把握这些不多的要义，此后的历史就简单得多。书中的地图会厘清文字难以表达的内容。穿插这一简短的说明之后，我们继续讲述我们的故事，介绍迦太基[1]与罗马之间那场著名的战争。[2]

1　迦太基（Carthage）是腓尼基人于公元前8世纪在北非建立的城市国家。公元前146年，迦太基帝国被罗马人消灭。

2　公元前264年至公元前146年，古罗马与迦太基之间进行了3次战争，史称布匿战争（the Punic Wars），因为罗马人称迦太基人为"布匿"。前两次战争是争夺西地中海的霸权，第三次战争则是罗马以强凌弱侵略迦太基。

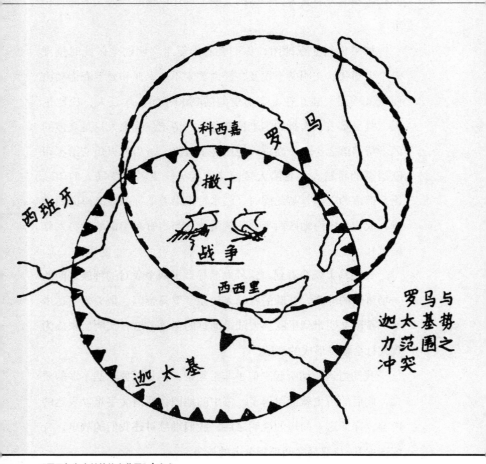

《罗马与迦太基的势力范围》┃房龙

第22章　罗马与迦太基

非洲北岸闪米特人的殖民地迦太基
和意大利西岸印欧语系部落的罗马
城为了争夺地中海西部沿岸而战,
结果迦太基被消灭。

迦太基是腓尼基人建的一个贸易小站，坐落在一个低矮的小山上，俯瞰分隔欧洲与非洲的90英里宽的阿非利加海[1]。这里是一个理想的贸易中心，几乎太理想了。它发展得太快，太富有了。公元前6世纪，巴比伦国王尼布甲尼撒摧毁提尔，迦太基便与母国断绝了一切关系，成为一个独立的国家和闪米特种族在西方的重要哨所。

不幸的是，迦太基城继承了腓尼基人1000年来所持有的许多特性。这个城市是一个大商行，拥有一支强大的海军，对于生活中大多数的闲情逸致不感兴趣。一个少数但权力极大的富豪集团统治着这个城市、周边地区和遥远的殖民地。希腊语中"富人"一词是"ploutos"，因而希腊人称"富人"掌权的政府为"富豪统治"（plutocracy[2]）。迦太基是一个富豪统治的国家，12个大船主、大矿主和大商人掌握了国家的实权，他们在政府机关的密室议事，视他们共同的祖国为一个商业机构，理应获得丰厚的利润。他们头脑清醒，精力充沛，工作努力。

随着时间的流逝，迦太基对其邻居的影响越来越大，非洲沿岸的大部分地区、西班牙全境和法兰西的部分地区都变成了它的领地，必须向阿非利加的这个海滨城市缴纳贡物、税赋和红利。

当然，"富豪统治"的命运总是由人民决定。只要获得大量的工作机会和优厚的劳务报酬，大多数的市民便心满意足，他们宁愿听凭那些"精英分子"统治他们，不会提出令人尴尬的问题，但是一旦没有船只出港，没有矿石运进来供熔炉冶炼，码头

---

1 阿非利加海（the African Sea）应指现今的突尼斯海（the Tunisian sea），与欧洲隔海相望。

2 Plutocracy意为"富豪统治"，又译财阀统治。

工人和装卸工人便被迫失业，人民便怨声载道，要求召开市民会议，就像以前迦太基仍是一个自治共和国那样。

为了防止这种事情发生，富豪政府不得不维持这个商业重镇的高速发展。在将近500年的时间里，他们一直非常成功。他们此时却听到从意大利的西岸传来的某些谣言，因而极为不安。据说台伯河[1]畔的一个小村庄突然崛起，成为一个强国，并且正在成为意大利中部所有拉丁部落公认的领袖。这个名叫罗马的村庄打算建造船只，争取与西西里和法兰西南部沿海地区通商。

迦太基不能容忍这样的竞争。必须剪除这一新的竞争对手，否则作为地中海西部沿岸的绝对霸主，迦太基的统治者会丧失他们的威信。他们对谣言进行了认真的调查，大致得悉如下的事实。

长期以来，意大利的西部海岸一直被文明所忽视。希腊的所有良港都朝向东方，爱琴海中繁忙的岛屿一览无余，意大利西岸除了地中海孤寂的波涛，看不到什么让人激动的景象。这是一片贫瘠的土地，鲜有外国商人问津，只有当地人守着他们的小山和湿地平原生活。

这片土地第一次遭到严重的侵略是来自北方。在远古时期的某个年代，某些印欧语系的部落设法通过阿尔卑斯山脉的山隘进入意大利，他们一直向南推进，最终占据了意大利全境。我们对于这些早期的征服者一无所知。没有哪一个行吟诗人歌唱过他们的辉煌业绩。他们自己关于建造罗马古城的记述只是传说而已，不能算作历史，见诸于书则是800年后的事情，那时这个小城已经成为一个帝国的中心。罗慕路斯和雷穆斯从对方建造的城墙上

1　台伯河（the Tiber）是意大利的主要中部河流，源自亚平宁山脉，纵贯亚平宁半岛的中部，经罗马市区后注入第勒尼安海，全长405公里。

跳过，我总是记不清谁跳过了谁建的城墙。[1]这一传闻读起来饶有趣味，罗马建城的故事相形之下就显得非常平淡了。像美国上千个城市一样，罗马建城伊始只是一个以物换物和买卖马匹的方便之地。这里位于意大利中部的平原中心，台伯河提供一个直接通海的出口，一条贯通南北的大道经过一处浅滩，一年四季都能涉水而过。河的沿岸有7座小山，为小城的居民提供了安全的屏障，可以抵御来自山区和附近海上的敌人。

山地人叫做萨宾人[2]，他们行为粗野，总是想着肆意劫掠的邪念。他们使用石斧和木盾作战，因而难以挑战手持钢剑的罗马人。住在海上的居民才是危险的敌人。他们叫做伊特鲁里亚人[3]，有关他们的情况一直都是一个未解的历史之谜。不管是过去还是现在，没有人知道他们来自何方，也不知道他们是什么人，更不知道他们为什么离开了原来的家乡。我们在意大利的沿海地区发现了他们的城市、墓地和水利工程等遗迹。我们熟悉他们的铭文，但是没有人能译解伊特鲁里亚文字。迄今为止，他们留下的文字看了只能让人徒生烦恼，毫无用处。

我们只能猜测伊特鲁里亚人来自小亚细亚，一场大战或瘟疫迫使他们离开故土，另寻他地重建家园。不管他们出于什么原因到达这里，伊特鲁里亚人在历史上做出了巨大的贡献。他们从东方带来了古代文明的花粉传至西方，向来自北方的罗马人传授了

1　罗慕路斯（Romulus）与雷穆斯（Remus）据传是罗马城的奠基人，他们在罗马神话中是一对双生子，母亲是女祭司雷亚·西尔维亚，父亲是战神玛尔斯。

2　萨宾人（Sabine）是古代意大利的一个部落，定居在台伯河东岸的山区，公元前449年被罗马打败，最终在公元前290年被罗马消灭。萨宾人随后成为无选举权的罗马公民，公元前268年才获得完全公民权。

3　伊特鲁里亚人（Etruscan）是古代意大利的一个部落，曾在现今意大利的中部建立了自己的国家，后被罗马人吞并。

《劫掠萨宾女子》｜意大利｜科尔托纳

本图表现的是古罗马人抢掠萨宾部落的女子为妻的情景。抢亲曾是一种很普遍的现象，是野蛮时代的遗风。

建筑、街道修筑、作战、艺术、烹饪、医药和天文学等方面的初步原理。

但是，如同希腊人并不爱戴爱琴海的老师一样，罗马人也憎恶他们的师傅。希腊商人发现了意大利的贸易商机，于是派出商船前往罗马。罗马人感到时机已到，随即抛开了伊特鲁里亚人。

希腊人本意是来做生意的，但却留下来当了老师。他们发现罗马乡下自称拉丁人的部落非常愿意学习实用的知识。罗马人一旦认识到字母表的极大好处，就立刻抄袭了希腊人所用的字母表。他们又认识到严格管理的币制和度量衡制利于商业。罗马人最终吞下了希腊文明的鱼钩、渔线和浮坠。

他们甚至把希腊诸神请到国内来。宙斯被请到罗马以后改称朱庇特，其他诸神也跟着来了。不过，罗马诸神和希腊诸神却不尽相同。希腊诸神曾经陪同希腊人历尽沧桑，他们性格活泼开朗。罗马诸神则是国家官吏，他们管理各自的部门，一丝不苟、公正无私，但是要求崇拜者必须服从，而且要求严格服从。古希腊人与巍峨的奥林匹斯山顶的诸神存在一种和谐的神人关系和真挚的友谊，但是罗马人与其信奉的诸神却没有建立这种关系。

罗马人没有模仿希腊人的政治体制，但他们和古希腊人一样都是印欧语系民族，因而罗马早期的历史和雅典及其他希腊城邦的历史相仿。罗马人没费多大周折就摆脱了他们的国王，即古代部落酋长的后裔，但在国王被驱逐出城以后，罗马人被迫限制贵族的权力。经过几百年的努力，他们设法建立了一种新的制度，让罗马的每一个自由民都有机会亲自参与政务活动。

此后，罗马人比希腊人拥有一大优势，他们管理国家的事务不必进行太多的演讲。他们不像希腊人那样富于幻想，他们宁

愿做一件实事也不愿说十句空话。他们深知平民开会，即所谓的
"自由公民议会"（Pleb），往往只会空谈，浪费宝贵的时间。
于是，他们将管理城市的实际工作交托给两位"执政官"，由元
老院辅佐他们。英语中元老院一词（Senate）来自senax，意为
"老人"。元老们从贵族当中选举产生，这样的做法既是一种风
俗习惯，也是出于实际的考虑，但是元老们的权力还是受到了严
格的限制。

贫富之间的斗争曾经迫使雅典采用德拉古法典和梭伦法典，
罗马在公元前5世纪也经历了同样的贫富斗争。结果，自由民获
得了一部成文法律，设置护民官，以保护他们免遭贵族法官的专
制。护民官是城市的治安官，由自由民选举产生。如果他们认为
政府官员的行为有失公允，他们有权保护公民免遭处罚。执政官
有权判处一个人的死刑，但假如没有确凿的证据，护民官则可以
加以干涉，以挽救这个可怜人的性命。

我在使用"罗马"一词时，似乎是指一个只有数千居民的小
城。罗马的真正实力是在城墙以外的各个地区。罗马正是在治理
行省方面，很早就显示出作为殖民强国的惊人才能。

在远古时代，罗马是意大利中部唯一设防的坚固城堡。在其
他的拉丁部落遭遇袭击的危险时，罗马总是向他们提供避难的场
所。这些拉丁邻居认识到结交一个强大的朋友大有好处，于是想
方设法地与它缔结某种攻守同盟。其他民族，如埃及人、巴比伦
人和腓尼基人，甚至希腊人，都坚持以"野蛮人"的身份与罗马
订立归顺条约，罗马人却一概予以拒绝。他们给"外来者"提供
一个机会，让他们成为共和国或共和政体的伙伴。

他们说："你们想加入我们，那好，来吧。我们视你们为罗

马的正式公民。要想获得这一权利，我们要求你们在必要的时候为我们的城市作战，这个城市是我们大家的母亲。"

"外来者"对这种慷慨的态度心存感激之情，并且始终忠于罗马。

在希腊的某一个城市遭受袭击之时，所有的外国居民都赶紧撤离。这个城市对他们来说只是一个寄居的场所，他们交钱才被允许安身，他们凭什么要捍卫这个城市呢？当敌人在罗马的城门出现时，所有的拉丁人都会冲上前去与之战斗，因为他们的母亲处于危难之中。这是他们真正的"家园"，即使他们住在百里之外，甚至连圣城罗马的城墙都未曾见过。

无论是战败还是灾难都改变不了这种情感。公元前4世纪初，野蛮的高卢人[1]强行闯入意大利境内，在特雷比亚河附近打败了罗马军队，随后挺进罗马。他们夺取了罗马之后，以为罗马人会出来求和。他们左等右等，始终未见动静。高卢人不久便发现他们已被同仇敌忾的罗马居民包围，根本无法获得补给。7个月之后，饥饿迫使他们撤退。罗马奉行平等对待"外来者"的政策取得巨大的成功，使之空前强大。

从这一段关于罗马古代史的简要介绍中，你们可以了解罗马人对于国家建设的理想是健康向上的，这与迦太基城所体现的古代世界观念大相径庭。罗马人重视他们同许多"平等的公民"之间建立愉快而真诚的合作。迦太基人效法埃及人和西亚的榜样，强求"属地"不合情理的服从，这种服从是勉强的服从。如不服

1　高卢人（Gaul）主要指古代居住在现今西欧的法国、比利时、意大利北部、荷兰南部、瑞士西部和德国莱茵河西岸一带的人民，他们都使用高卢语，属于凯尔特语族的一个分支。

从，他们便雇佣职业士兵为他们作战。

你们现在可以明白，迦太基为什么必然会畏惧这样一个机敏而强大的敌人，以及迦太基的富豪政体为什么会寻机挑衅，急于趁早消灭这一危险的对手。

然而，迦太基人是精明的商人，他们知道仓促从事无益。他们先向罗马人提议，他们两个城市分别在地图上画圈，划定各自的"势力范围"，承诺互不侵犯。这个协定仓促签订，也很快遭到破坏。双方都认为派兵前去西西里是一个明智之举，因为那里土地肥沃、政府腐败，可以强行加以干预。

随后进行的战争，即所谓第一次布匿战争，持续了24年。战争在海上进行，经验丰富的迦太基海军起初似乎能够战胜罗马刚刚创建的舰队。迦太基人的战船沿袭古老的战术，不是冲撞敌船，就是猛攻敌船的侧面，折断敌人的船桨，再用弓箭或火球杀死孤立无援的水兵。但是罗马的工程师发明了一种新型的战船，配置登船吊桥，罗马步兵借助吊桥攻击敌船。迦太基人一再获胜的历史突然告终了。在米拉[1]战役中，他们的舰队遭受惨败。迦太基被迫求和，西西里随后并入罗马的版图。

23年以后，战端再起。罗马为了寻找铜矿而侵占了撒丁岛[2]，迦太基为了白银占领了西班牙整个南部地区。这样一来，迦太基便成为罗马的近邻。罗马不喜欢这个邻居，于是下令军队越过比利牛斯山脉，前去监视迦太基占领军。

两个对手之间的第二次交锋一触即发。希腊的一个殖民地再

---

1 米拉是古代西西里岛东北部的一个海港城市，现在名叫米拉佐。
2 撒丁岛位于意大利半岛海岸以西200公里的地中海上，是面积仅次于西西里岛的第二大岛。

《快速的罗马战舰》 | 房龙

次成为开战的借口。迦太基人包围了西班牙东岸的萨贡托城。萨贡托人向罗马求援。罗马照例愿意相助，元老院答应派出拉丁部队支援，但是筹备出征需要一些时间。在此期间，萨贡托沦陷并被摧毁。这一结果违背了罗马人的意愿。元老院决定开战。一支罗马军队渡过阿非利加海，在迦太基本土登陆；另一支部队拦截占领西班牙的迦太基军队，阻止他们前去救援自己的故国。这个计划非常巧妙，人人都盼望大获全胜，但是诸神却另有安排。

公元前218年的秋天，领命攻打迦太基驻西班牙军队的罗马军队离开了意大利。人们急不可耐，期盼罗马军队会轻松取得大胜，这时波河平原却传出一个可怕的谣言。粗鲁的山地人惊吓之下哆哆嗦嗦，讲述成千上万的棕色人带着怪兽，"每一个都有房子那么大"，从白雪皑皑的古格拉耶山关隘突然出现。几千年前，赫拉克勒斯赶着革律翁[1]的牛群从西班牙前往希腊，途中经过这一关隘。[2]不久之后，衣衫褴褛的难民络绎不绝地来到罗马的城门前，他们带来了更加详细的细节。哈米尔卡[3]的儿子汉尼拔带领了50000名步兵、9000名骑兵和37头战象，已经越过了比利牛斯山脉。他在罗纳河两岸打败了西庇阿[4]率领的罗马军队，然后挥师安全通过了阿尔卑斯山脉的关隘，尽管当时已经到了10月份，道路覆盖了厚厚的冰雪。随后他与高卢军队会师，协力打

1　在希腊神话中，革律翁（Geryon）是一个巨人，高大如山，长着三个身躯和三头六臂，住在地中海西部的厄里茨阿岛（Erytheia）上。他是克律萨俄耳（Chrysaor）和卡利罗厄（Callirrhoe）的儿子，波塞冬（Poseidon）和美杜萨（Medusa）的孙子。

2　在希腊神话中，赫拉克勒斯（Heracles）是宙斯与阿尔克墨涅之子，神勇无比，又称大力神。罗马人称其为赫丘利（Hercules）。

3　哈米尔卡·巴卡（Hamilcar Barca，前275—228年），迦太基军事家、政治家，他的3个儿子汉尼拔、哈斯德鲁巴尔（Hasdrubal）和马戈（Mago）均为迦太基的名将。

4　西庇阿（公元前235年—公元前183年），古罗马军事家和政治家，曾在扎马战役中打败了迦太基统帅汉尼拔。

败了准备渡过特雷比亚河的第二支罗马军队，然后围困了皮亚琴察城，该城位于连接罗马与阿尔卑斯山区行省的大道北端。

元老院虽感意外，但是仍像以往那样镇静自若、精神抖擞，隐瞒了接连失败的消息，另外派出两支生力军前去阻击侵略军。汉尼拔在特拉西美诺湖岸边一条狭窄的道路上突袭罗马军队，杀死所有的罗马军官和大部分士兵。虽然这次战败让罗马人惶恐不安，但是元老院没有惊慌失措，而是组织了第三支部队，任命昆图斯·费边·马克西穆斯[1]率部出征，宣布他有权"为了拯救国家而采取一切必要措施"。

费边知道他必须慎重行事，以免全军覆没。他的部下是最后一批能够招募的士兵，未经任何训练，根本不是汉尼拔手下那些老兵的对手。他拒绝应敌，只是一味跟在汉尼拔的军队后面，毁掉一切可供食用的东西，破坏所有的道路，袭击小股的敌军，采用游击战术在总体上挫败迦太基士兵的士气，使敌人痛苦不堪、恼羞成怒。

然而，躲在罗马城内的人们心惊胆战，他们对这样的作战方法感到不满。他们要求有所"行动"，必须采取行动，而且事不宜迟。一个名叫瓦罗[2]的平民英雄在城中到处活动，扬言上了年纪的费边办事拖沓，换了自己肯定会干得更好。在民众的欢呼声中，瓦罗挂帅领军。在公元前216年的坎尼[3]战役中，他遭遇了罗马历史上最惨重的败绩。7万多名士兵被杀。汉尼拔成为全意大利的主人。

1　费边，全名昆图斯·费边·马克西穆斯·维尔鲁科苏斯（Quintus Fabius Maximus Verrucosus，约公元前280年—公元前203年），古罗马政治家、军事家，杰出的统帅。

2　瓦罗，古罗马的政治家和军事统帅。

3　坎尼是意大利东南部的一个小镇，亚德里亚海滨城市巴列塔以西。

《汉尼拔翻越阿尔卑斯山》｜房龙

汉尼拔从半岛一端进军到另一端，宣扬自己是"摆脱罗马人奴役的救世主"，号召各个行省与他联手进攻他们的母城罗马。在这种情况下，罗马的智慧再次结出可贵的硕果。除了卡普阿[1]和锡拉库萨之外，其他城市仍然效忠于罗马。汉尼拔这位救世主假意与人为友，但他发现自己遭到各地人民的反对。他远离自己的国家，因而对其处境甚感不安。他向迦太基派出信使，要求调拨补给和新兵，可惜这两样迦太基都无法给他。

罗马人凭借战船吊桥成为海上霸主。汉尼拔必须尽力自救。他继续打败与其交战的罗马军队，但是他的军队正在迅速减员，而意大利的农民却对这位自封的"救世主"敬而远之。

汉尼拔连续多年一直战无不胜，现在他却发现自己在刚刚征服的国家中陷入了包围。时运一度似乎有所好转，他的弟弟哈斯德鲁巴尔在西班牙打败了罗马军队，随后跨过了阿尔卑斯山脉，前来援助汉尼拔。他派出信使前往南方，向汉尼拔通报他即将赶到，同时要求两支军队在台伯河平原会合。不幸的是，信使被罗马人抓获。汉尼拔苦苦等待后续消息，直到一只篮子滚进他的营帐，他弟弟的头颅整齐地装在里面。他这才获悉那支迦太基军队的最后厄运。

年轻的西庇阿扫除了哈斯德鲁巴尔这一障碍，随后轻而易举地夺回了西班牙。4年之后，罗马人准备对迦太基发起最后的进攻。汉尼拔接到了撤军的命令。他渡过了阿非利加海，然后企图组织迦太基的防御。公元前202年，迦太基人在扎马[2]战役中被打

1　卡普阿（Capua）位于意大利半岛的中部，那不勒斯市以北25公里处。

2　扎马（Zama）是迦太基的重镇，位于现今突尼斯首都突尼斯市西南130公里处锡勒亚奈（Siliana）附近。

败。汉尼拔逃到推提尔，随后前往小亚细亚，打算煽动叙利亚人和马其顿人反抗罗马人。他没有多大的建树，但是他在这些亚洲强国的活动却给罗马人提供了一个借口。罗马挥师进入东方，吞并了爱琴海世界的大部分地区。

汉尼拔遭到一个又一个城市的驱逐，成了一个无家可归的逃兵。他终于认识到自己的野心再也无法实现。他所热爱的迦太基城已经毁于战争，而且被迫签订了可怕的和约。迦太基的舰队已被击沉。迦太基未经罗马的许可不得发动战争，每年都要向罗马缴纳大笔的赔款。生活再也没有美好的未来可言，于是汉尼拔在公元前190年服毒自尽。

40年以后，罗马人对迦太基发起了最后的进攻。在这个古老的腓尼基殖民地，居民们苦战了3年，终因抵挡不住新兴的共和国政权，饥荒迫使迦太基投降。在长期的围困中幸存的男人和妇女已经为数不多，他们被当做奴隶贩卖。宫殿、仓库和大型军械库整整烧了两个星期。在烧焦的废墟前，罗马人立下毒誓，然后撤出了罗马军团，返回意大利庆祝胜利。

随后的1000年间，地中海一直属于欧洲人。然而，罗马帝国一灭亡，亚洲人又企图再次控制这个内陆大海，具体细节我在介绍穆罕默德时会告诉你们。

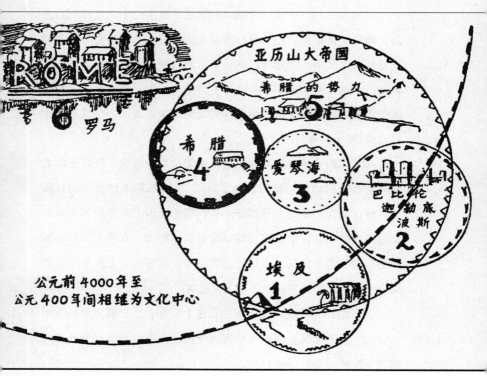

《文明向西转移》｜房龙

第23章　罗马帝国的兴起

罗马帝国是如何形成的

罗马帝国的出现纯属偶然。没有人为此进行过策划，帝国就这样出现了。没有哪位著名的将军、政治家或者刺客挺身而起，说："朋友们、罗马人、公民们，我们必须建立一个帝国。大家跟我干，我们一起征服赫丘利之门和托罗斯山[1]之间的所有地区。"

罗马盛产著名的将领和同样卓著的政治家和刺客，罗马军队在世界各地打仗，可是罗马帝国的建成没有事先制定一个计划。一般的罗马人是非常讲究实际的公民。他们不爱讨论治理国家的理论。听到有人开始慷慨陈词"罗马帝国向东拓展……"，他们会急忙离开会场。罗马人继续夺取越来越多的土地是完全为形势所逼，并非受野心的驱使，也不是存心贪婪。他们的天性和爱好就是务农，他们只想待在家里。然而，如果遭到袭击，他们迫不得已也会进行自卫。如果海外某个遥远的国家在遭到敌人入侵时向罗马求救，耐心的罗马人会不顾征途劳顿，赶去击败危险的敌人。战事结束之后，罗马人会留下来治理刚刚征服的行省，以免这些地区再次落入到处游荡的蛮族手里，从而威胁到罗马帝国的安全。乍听起来似乎相当复杂，可是对于当代人来说却非常简单，其中的道理你们马上就会明白。

我在上一章讲过，公元前203年，西庇阿渡过了阿非利加海，将战争推进到非洲。迦太基召回了汉尼拔，可是他却无法获得雇佣军的有力支持，结果在扎马附近吃了败仗。罗马人要求汉尼拔投降，他却逃到了马其顿和叙利亚，请求这两个国家出手相助。

这两个国家曾是亚历山大帝国的属地，两位国王此时正在策

1　赫丘利之门又称赫丘利之柱，指连接地中海和大西洋的直布罗陀海峡。托罗斯山脉位于土耳其南部。

划出征埃及，企图瓜分富饶的尼罗河流域。埃及国王听说此事，立即请求罗马救援。阴谋与反阴谋的计策层出不穷，煞是有趣。可是罗马人缺乏想象力，他们不待大戏开场就鸣铃闭幕了。马其顿人依旧沿袭希腊的重装步兵方阵这一战斗队形，结果大败于罗马军团。这一仗在公元前197年进行，地点是色萨利中部库诺斯克法莱平原的"狗头山"。

罗马人随后继续向南推进，抵达了阿提卡。他们通知希腊人，他们旨在"拯救遭受马其顿统治的赫楞人"。多年以来，希腊人一直处于半奴役的状态，他们没有吸取一点教训，竟以不幸的方式滥用刚刚获得的自由。那些小城邦再次开始互相争斗，就像以前一样。罗马人相当鄙视希腊人，对于他们相互之间愚蠢的争执难以理解，而且也一点不喜欢。尽管如此，他们却表现了极大的克制，可是最终对这种无休无止的纠纷失去了耐心，于是派兵入侵希腊，焚毁科林斯城，以警示其他的希腊人。罗马随后任命了一名总督，前去雅典管理这个动乱的行省。这样一来，马其顿和希腊两个国家便成为罗马东部边境的缓冲地带。

与此同时，在赫勒海峡对岸的叙利亚王国，安蒂阿卡斯三世统治着大片的土地。他曾奉汉尼拔将军为座上客，听说入侵意大利和攻克罗马城毫不费力，于是急不可耐。

卢基乌斯·西庇阿领命征服小亚细亚，他的哥哥是曾经进军非洲并在扎马打败汉尼拔及其迦太基军队的西庇阿。公元190年，他在马格尼西亚附近摧毁了叙利亚国王的军队。其后不久，安蒂阿卡斯被其臣民处死。小亚细亚从此成为罗马的保护领地，罗马小城一跃成为地中海周边大部分地区的霸主。

世界之尽头

野
荒
事 事 事
事 事 事 事
事 事 事

沙漠

罗马帝国

《庞大的罗马帝国》｜房龙

第24章 罗马帝国

在经历多个世纪的动乱和变革之后，罗马共和国成为一个帝国。

罗马军队所向披靡，每次胜利凯旋都会举行盛大的庆祝活动。然而，突如其来的辉煌却没有使国人变得更加幸福。相反，连年征战耽误了农事，农民们为了帝国的扩张必须付出沉重的劳役。功成名就的将领以及他们的亲朋好友掌握了太多的权力，他们以战争为借口大肆掠夺。

旧罗马共和国一直以名人生活简朴而自豪，而新共和国则以祖辈时兴的破旧外套和高尚的原则为耻。共和国变成了一个由富人统治并为富人谋利的富人国家。既然如此，这个国家注定会遭到灭顶之灾，具体过程让我细细道来。

不到150年的时间，罗马人便成为地中海周边几乎所有地区的霸主。在古代，如果打仗被俘便会成为失去自由的奴隶。罗马人极其认真地对待战争，对于征服的敌人毫不怜悯。在迦太基沦陷后，迦太基的妇女和儿童及其奴隶一起被卖为奴。希腊、马其顿、西班牙和叙利亚等地的居民如果胆敢反抗罗马强权，也会遭到同样的命运。

2000年前，一个奴隶只被当成机械。现在的富人会拿钱投资建厂，而罗马的富人——元老、将军和靠战争发财的人——则购买土地和奴隶。他们在刚刚获得的行省购买或抢夺土地。他们从集市上购买奴隶，不管在什么地方，只要奴隶便宜就买。公元前3世纪和公元前2世纪，由于奴隶的供应在大多数情况下非常充足，因而地主们逼迫奴隶拼死劳作。如果奴隶在田地干活累死，地主们便到最近的廉价奴隶货栈，从出售的科林斯或迦太基的俘虏中挑选新的奴隶。

我们再来看一下自由农民的命运。一个农民为了履行其对罗马的责任，参加征战毫无怨言。可是过了10年、15年或20年，

《罗马的奴隶市场》 | 法国 | 若望 – 莱昂·热罗姆

等到他回到故乡时，他的土地已经长满了杂草。他是一个坚强的汉子，于是决心重新开始生活。他耕地、播种并等待收获，然后带着谷物连同家禽和牲口，前去集市出售，这才发现使用奴隶在庄园劳动的大地主们压价销售。他勉强支撑了几年，然后陷入绝望，于是离开家乡，前往最近的城市。他在城里挨饿，如同以前种田一样。跟他一样抛弃土地的人成千上万，他们过着凄苦的生活。他们蜷缩在大城市郊外肮脏的茅棚里，很容易感染疾病，死于可怕的传染病。他们极其不满。他们曾经为国打仗，竟然落此下场。他们总是愿意聆听雄辩家的花言巧语，不久这些人便对国家的安全构成重大的威胁。当时所谓的雄辩家不计其数，他们如同饥饿的秃鹫，哪里有民怨就会出现在哪里。

新兴的富裕阶级却不以为然，他们辩解：“我们有军队，也有警察，他们会让暴民遵守秩序。”他们躲进建有高墙的乡间别墅，或者打理自己的花园，或者阅读荷马的诗篇，一个希腊奴隶刚刚把它译成优美的拉丁六韵诗。

然而，仍有几个家庭依然继续无私地效忠共和国的旧传统。非洲征服者西庇阿的女儿科内莉亚嫁给了一位姓格拉古的罗马人[1]，生了两个儿子，一个叫提贝里乌斯[2]，一个叫盖乌斯[3]。两个孩子长大后都进入政界，试图进行某些迫切需要的改革。根据一次调查得知，2000个贵族家庭拥有意大利半岛绝大部分的土

---

1 提贝里乌斯·塞姆普罗尼乌斯·格拉古（Tiberius Sempronius Gracchus，约公元前217年—公元前154年），古罗马政治家，又称老格拉古。

2 提贝里乌斯·塞姆普罗尼乌斯·格拉古（Tiberius Sempronius Gracchus，公元前168年—公元前133年），老格拉古的儿子，古罗马政治家，平民派领袖，公元前133年当选为罗马保民官。

3 盖乌斯·塞姆普罗尼乌斯·格拉古（Gaius Sempronius Gracchus，公元前154年—公元前121年），古罗马政治家，平民派领袖，公元前123年至公元前122年担任保民官一职。

地。提贝里乌斯当选为保民官以后，试图帮助自由民。他恢复了两项古老的法律，限定地主拥有土地的数量。他希望用这个办法恢复拥有小块土地的独立自由民这一宝贵的阶级。新兴的富裕阶级辱骂提贝里乌斯是强盗，是国家的公敌。街头爆发骚乱。有人雇佣一群无赖刺杀这位民众拥戴的保民官。提贝里乌斯·格拉古走进公民大会时遭到袭击，被人活活打死。10年以后，他的弟弟盖乌斯不顾特权阶级的公然反对，试图推行改革。他促使罗马通过了《济贫法》，旨在帮助赤贫的农民，可是最终却使大部分的罗马公民沦为职业乞丐。

他在帝国的边远地区为赤穷者建立居留地，但是未能吸引恰当的人。没等盖乌斯造成更大的破坏，他便遭人谋杀，他的追随者不是被杀就是遭到放逐。这两位最早的改革家都是绅士，随后出现的两位改革家完全是另一种类型的人物。他们都是职业军人，一个叫马略[1]，一个叫苏拉[2]。两人都有大批的追随者。

苏拉是地主们的领袖，而马略则是丧失土地的自由民广为拥戴的英雄，后者曾在阿尔卑斯的山脚下打赢过一场大仗，歼灭了条顿人[3]和辛布里人[4]的军队。

公元前88年，罗马元老院听到从亚洲传来的谣言，大为震

1　盖乌斯·马略（Gaius Marius，公元前157年—公元前186年），古罗马著名的军事统帅和政治家。他在罗马战败于日尔曼人以后当选为执政官，他实行募兵制，最终导致罗马逐渐走向独裁。

2　卢基乌斯·科尔内利乌斯·苏拉（Lucius Cornelius Sulla，公元前138年—公元前78年），古罗马政治家、军事家、独裁官，他的军事独裁统治沉重打击了古罗马共和制。

3　条顿人（Teuton）是古代日耳曼人中的一个分支，公元前4世纪时，大致分布在易北河下游的沿海地带，后来逐步和日耳曼的其他部落融合。

4　辛布里人（Cimbri）是古代日耳曼人的一支，曾多次袭击罗马帝国，但他们的军队在公元前101年被罗马彻底消灭。

惊。黑海沿岸有一个国家的国王名叫米特拉达特斯[1]，他的母亲是希腊人。这位国王认为他能建立另一个亚历山大帝国，于是开始了独霸世界的征战，屠杀了碰巧在小亚细亚生活的所有罗马公民，不论男女老少。这个行动当然意味着战争。元老院组织一支军队前去攻打本都国王，旨在严惩他所犯下的罪行，但是让谁担任统帅呢？元老院说："应该是苏拉，因为他是执政官。"但是民众却说："应该是马略，因为他担任了5届执政官，他是维护我们权益的斗士。"

法律只认财产。苏拉当时是军队的统帅。他率军东征，打败了米特拉达特斯。马略逃到非洲，在那里等候消息。听说苏拉进入亚洲，他返回了意大利，召集了一帮对政局不满的乌合之众攻进罗马城。他指挥手下专门劫道的匪徒，接连五天五夜屠杀与他为敌的元老党人。他随后自任执政官。两个星期后，他却因为过度兴奋而意外死亡。

在随后的4年里，国家处于纷乱之中。苏拉打败了米特拉达特斯，随即宣布准备返回罗马，并且报复他的几个仇人。他说一不二。接连几个星期，他的士兵们忙于处死那些被怀疑同情民主改革的公民。有一天，他们抓住一个经常同马略在一起的小伙子。他们正要把他绞死，有人出面求情。"这个孩子太小。"他们把他放了。这个孩子就是尤利乌斯·恺撒。我接下来会讲到他。

苏拉成为了独裁官，即罗马一切领地的最高领袖。他统治罗马4年，像许多一辈子残杀自己同胞的罗马人一样，他最后一年

1　米特拉达特斯（Mithridates VI，公元前134年—公元前63年），又称米特拉达特斯大帝，本都（Pontus）国王（公元前120年—公元前63年在位）。本都位于黑海南岸地区，即现今土耳其的东北地区。

回家种菜度日，然后在床上安详地死去。

苏拉死后，罗马的情况并没有好转，反而每况愈下。苏拉的好友格奈乌斯·庞培[1]率军东征，再次攻打老是制造事端的米特拉达特斯，把那个精力旺盛的国王赶入深山之中。米特拉达特斯十分清楚如果被罗马抓获会有什么下场，于是服毒自尽。接着，庞培重新确定了罗马对叙利亚的主权，并且摧毁了耶路撒冷。庞培横扫西亚各地，试图重现亚历山大大帝的威名。庞培直到公元前62年才返回罗马，一同带回的12艘战船满载被他打败的国王、王子和将军，这些人在罗马欢庆胜利的游行中被迫示众。声名显赫的庞培为他的城市奉上各种洗劫的物品，价值4000多万元。

罗马的政权必须掌握在一个强人的手中。仅在几个月以前，这个城市险些落入一个名叫喀提林[2]的年轻贵族手中。此人好赌，输掉了所有的钱财，因而希望依靠掠夺大捞一把横财。西塞罗[3]是一个热心公益事业的律师，他发现了喀提林的阴谋，于是向元老院告发。喀提林被迫逃亡。可是像他这样野心勃勃的年轻人还有，此处无暇细述。

庞培组织了"三头同盟"，以处理国家大事，自己担任这个治安维持会的头目。盖乌斯·尤利乌斯·恺撒是第二把手，他在担任西班牙总督期间出了名。第三位是无足轻重的克拉苏[4]，他之

---

1 格奈乌斯·庞培（Gnaeus Pompeius，公元前106年—公元前48年），古罗马政治家、军事家。公元前60年，他与恺撒、克拉苏秘密结成三头政治同盟，对抗元老院，后与恺撒发生权力之争，失败后逃往埃及，被埃及国王托勒密十三世所杀。

2 卢基乌斯·塞尔吉乌斯·喀提林（Lucius Sergius Catilina，约公元前108年—公元前62年），罗马的阴谋叛变者。公元前63年，他计划刺杀执政官西塞罗等元老，后因行迹败露落荒而逃。

3 马库斯·图利乌斯·西塞罗（Marcus Tullius Cicero，公元前106年—公元前43年），古罗马的演说家、政治家和法学家。著有《论共和国》、《论官吏》和《论法律》。

4 克拉苏（Marcus Licinius Crassus Dives，公元前115年—公元前53年），古罗马军事家、政治家。

《恺撒口述他的〈战记〉》｜意大利｜帕拉基奥

恺撒既是杰出的军事统帅、政治家，同时还是一位杰出作家。其《高卢战记》和《内战记》是拉丁文经典，令无数拉丁文写作者自惭形秽。

所以当选是因为他太有钱，曾是一个成功的战争给养承包商。没过多久，克拉苏参加了征讨帕提亚人[1]的战争，结果阵亡了。

至于恺撒，三人当中数他最能干。他认为自己要成为众人拥护的英雄，必须还要增加一点战功。于是，他跨过阿尔卑斯山脉，征服了现在被称为法国的那片土地。他在莱茵河上架设一座坚固的木桥，然后入侵蛮族条顿人的国土。最后他乘船渡海，入侵了英格兰。如果不是被迫返回意大利，天知道他会攻打到什么地方。他获悉庞培已被任命为终身独裁官，这当然意味着他被列入了"退役军官"的名单，而他对退役没有兴趣。他记得当年曾经追随马略，由此开始了自己的政治生涯。他决定给元老院和这位"独裁官"再上一课。他渡过了分隔山南高卢[2]行省和意大利的卢比孔河[3]。所到之处，他都被视作"人民之友"。他没费周折便进入罗马，庞培闻风逃到希腊。恺撒追上他，在法尔萨拉[4]附近将他击败。庞培从地中海逃到了埃及。在他登陆以后，年轻的埃及国王托勒密吩咐手下将他杀害。恺撒在几天后赶到，但却发现自己落入了圈套。埃及人和忠于庞培的罗马驻军联合攻打他的营地。

恺撒非常幸运。他引火烧毁了埃及舰队。燃烧的战船迸出的火星碰巧落在位于海滨的亚历山大港图书馆的屋顶，烧毁了这个举世闻名的图书馆。他接着攻打埃及军队，把埃及士兵赶入尼罗河中，淹死了托勒密，然后扶植已故国王的姐姐克丽奥佩特拉组成了新政府。正在这时，传来了米特拉达特斯的儿子和继承人法

1　帕提亚人（Parthians）指伊朗高原的一个古代国家帕提亚的居民。帕提亚建于公元前247年，中国汉朝称之为安息，后被波斯王国取代。

2　山南高卢位于阿尔卑斯山脉以南，现今意大利的北方。

3　卢比孔河位于意大利北部，源自亚平宁山脉，流入亚德里亚海。

4　法尔萨拉（Pharsalus）位于希腊中部。

尔纳克又开始征战的消息。恺撒于是率部北进，经过5天的激战打败了法尔纳克。恺撒以"Veni，Vidi，Vici."向罗马报捷，这一名言是拉丁语，其意是："我来了，我看见了，我胜利了。"他回到了埃及，疯狂地爱上了克丽奥佩特拉。公元前46年，恺撒带着她返回了罗马，然后接管了政府。他曾4次出征，4次走在祝捷凯旋的游行队伍前头。

恺撒向元老院汇报了他的各种历险，元老院感激不尽，任命他担任"独裁官"，任期10年。这一举动害了他的性命。

新任的独裁官尝试对罗马进行改革，并且付出认真的努力。首先，宣布自由民可以担任元老院的成员。其次，他给予边远地区的居民以公民权，罗马初期曾经实行过这一政策。第三，他允许"外来者"对政府施加影响。第四，他对边远的行省进行了行政改革，因为某些贵族把这些行省视为自己的私有财产。总而言之，他做了许多让大多数人受益的好事，但是国家最有权势的人却对他恨之入骨。五十来个青年贵族策划了一个"拯救共和国"的阴谋。在恺撒从埃及引进的新历3月15日，恺撒在进入元老院时遭人暗杀。罗马再一次没有了首脑。

有两个人打算继续发扬光大恺撒的伟业，一个是他从前的秘书安东尼，另一个是屋大维——恺撒的外甥孙和财产继承人。屋大维留在罗马，而安东尼却到了埃及，并爱上了克丽奥佩特拉，似乎罗马将军都喜爱佳人。

两人之间爆发了一场战争。屋大维在亚克兴之战中打败了安东尼。安东尼自杀身亡，留下克丽奥佩特拉独自一人面对敌人。克丽奥佩特拉竭力想让屋大维成为她征服的第三个罗马男人。看到那个高傲的贵族无动于衷，她便自杀而死。埃及从此成为罗马的一个行省。

屋大维是一个极其聪明的年轻人，他没有重复他那著名的舅公所犯的错误。他知道辞令不当会让人却步。回到罗马以后，他非常谦虚，没有提任何过分的要求。他说他不希望担任"独裁官"，如有"荣誉者"的称号便非常满足了。可是过了几年，元老院称其为奥古斯都（意为"杰出者"），他没有表示反对。又过了几年，普通民众在街上称其为恺撒，而他的士兵习惯上视其为统帅，一向称他为首领（Imperator）。[1] 罗马共和国已经变成了一个帝国。但是普通的罗马人却几乎没有看清这一事实。

公元14年，作为罗马人民的绝对统治者，屋大维已经巩固了他的地位，被人当成天神一般崇拜。他的继承者都是真正的"皇帝"，是帝国的绝对统治者，而世界上未曾有过如此强大的帝国。

实话实说，一般的公民非常厌倦无秩而动乱的状态。他们不在乎谁来统治，只要新主人能够让他们有机会安稳过日子，不会听到街上没完没了的暴乱的喧闹。屋大维许诺他的臣民可以安享40年的和平。他无意扩张领土。公元9年，他曾考虑侵占条顿人居住的西北荒野，但是他手下的瓦鲁斯将军及其所有的士兵在条顿堡森林全部被杀。在此之后，罗马人再也没有尝试教化那些野蛮人。

他们集中力量处理内政改革这一重大问题，可是为时太晚，已经难以取得成效了。经过两个世纪的革命和对外战争，年轻一代中最优秀的人才一再遭到摧残。不仅如此，自由农民阶级已经

1　在恺撒死后，Caesar（恺撒）逐渐变成一种称号，意为"皇帝"。这个单词有两个变体，一是kaiser，指罗马帝国及奥地利与德意志的皇帝，一是Czar，指俄罗斯沙皇。imperator 是拉丁语，在罗马共和国时期意为"指挥官"，后来也成为罗马皇帝的称号。英语中皇帝一词emperor源自imperator。

《**牧人朝拜**》▕意大利▕多米尼哥·革朗达

瓦解，自由农民无法与引进的奴隶劳动力进行竞争。城市变成了一个个蜜蜂窝，抛弃土地的农民住在其中，饱受穷困和疾病的折磨。国家形成了一个庞大的官僚阶级，政府低级官员薪水太低，他们为了家人的衣食温饱不得不收受贿赂。更为严重的是，人们习惯于暴力和流血，对于他人的苦痛和遭罪竟然幸灾乐祸。

从表面上看，公元1世纪的罗马建立了一个庞大的政治结构，亚历山大的帝国与之相比只是一个小省。在繁荣的背后却是数百万贫穷辛劳的人们，他们像是忙碌的蚂蚁，在一块巨石底下筑窝。他们为了他人的利益而劳作，吃的是田间牲畜的饲料，住的是牛棚马槽。他们在绝望中死去。

在罗马建国第753年之际，盖乌斯·尤利乌斯·屋大维·奥古斯都正住在帕拉蒂诺山的王宫，忙于处理统治帝国的事务。

在远方的叙利亚的一个名叫伯利恒的小村庄，木匠约瑟的妻子玛利亚在马槽里生下一个婴孩。

这是一个奇特的世界。

不久以后，王宫和马槽将会进行公开的抗争。

而马槽最终会取胜。

西顿

提尔

加利利海

拿撒勒

耶路撒冷

伯利恒

死海

《圣地》｜房龙

第25章　拿撒勒的约书亚

拿撒勒的约书亚即希腊人所称的耶稣的故事

罗马历815年(公元62年)秋，罗马医生埃斯库拉庇乌斯·卡尔特拉斯[1]致书随军出征叙利亚的侄子。

亲爱的侄儿：

前几天我被请去给一个名叫保罗[2]的病人诊病处方。他似乎是犹太裔的罗马公民，受过良好教育，举止端庄。我听说他到这里来忙于上诉，官司原在凯撒利亚或地中海东岸某个行省审理。别人向我描绘他是一个"粗鲁而凶暴"的家伙，发表过反对人民和反对法律的演说。我却发现他非常聪明，而且诚实可靠。

我的一个朋友以前随军到过小亚细亚，他告诉我他曾在以弗所听过保罗的布道，内容涉及一位未曾听说过的上帝。我问我的病人是否真有此事，确认他是否鼓动人民违抗我们敬爱的皇帝的意志。保罗回答我说，他所宣讲的天国不在这个世界。他又讲了许多我听不懂的奇谈怪论，也许是因为他发高烧所致。

他的个性给我留下深刻的印象。听说前几天他在奥斯提亚大道被杀，我甚是遗憾，为此写信给你。下次你去耶路撒冷时，请你了解一下我的朋友保罗和那位奇怪的犹太先知，先知似乎是保罗的老师。我们的奴隶们对所谓的弥赛亚(救世主)十分兴奋。有几个奴隶公开谈论这一新的天国（不管这是什么意思），结果被钉死在十字架上。我很想知道这些传言的真相。

> 你的叔父亲笔
>
> 埃斯库拉庇乌斯·卡尔特拉斯

1　埃斯库拉庇乌斯·卡尔特拉斯是房龙虚构的人物。埃斯库拉庇乌斯（Aesculapius）是古罗马神话的医神，相当于希腊神话中的阿斯克勒庇厄斯。

2　此处所说的保罗应指耶稣的信徒保罗（Paul或Paulus，公元前5年—公元67年）。保罗一生中至少进行了3次漫长的宣教之旅，足迹遍至小亚细亚、希腊、意大利各地。根据基督教的传统说法，保罗在罗马被斩首。

6个星期后，他的侄子——高卢第7步兵团上尉——答复如下：

亲爱的舅父：

来信尽悉，所嘱之事已办。

两周前，我们旅被派往耶路撒冷。该城在上个世纪历经多次革命，老城的建筑所余无几。我们到此已有一月，明天即将开赴佩德拉，那里的一些阿拉伯部落一直在闹事。趁今晚有空，回答您的问题，请您不要指望详尽的介绍。

我曾与城中大多数的老年人谈过话，没有几个人能够给我提供确切的情况。几天以前，有个小贩来到营中。我买了他的一些橄榄，问他是否听说过著名的弥赛亚年纪轻轻就遭到杀害的事。他说他记得十分清楚，因为他父亲领他去过各各地，即城外的一座小山，目睹了行刑的情景。他父亲告诉他，凡以犹太人民的法律为敌之人都会有此下场。他给了我约瑟夫的地址，此人是弥赛亚的知心朋友。他告诉我，若想了解更多的情况，可以去找他。

今天上午我拜会了约瑟夫。他年纪很大，以前曾在淡水湖捕鱼。他记性好，对我出生以前的动乱岁月里发生的事情很熟悉，我最终从他那里获悉了相当确切的情况。

当时我们伟大而光荣的皇帝提贝里乌斯仍然在位，一个名叫本丢·彼拉多的军官担任犹太和撒马利亚的总督。约瑟夫不大了解彼拉多，此人似乎为官正直，在行省的口碑相当不错。有一年，约瑟夫记不清是罗马历783年还是784年[1]，彼拉多受命平息耶路撒冷的叛乱。一个年轻人，即拿撒勒一个木匠的儿子，据说

---

1 罗马历783年为公元30年，罗马历784年为公元31年。

正在策动反抗罗马政府的起义。奇怪的是，我们的情报官通常消息灵通，对此事却似乎毫不知晓。他们进行了一番调查，汇报说这个木匠是一个守法公民，起诉他毫无道理。可是根据约瑟夫的说法，犹太教的传统领袖非常不安。弥赛亚深受贫穷的希伯来人欢迎，他们对此极为不悦。他们告知彼拉多，那个"拿撒勒人"公然声称：不管是希腊人、罗马人或非利士人，只要希望过着本分而高尚的生活就是一个好人，如同一个毕生研究摩西律法的犹太人一样。彼拉多对于这种意见似乎无动于衷，可是听说围在圣殿周围的人群威胁以私刑处死耶稣，并要杀害他的追随者，因而决定拘禁耶稣，以保护他的生命安全。

彼拉多似乎不大明白这场争议的真实性质。他要求犹太祭司解释他们有何不满。他们大喊"异端"和"叛逆"，情绪非常激昂。约瑟夫告诉我说，彼拉多最后下令带来约书亚亲自审问。约书亚是拿撒勒人的原名，但住在这个地区的希腊人一直称他为耶稣。彼拉多与耶稣谈了几个小时，问他在加利利海的沿岸传播什么"危险的教义"。耶稣回答自己从来没有谈及政治，他关心人的躯体不及关心人的灵魂，他希望世人把邻人视同自己的兄弟，并且敬爱独一无二的上帝，上帝乃是一切生灵之父。

彼拉多似乎精通斯多葛学派[1]和其他希腊哲学家的理论，他看不出耶稣的谈话有什么煽动性的内容。据我了解的情况，彼拉多又一次设法营救这位仁慈的先知，因而拖延行刑的日期。与此同时，犹太人在祭司的煽动下怒不可遏。耶路撒冷此前发生过多

---

1 斯多葛学派（the Stoics）为古希腊哲学家芝诺（Zeno）在西元前305年左右创立的哲学流派。斯多葛学派把哲学划分为逻辑学、物理学和伦理学，认为宇宙是绝对的理性，而理性能提供"共同概念"(common notions)，使人人具有共同的经验，从而形成知识和真理的标准。

次暴乱，而且附近只有少量的罗马士兵可以调动。有人已经向撒利亚的罗马当局汇报，指责彼拉多被"拿撒勒人的教义迷住了心窍"。要求召回彼拉多的请求书已经在全城散发，因为他是皇帝的敌人。您知道罗马严令我们的总督避免与外国臣民发生公开冲突。为了避免国家陷入一场内战，彼拉多终于牺牲了羁押的约书亚。约书亚视死如归，宽恕了一切憎恨他的人。在耶路撒冷暴民的狂呼和大笑中，他被钉死在了十字架上。

这就是约瑟夫告诉我的情况，他一边说着，一边老泪纵横。我在离开时给了他一块金币，但他拒不接受，而是请我送给比他更穷的人。我又问了几个关于你的朋友保罗的问题。他不大认识保罗。保罗似乎是一个制作帐篷的手艺人，为了宣扬仁爱而宽宥的上帝之言，他放弃了自己的职业。他所宣扬的上帝与犹太祭司一贯向我们灌输的耶和华不同。保罗后来去了小亚细亚和希腊的许多地方，他告诉奴隶们，他们都是仁慈的天父的孩子，凡是立志为人诚实并帮助受苦受难之人，不论贫富，都会等来幸福。

我希望我的回答能够让您满意。我认为对于国家的安全来讲，整个故事毫无危害可言。话又说回来，我们罗马人一直无法理解这个行省的人民。他们杀了您的朋友保罗，我很遗憾。我真希望此时能在家中。

您的侄儿

格兰迪厄斯·恩萨[1] 敬上

1　格兰迪厄斯·恩萨也是房龙虚构的人物。

《野蛮人到达一座罗马的城市》| 房龙

第26章　罗马帝国的衰亡

罗马帝国的残阳

古代史教科书一般以476年为罗马灭亡之年，因为最后一个皇帝在这一年被赶下宝座。正如罗马并非一日建成，罗马的衰亡其实也经过了一段时间。由于这是一个缓慢而又渐进的过程，大多数罗马人没有认识到他们的世界是如何走向末日的。他们抱怨当时的形势动荡不安；他们埋怨食物价格高居不下，劳动所得太低；他们咒骂奸商囤积粮食、羊毛和金币。如果遇上一个横征暴敛的总督，他们时而会群起反抗。不过，在公元1世纪至4世纪，大多数人民有吃有喝，他们有多少钱花多少钱，随其天性又爱又恨，如有不用花钱的角斗士格斗，便到剧场看热闹，或者饿死在贫民窟。他们浑然不知帝国早已失去了活力，注定要走向灭亡。

他们怎么会想到亡国的危险？罗马外表上一派繁荣昌盛，修建平整的道路连接各个行省，帝国警察工作努力，他们对拦路强盗毫不留情。边境严加把守，防范占据北欧荒原的野蛮部落。全世界都要向强大的罗马城进贡，大批英才日夜操劳，旨在纠正过去的错误，恢复共和国早期的美好光景。

但是，正如我在前一章所讲，由于国家衰败的根本原因没有消除，因而改革无法进行。

罗马自始至终都是一个城邦，就像古希腊的城邦如雅典和科林斯一样。罗马一直独霸意大利半岛，但是作为整个文明世界的统治者，罗马在政治上难以胜任，更不要说长久统治下去了。罗马的年轻人死于接连不断的战争。罗马的农民饱受长期的兵役和税赋摧残，他们不是沦为职业乞丐，就是受雇于富有的地主，以劳动换取食宿，变成了"农奴"，既非奴隶，又非自由民，但却像牛马和树木一样离不了土地。

帝国就是一切。普通公民变得什么都不是。至于奴隶们，他们听信了保罗的讲道，接受了卑贱的拿撒勒木匠传播的福音。他们不反抗他们的主人。相反，他们接受的教导要他们温良驯服，接受上面的指令，但是他们对世事毫不关心，这个世界只是一个寄身的凄惨之地。为了进入天国，他们愿意拼死一战。如果某个野心勃勃的皇帝打算出征帕提亚人、努米底亚人和苏格兰人的土地以谋取战功，他们则不愿意打仗。

随着时间的流逝，情况变得越来越糟。最初的几个皇帝秉承"领导"的传统，允许以前的部落首领统治自己的子民，但是公元2世纪至3世纪的皇帝是"兵营皇帝"，他们都是职业军人，需要卫队即所谓的禁卫军来保护自己的生命。皇帝更替的速度太快，某一个人杀了皇帝便霸占了皇宫，而继任者一旦有了钱便会贿赂卫士再次谋反。

与此同时，野蛮的部落频频冲击北方边境的大门。由于罗马已经派不出本土军队外出作战，因而只得雇佣外族的士兵阻挡入侵。外族士兵面对的敌人碰巧跟自己属于同一种族，在作战时很容易惺惺相惜。最后，罗马曾经试行在帝国境内安置少数部落的政策。其他的部落随后也迁入境内。不久之后，这些部落叫苦连天，抱怨罗马税吏贪婪无度，夺走了他们所有的财产。由于没有人理睬，他们便向罗马进发。他们大声呼吁，要求倾听他们的诉苦。

这样一来，皇帝住在皇宫坐卧不安。君士坦丁大帝(323—337年在位)另找他处建立了新都。他选择了欧亚通商的门户拜占庭，将之更名为君士坦丁堡，皇宫随后东迁至此。君士坦丁死后，他的两个儿子为了加强政府的管理职能，把帝国一分为二。哥哥住在罗马，管辖西部，而弟弟则留在君士坦丁堡，统治东部。

公元4世纪，匈奴人凶猛来袭。这些神秘的亚洲骑兵盘踞北欧长达两个多世纪，他们杀人如麻，直到451年才在法兰西的马恩河畔沙隆附近被击败。抵达多瑙河之后，匈奴人便开始紧逼哥特人。哥特人为了自救，被迫侵略罗马。罗马帝国的瓦伦斯皇帝企图抵御入侵，但是于378年在阿德里安堡[1]附近遇害。22年之后，西哥特人在他们的国王阿拉里克的领导下向西进军，袭击了罗马。他们没有大肆掠夺，只是捣毁了几座宫殿。接着汪达尔人来犯，他们显然不大尊重罗马城珍贵的古迹。接着，勃艮第人、东哥特人、阿拉曼人和法兰克人轮番袭击。随便一个胆大的道路劫匪，纠集几个同伙便能摆布罗马。

402年，罗马皇帝[2]逃往拉文纳，那是一个海港，建有坚固的城堡。475年，日耳曼雇佣团指挥官奥多亚塞想与部下瓜分意大利的农田，于是逼迫管辖西部的最后一任罗马皇帝罗慕路斯·奥古斯都路斯退位，态度温和但是坚决，然后自任罗马的最高长官。东罗马皇帝自顾不暇，只得予以承认。奥多亚塞统治西部行省的其他地区，时间长达10年。

几年以后，东哥特国王狄奥多里克入侵了刚刚成立的意大利王国，攻克了拉文纳，杀死了坐在餐桌边的奥多亚塞，然后在罗马帝国西部的废墟上建立了哥特王国，可是这个国家没有存在多久。6世纪，一支由伦巴第人、撒克逊人、斯拉夫人、阿瓦人等拼凑的部队侵入意大利，摧毁了哥特王国，建立了一个新国家，首都设在帕维亚[3]。

---

1 阿德里安堡（Adrianople），又称哈德良堡（Hadrianopolis）。哈德良是罗马皇帝，117年至138年在位。阿德里安堡即埃迪尔内（Edirne），现为土耳其埃迪尔内省的省会。

2 指西罗马皇帝弗拉维斯·霍诺里乌斯·奥古斯都都（Flavivs Honorius Augustus，384—423）。

3 帕维亚（Pavia）位于意大利北部，现伦巴第大区帕维亚省的省会。

　　帝国的首都最终陷入混乱和绝望。古老的宫殿屡遭浩劫。学校毁于战火，教师们挨饿而死；富人们被逐出了家门，他们的别墅随后住进了臭烘烘、毛茸茸的野蛮人；道路由于失修而毁坏，古老的桥梁荡然无存；商业停滞萧条。埃及人、巴比伦人、希腊人和罗马人数千年来以自己的努力创造了一种文明，一度曾把人类提高到古人无法想象的高度，而这种文明如今却在欧洲大陆面临毁灭的威胁。

　　作为帝国的中心，君士坦丁堡尽管在遥远的东方又延续了1000年，但它已经不属于欧洲大陆了。它所关注的是东方，已经忘记了自己源自西方。罗马语逐渐弃置不用，希腊语取而代之。罗马字母表遭到废除，罗马法律改用希腊字母写成，由希腊法官解释。东罗马皇帝成为亚洲的专制君主，像神一样受人崇拜，如同3000年前尼罗河流域的底比斯国王一样。在拜占庭的教士寻找新的地区传教时，他们便前往东方，从而把拜占庭文明带进了俄罗斯一望无际的原野。

　　西方落入了蛮族的手中。在12代人的时间里，谋杀、战争、纵火和掠夺成为司空见惯的现象。有一样东西，也唯独只有这一样，才避免欧洲遭到彻底的毁灭，使之没有回到以穴为居、豺狼当道的年代。

　　这就是教会，众多卑微的男女承认自己是耶稣的信徒。耶稣即是拿撒勒的木匠，强大的罗马帝国为了避免街头暴乱，已在叙利亚边境的一个小镇将他处死。

《修道院》│房龙

第27章　教会的兴起

罗马如何成为基督教世界的中心

有文化的罗马人尽管生活在帝国之内，但是一般对祖辈信奉的众神都不感兴趣。他们一年当中倒是去神庙朝拜几次，不过是遵守风俗而已。在人们肃穆列队庆祝宗教节日的时候，他们耐心旁观。他们精通斯多葛学派、伊壁鸠鲁学派[1]和雅典其他伟大哲学家的著作，因而把崇拜朱庇特、密涅瓦[2]和尼普顿[3]等看做是儿戏，认为这一切都是共和国初创时期残留下来的东西，丝毫没有研究的价值。

这种态度使得罗马人极为宽容。政府规定每个神庙都要建造皇帝的站立塑像，就像美国邮局要悬挂美国总统画像一样。无论是罗马人还是外族人，也无论是希腊人、巴比伦人或犹太人，所有人都必须公开向这些塑像表示敬意，但是这种仪式没有更多的意义。一般说来，每个人都可以随其心愿崇拜、敬重和喜欢某个神灵，因而罗马到处建有各种奇怪的神庙和教堂，用来崇拜埃及、非洲和亚洲的各种神灵。

耶稣的第一批门徒来到了罗马，开始宣讲普天之下皆为兄弟这一新的教义，当时没有人表示反对。街上的行人驻足聆听讲道。罗马是世界的首都，街上都是游走四方的传教人，他们宣扬各自的神秘教义。大多数自封的教士取悦人们的感官追求，许诺信奉他们的神灵就会得到黄金一般的回报，享受无止无尽的快乐。过不多久，街上的人群注意到所谓的基督徒（"基督"意为涂抹膏油的国王）信徒所讲所言与众不同。他们似乎不大在意财富

---

1 伊壁鸠鲁学派（the Epicureans）是古希腊哲学家伊壁鸠鲁（Epicurus，公元前341年—公元前270年）创立的哲学派别，宣扬感觉是判断真理的标准，错误只发生在对感觉的判断中。该派认为：人死魂灭，快乐是生活的目的和最高的善。

2 密涅瓦（Minerva）是罗马神话中的女神，对应希腊神话中的智慧女神雅典娜（Athena）。

3 尼普顿（Neptunus）是罗马神话中的海神，对应希腊神话中的波塞冬（Poseidon）。

和高贵的职位，却把贫穷、卑微和柔顺当做美德来颂扬。罗马成为世界霸主恰恰不是依靠这些品德。对于生活在帝国鼎盛时代的人们来说，聆听这种神秘的教义饶有兴趣，他们从中获悉世俗的成功不能给人带来永久的幸福。

此外，宣传基督教这种神秘教义的传教士信誓旦旦，他们大讲拒绝相信真神之言的人会遭遇种种可怕的命运，让人感觉非信不可。罗马的神灵当然继续存在，但是却没有足够的神力保护这些神灵的老朋友，以抵御从遥远的亚洲传入欧洲的新神。人们开始心存疑虑。他们过后找了回来，聆听这种新宗教所作的讲解。他们不久便开始接触宣讲耶稣箴言的男女教士，发现他们与一般的罗马僧侣很不同。他们穷得一文不名。他们善待奴隶，爱护动物。他们不贪图钱财，反而尽其所有施舍于人。他们毫不利己的生活迫使许多罗马人放弃旧有的信仰，组成基督徒小教区，在私人住宅的密室或野外某个地方聚会。于是罗马的神庙变得空无一人。

年复一年，基督徒的人数逐渐增多。他们选出了长老或教士(这两个词源自希腊语，意为"长者")，由这些人负责照看小教堂。每一个行省都有一名主教，他是所有教区的负责人。继保罗之后，彼得来到罗马，成为第一任罗马主教。又过了一段时间，彼得的继承者们便有了"教皇"的称号，"教皇"一词原意为父亲。

教会成为罗马帝国内部一个强大的机构。基督教的教义迎合了对现实世界绝望的人，也吸引了许多在帝国政府无法谋取发展的能人，他们可以在那位拿撒勒导师的卑微信徒中施展自己的领导才能。帝国最终不得不加以注意。我在前面讲过，罗马帝国对宗教信仰不管不问，允许每人按照自己的方式求得救赎，但却要求不同的教派和平共处，遵守"共和共生"这一明智的准则。

然而，基督教徒却不接受这种宽容。他们公开宣讲自己的上帝，唯独他们的上帝才是天地间的真正主宰，别的神都是虚有实无。这种言论似乎对其他教派太不公道了。尽管有警察劝阻，基督徒却坚持己见。

很快就出现了更多的问题。基督徒不仅拒绝向皇帝行礼，而且拒绝应征入伍。罗马地方长官威胁要处罚他们。基督徒回答他说，现今的悲惨世界仅是通向极乐天堂的一间外室，他们宁愿以身殉道。罗马人对他们的这种行为迷惑不解，他们有时会处死违法者，但是多半不杀。教会初期确有一批教徒被以私刑处死，但是这种情况之所以发生，是因为部分暴民诬陷邻里温顺的基督徒犯下各种罪行，如虐杀和生吃婴儿、招致疾病和瘟疫或在危难时刻叛国。暴民们知道这样做对自己无害，没有任何的危险，因为基督徒拒绝反击。

与此同时，罗马继续遭到蛮族的侵略。由于军队无力御敌，罗马便派出基督教的传教士，让他们向野蛮的条顿人宣讲和平的福音。这些传教士意志坚定，视死如归。他们大谈不肯悔改的罪人未来将会怎样，言词之间斩钉截铁，令人无可怀疑。条顿人惊叹不已。他们向来敬仰罗马的贤人哲士。他们心想这些传教士是罗马人，所言可能属实。基督教传教士不久便变成条顿人和法兰克人所在的蛮族地区的一支力量。六七个传教士如同一个团的士兵一样宝贵。皇帝们开始明白基督徒也许对他们大有用处。在一些行省里，基督徒与仍然信仰旧神的信徒享受同等权利。到了4世纪的后半叶，情况却发生了重大的变化。

君士坦丁是东罗马的皇帝，天知道为什么有时称君士坦丁大帝。他是一个凶残的暴徒，但是话又说回来，在那个穷兵黩武的年代，一个软心肠的人几乎难以生存。在漫长而又无常的一生中，君士坦丁经历了太多的波折。有一次，他几乎被他的敌人打败，于是便想做些尝试，了解一下众人都在谈论的新的亚洲上帝究竟有多大的神力。他承诺如果他在即将开始的战争中获胜，他就皈依基督教。他果然取得了胜利，于是便对基督教上帝的神力确信无疑，随即要求受洗。

从那以后，基督教的教会得到官方的正式承认，因而大大巩固了这一新宗教的地位。

基督徒在人口中仍占少数，最多不过占5%和6%，因而为了赢得群众，不得不拒绝一切妥协，必须摧毁旧神。朱利安皇帝[1]崇尚希腊文化，有一段时间设法拯救异教的诸神，使之免于遭受进一步的摧残。朱利安在出征波斯时负伤而死，他的继承人约维安[2]重新确定了教会的威望，古老的神庙接连关闭。查士丁尼皇帝[3]即位后，在君士坦丁堡建造了圣索菲亚大教堂，停办了柏拉图在雅典创办的哲学学院。

古希腊的时代宣告结束了。在那个时代，人们可以根据自己的喜好，想自己所想，梦自己所梦。在野蛮和愚昧的洪水冲垮了业已确立的秩序以后，哲学家们规定的行为准则显得有些不够明

1　朱利安皇帝指弗拉维乌斯·克劳狄乌斯·尤利安努斯（Flavius Claudius Iulianus，331—363），君士坦丁王朝皇帝（361—363）。他是罗马帝国最后一位多神信仰的皇帝，因恢复罗马传统宗教并宣布与基督教决裂而被基督教会称为背教者（Apostata）。

2　约维安指弗拉维乌斯·克劳狄乌斯·约维安努斯（Flavius Claudius Iovianus，约332—364），君士坦丁王朝皇帝。他于364年2月17日即位，因食物中毒而在363年6月26日死亡，在位时间只有8个月。

3　弗拉维·伯多禄·塞巴提乌斯·查士丁尼（Flavius Petrus Sabbatius Justinianus，约483—565），拜占庭皇帝（527—565），又称查士丁尼一世（Justinian I）或查士丁尼大帝（Justinian the Great）。

确，像是一只拙劣的指南针，难以引导生命之舟的航行。人们需要一种更加积极、更加明确的东西。教会正好提供了这个东西。

在一切都不确定的年代，教会像岩石一般兀立不动，对其认为是真实和神圣的原则绝不退让。这种坚定不移的勇气博得了广大人民的敬佩，也使罗马教会安然度过了摧毁罗马帝国的难关。

可是，基督教信仰之所以取得最后的胜利，一定程度上也有侥幸的因素。狄奥多里克缔造的罗马—哥特王国在5世纪消亡。相对来说，意大利在此之后没有遭遇外来侵略，哥特人之后的伦巴第人、撒克逊人和斯拉夫人都是弱小而落后的部落。在这种情形下，罗马主教们得以维护罗马城的独立。随后不久，分布在意大利半岛的帝国残存地区纷纷承认罗马大公（即主教）为其政治兼宗教的双重统治者。

一切就绪，只等一位强人登上历史的舞台。他于590年到来，名叫格里高利。他属于古罗马的统治阶级，曾任罗马城的提督，即市长。他后来成为僧侣，进而担任主教，最后被人拉到圣彼得大教堂，受封为教皇。担任教皇违背他的本意，他原想做个传教士，向英格兰的异教徒们宣传基督教。他担任教皇14年，但在他死的时候，西欧实行基督教的国家已经正式承认罗马的大主教即教皇为整个教会的首脑。

然而，教皇的权力未曾延伸到东方。君士坦丁堡的皇帝依然按照旧习承认奥古斯都和提贝里乌斯的继承者是政府的首脑兼国教的大主教。1453年，东罗马帝国被土耳其人征服，君士坦丁堡陷落，最后一个罗马皇帝君士坦丁·帕里奥洛格斯[1]在圣索菲亚

1　君士坦丁·帕里奥洛格斯（Constantine Palaeologus，1404—1453），又称君士坦丁十一世，拜占庭帝国的最后一位皇帝。

大教堂的台阶上被杀害。

在此之前几年，他的弟弟托马斯[1]的女儿佐伊同俄罗斯的伊凡三世缔结了婚姻。这样一来，莫斯科的大公便成了君士坦丁堡传统的继承人。拜占庭双头鹰——纪念罗马帝国分为东西两个部分——成为现代沙俄的盾形纹章。沙皇原先只是俄罗斯的一等贵族，现在却僭取了罗马皇帝的孤傲和尊严，所有臣民，无论职位高低，在他面前都是无足轻重的奴隶。

沙皇的皇宫按照东罗马皇帝从亚洲和埃及引进的东方式样重新装修，于是他们自夸酷似亚历山大大帝的宫殿。垂死的拜占庭帝国给一个未曾料到的世界留下的一份奇特的遗产，竟在俄罗斯广阔的平原上焕发了极大的活力，而且得以存在6个世纪。最后一个佩戴双头鹰皇冠的人是沙皇尼古拉二世，他在前不久被杀，尸体被投入井中。他的儿女全都被杀。他曾拥有的古老特权尽遭废除，教会的地位遭到削弱，如同君士坦丁登上皇位之前的罗马帝国时代一样。

东罗马教会的境遇却非常不同。正如我们在下一章将会看到的那样，阿拉伯的一个赶骆驼的人创立了一个对立的宗教，它将威胁甚至毁灭整个基督教世界。

1　即托马斯·帕里奥洛格斯（Thomas Palaeologus，1409—1465），摩里亚（拜占庭帝国的一个采邑，位于希腊伯罗奔尼撒半岛）的专制君主（1428—1460）。

《穆罕默德的逃亡》 | 房龙

第28章　穆罕默德

赶骆驼的穆罕默德成了阿拉伯沙漠的先知，他的信徒为了给唯一真神的安拉争取伟大的荣耀几乎征服了整个已知的世界。

自迦太基和汉尼拔时代起，我们一直没有提到过闪米特人。你们会记得在介绍古代世界史时，所有的章节都涉及他们。巴比伦人、亚述人、腓尼基人、犹太人、阿拉米人[1]和迦勒底人等都属于闪米特族，他们曾经统治亚洲的西部地区长达三四千年之久。他们后来分别被从东方来的印欧族波斯人和从西方来的印欧族希腊人征服。在亚历山大大帝死后100年，属于闪米特族的腓尼基人在迦太基建立了一个殖民地，与印欧族罗马人交战，以争夺地中海的主权。迦太基战败并被消灭，于是罗马便成为世界的霸主，长达800年之久。7世纪，另一支闪米特族的部落登上了历史舞台，向西方强国挑战。他们是阿拉伯人，一直是与世无争的牧羊人，自古以来就在沙漠地带游牧，从未表现出建立帝国的野心。

他们听从了教主穆罕默德[2]的教导，于是骑上了战马，100年不到便推进到欧洲的心脏地带，面对惊恐万状的法兰西农民，宣扬一切荣耀属于"唯一的真主"安拉，穆罕默德是"唯一的真主的先知"。

阿哈默德是阿卜杜拉和阿米乃的儿子，人称穆罕默德，意为"该受赞美的人"。他的生平像是《一千零一夜》中的一个故事。他生于麦加，以赶骆驼为业，似乎患有癫痫病，发病时昏迷不省人事。他做着奇怪的梦，听到天使加百列的声音。加百列的话语被记录下来写成书，叫做《古兰经》。穆罕默德率领一个商队，足迹遍及阿拉伯半岛，经常接触犹太商人和经商的基督徒，

1　阿拉米人（the Arameans）属于闪米特族的一支，从青铜时代晚期到铁器时代生活在今天的叙利亚南部及幼发拉底河中上游一带，即《圣经》中提到的亚兰地区，曾经建立过大马士革王国等政权。

2　穆罕默德（Muhammed或Muhammad，约570/571—632），伊斯兰教的创始人，伊斯兰教徒公认的先知。中国的穆斯林尊称其为穆圣。他约于570年出生于麦加，632年6月8日逝世于麦地那。

因而认识到崇拜唯一的上帝是一件极好的事情。而他的阿拉伯同胞们仍像几万年前的祖先一样崇拜奇怪的岩石和树干。圣城麦加有一个方型小屋，即天房，里面摆满了偶像和伏都教[1]奇怪的零星饰物。

穆罕默德决心成为阿拉伯人的摩西。他不能既是先知，同样又要赶骆驼，于是他娶了他的雇主，一个名叫赫蒂彻的有钱的寡妇，从而不必为生计操劳。他随后告诉麦加的邻居，他就是人们盼望已久的先知，安拉派他来拯救世界。邻居们听了开心大笑。穆罕默德继续纠缠他们，说起话来滔滔不绝，于是他们决定将他杀死。他们认为他是一个疯子，惹人讨厌，不值得怜悯。穆罕默德听到他们的阴谋，赶紧在深夜带着他信任的学生阿布·伯尔克逃往麦地那。此事发生在622年，它是伊斯兰教史上最重要的事件，史称"希吉拉"[2]。这一年为伊斯兰教历的元年。

穆罕默德在麦地那人地生疏，但他发现在这里宣扬自己是先知比在家乡更为容易，因为家乡人都知道他是一个普通的赶骆驼的人。不久，他周围聚集了越来越多的信徒，即接受了伊斯兰教的穆斯林，"顺从主的意志"。穆罕默德称赞顺从主的意志是最高的美德。他在麦地那传教7年，自认为有了足够的力量去讨伐以前的邻居们，因为在他赶骆驼的时候，他们胆敢嘲笑他和他的神圣使命。他率领一群麦地那人穿越沙漠。他的信徒们没有遇到多大困难就攻克了麦加。杀了一批居民以后，他们发现说服其他

1　伏都教（Hoodoo或Voodoo），又译"巫毒教"，源于非洲西部，是掺合祖先崇拜、万物有灵、通灵术的原始宗教，有些像萨满教。

2　希吉拉（Hegira 或Hijra），又译作"希吉来"，原意为"出走"、"离开"，指622年穆罕默德带领信众离开麦加迁移到叶斯里卜（麦地那）。公元622年为伊斯兰教历的元年，故伊斯兰教历又被称为"希吉拉历"或"希吉来历"。

人相信穆罕默德是真正的先知实在是一件轻而易举的事情。

从那以后一直到去世，穆罕默德事事顺利。

伊斯兰教的胜利有两个原因。第一，穆罕默德向他的信徒教授的教义非常简单。信徒必须敬爱安拉，安拉是世界的主宰，安拉是普慈的、怜悯的。[1]他们应当尊敬和顺从父母。他们在与邻居相处时不可不诚实，对待穷人和病人应当谦卑慈善。最后，他们禁止喝烈性酒，饮食必须简朴。如此而已。伊斯兰教没有像照看羊群的牧人一般的主教，需要大家掏钱供养。伊斯兰教的清真寺只是石砌的大厅，没有长椅板凳，也没有画像，信徒如果愿意，可以在里面阅读和讨论《古兰经》中的章节。普通的穆斯林铭记教义在心，他们从不感觉教会的教规戒律限制和约束自己的自由。他们一天五拜，面向圣城麦加默念简短的祈祷文。除此以外，他们任凭安拉以认为是合适的方式统治世界，安心听任命运的安排。

这种生活态度当然并不鼓励一个虔敬的教徒勇于进取，发明电气机械或者研究铁路和轮船，可是却给每一个穆斯林一种相当程度的满足，教导穆斯林与己无争、与世无争，这本身就是大好事。

穆斯林在战斗中打败基督徒的第二个原因是伊斯兰教士兵为信仰而战。先知许诺死于敌人之手的人会直接升入天国。这样一来，在战场上突然毙命胜于在世上长期受罪。由于东征的十字军经常畏惧死后会坠入黑暗的深渊，他们会尽其可能把握这个世界美好的事物，因而与之相比，穆斯林拥有巨大的优势。顺便插一句，这就是为什么即使在今天，穆斯林士兵仍然会不顾一死，冒

1　《古兰经》中提到真主有99个尊名，如：普慈的、特慈的、掌权的和圣洁的等。

着欧洲人的机关枪射出的子弹冲锋陷阵，以及为什么他们仍然是危险而又顽强的敌人。

安顿好他的宗教家庭之后，穆罕默德开始成为众多的阿拉伯部落无可争辩的领袖，并且拥有相应的权力。成功往往会抵消许多在逆境中奋斗的伟人所付出的努力。他试图争取富人的好感，于是制定了迎合富人的规定。他允许信徒娶4个妻子。古代迎娶新娘是一笔昂贵的投资，需要付钱给她父母。迎娶4个妻子肯定过于奢侈，除非拥有的单峰驼、双峰驼和枣园竟然多于贪婪的梦想。创立这一宗教的初衷是为了在天高云淡的沙漠中辛劳的猎人，可是这一宗教却逐渐发生了变化，以迎合在各个城市的集市上做生意的那些自鸣得意的商人所需。这种变化脱离了原有的宗旨，实在令人惋惜，对穆罕默德开创的事业没有多大的益处。至于先知本人，他继续宣扬安拉的真理，颁布新的行为准则，直到他在632年6月7日死于热病。

他的岳父，即早年曾与先知患难与共的阿布·伯克尔，接替他成为穆斯林哈里发(意即领袖)。阿布·伯克尔在两年后去世，奥马尔·伊本·哈塔卜随后继位。奥马尔用了不到10年的时间，征服了埃及、波斯、腓尼基、叙利亚和巴勒斯坦，然后定都大马士革，从而建立了第一个伊斯兰教世界帝国。

奥玛尔的继承人是穆罕默德的女儿法蒂玛[1]的丈夫阿里。但在一场有关伊斯兰教义的争执中，阿里遭人谋杀。阿里死后，哈里发政权实行世袭制，信徒的领袖起先是一个宗教派别的精神领袖，现在却统治一个庞大的帝国。他们在幼发拉底河畔的巴

1　法蒂玛（Fatimah，605—632），穆罕默德与海迪彻之女，623年嫁于第四任哈里发阿里，是伊斯兰教五大杰出女性之一，被什叶派穆斯林尊称为"圣母"。

比伦废墟附近建造了一座新城，称之为巴格达。他们再把阿拉伯的牧马人组成骑兵团，广泛宣扬他们的穆斯林信仰。公元700年，一位名叫塔里克[1]的穆斯林将军跨过赫丘利之门，登上欧洲一侧的高崖，将此地命名为"贾布尔塔里克"（the Gibel—al—tarik），意为"塔里克之山"，即直布罗陀。

11年后，塔里克在赫雷斯一役中击败了西哥特人，接着率领穆斯林军队向北推进，沿着汉尼拔曾经行军的路线，跨越了比利牛斯山的关隘。他们在波尔多附近打败了企图阻止他们的阿基坦大公，随后进军巴黎。732年，即先知穆罕默德去世100年之际，他们在图尔和普瓦捷之间的一场战役中遭到了败绩。法兰克人首领查理·马尔泰尔[2]——外号铁锤查理——在那一天拯救了欧洲，使它免遭穆斯林的征服。他把穆斯林赶出了法兰西，可是穆斯林却固守西班牙。阿卜杜勒·拉赫曼[3]在西班牙建立了科尔多瓦哈里发王国，这个王国成为中世纪欧洲最伟大的科学与艺术中心。

这个王国延续了7个世纪，因其人民来自摩洛哥的毛里塔尼亚，故称摩尔王国。最后一个穆斯林堡垒格拉纳达在1492年陷落，哥伦布在此之后才获得女王[4]的授权，从而踏上了发现新大陆的航程。由于穆斯林在亚洲和非洲征服了新的领土，因而很快恢复了他们的实力，时至今日，穆罕默德的信徒和基督的信徒一样众多。

1　塔里克·伊本·齐亚德（Tariq ibn Ziyad或Tariq bin Zayed，689—720），穆斯林将军，711年征服了西班牙的西哥特人。

2　查理·马尔泰尔（Charles Martel，676—741），法兰克王国实权的掌握者，查理大帝的祖父。

3　阿卜杜勒·拉赫曼一世（Abd—ar—Rahman I，731/734—788），西班牙科尔多瓦（Cordoba）的第一位埃米尔，他开始了中世纪伊斯兰教政权对西班牙的长期统治。

4　指伊莎贝拉一世（Isabel I，1451—1504），卡斯蒂利亚的女王。她和丈夫斐迪南二世收复了穆斯林控制的领地，为他们的外孙查理五世统一西班牙奠定了基础。

《十字架与新月之争》| 房龙

《查理曼大帝》｜法兰克王国卡洛林王朝国王，神圣罗马帝国开国皇帝

第29章　查理曼大帝

法兰克人的国王查理曼自称皇帝并
试图重温世界帝国的旧梦

　　普瓦捷一战将欧洲从穆斯林手中拯救了出来，但是欧洲境内的敌人——罗马警官消失之后令人绝望的动乱局面仍然存在。虽然北欧新近皈依基督教的信徒确实敬仰威名显赫的罗马大主教[1]，但是这位可怜的大主教举目远望崇山峻岭，却没有一点安全感。天知道又有什么新兴的蛮族准备越过阿尔卑斯山并对罗马发起新的袭击。这位全世界的精神领袖感到有必要，而且确有必要，寻找一位兼有利剑和重拳的同盟者，愿意在教皇陛下处于危难之际出手相助。

　　教皇不仅精通教义，而且也很实际，于是开始物色一位盟友。他认为有一支日耳曼部落最有希望，随即向他们提出了建议。他们自称法兰克人，在罗马覆灭之后占领了欧洲的西北地区。他们早期的一位国王叫墨洛维，451年曾在加泰罗尼亚战役中帮助罗马人击败了匈奴人。他的子孙，即墨洛温王朝的历任国王，不断蚕食帝国的疆域。486年，国王克洛维(古法语"路易"之意)认为自己已经足够强大，可以公然挑战罗马，但是他的子孙软弱无能，把国家大事交给首相，又称宫相，即所谓的"宫廷管家"。

　　矮子丕平是著名的查理·马尔特尔之子，他接替父亲担任首相，但是根本不知道如何应付这一局面。他的国王是一个虔诚的神学家，对政治毫无兴趣。丕平请教于教皇。教皇是一个非常实际的人，回答说："国家的政权应当归于实际掌握权力之人。"丕平心领神会，于是劝说墨洛温王朝的最后一任国王希尔德里克去当僧侣。在取得了其他日耳曼首领的同意以后自任国王。但是

1　指利奥三世（St. Leo III，795—816），罗马教皇（795—816）。

精明的丕平并不满足，他不仅仅是希望担任蛮族的首领，还精心布置了加冕典礼，邀请欧洲西北地区伟大的传教士博尼费斯为他涂油，封他为"上帝恩赐的国王"。虽然加冕典礼塞进了"神授君权"这样的表述可谓轻而易举，但是将它取消却几乎耗费了1500年的时间。

丕平对教会的善意扶助感恩戴德，因而为了保卫教皇两次出征意大利，以抗击教皇的敌人。他从伦巴第人的手中夺取了拉文纳和其他几个城市，然后把它们献给教皇陛下。教皇把它们并入所谓的教皇国[1]。直到半个世纪以前，教皇国一直是一个独立的国家。

丕平死后，罗马同埃克斯—拉—夏佩勒[2]和英格尔海姆尼姆威根之间的关系日益密切。法兰克国王没有一个正式的居所，而是带着大臣和宫廷官员随时迁移。教皇和法兰克国王最终采取了以下的步骤，从而对欧洲的历史产生了深远的影响。

查理在768年继承了丕平的王位，通常人们称他卡尔大帝或查理曼。他征服了德意志东部撒克逊人的土地，在欧洲北部的大部分地区建造城镇和修道院。阿卜杜勒·拉赫曼的某些敌人吁请出兵，于是查理曼进军西班牙以抗击摩尔人，但在比利牛斯山遭到野蛮的巴斯克人的袭击，于是被迫率部撤退。正是在这一情形之下，伟大的布列塔尼侯爵罗兰为了掩护国王的军官撤退，不惜牺牲了自己及其信任的随从全部的性命。他曾宣誓效忠国王，并以自己的行为诠

1　教皇国指罗马教皇名下位于亚平宁半岛中部的世俗领地。1861年，教皇国的绝大部分领土被并入撒丁王国，即后来的意大利王国。

2　埃克斯—拉—夏佩勒、尼姆威根和英格尔海姆即指现今德国的亚琛。在查理曼执政期间，亚琛是是卡洛林王朝的文化中心，813年至1532年间，共有32个神圣罗马帝国皇帝在此加冕。

释了那个年代一个法兰克首领承诺忠于国王的含义。

在8世纪的最后10年，查理曼被迫全力处理南方的事务。教皇利奥三世遭到罗马一伙暴徒的袭击，他被丢在街上任其等死。一些善良的行人包扎好他的伤口，帮他逃到查理曼的军营求救。法兰克人的一支军队迅速平定了骚乱，并把利奥三世送回拉特兰宫。自君士坦丁以来，这里一直是教皇的住地。此事发生在799年12月。次年的圣诞节，留在罗马的查理曼前往古老的圣彼得大教堂做礼拜。在他祈祷完毕起身时，教皇把一顶王冠戴在他的头上，宣布他是罗马皇帝，并且冠以几百年未曾听闻的"奥古斯都"称号。

北欧再次成为罗马帝国的一部分，但是罗马帝国的荣耀却为一个德意志首领享有。虽然他识字不多，也没有学会写字，但他会打仗，没过多久便将国家治理得秩序井然，甚至他的竞争对手——君士坦丁堡的皇帝都给这位"亲爱的兄弟"写信，以示赞许。

不幸的是，这位卓越不凡的老人在814年去世，他的儿孙们立刻兵戎相见，以夺取帝国最大的一份遗产。加洛林王朝的国土两次分割，一次根据843年《凡尔登条约》瓜分，另一次根据870年的《默兹河畔梅尔森条约》瓜分。第二个条约把整个法兰克王国分成两部分。"大胆查理"获得了西半部，包括称为高卢的旧罗马行省，这个地区的人民使用的语言已经彻底罗马化了。法兰克人很快学会讲这种语言，了解这一原因，就不难理解像法兰西这样一个纯日耳曼国家为什么会讲拉丁语的这一怪事。

查理曼的另一个孙子分得东半部，即罗马人所称的日耳曼尼亚。这些地方不适于人居住，从来都不是罗马帝国的领土。

奥古斯都·屋大维曾经企图征服这个所谓的"远东",但在公元9年,他的军团在条顿堡森林遭到歼灭,因而那里的居民从未受到过更为先进的罗马文化的影响。他们讲的语言是通俗的德意志方言。条顿语"人民"一词是"thiot"。基督教传教士因而称德意志语为"大众方言"(lingua theotisca或lingua teutisca)。"teutis"后来变成"Deutsh",这才有了"德意志"(Deutschland)这一名称。

至于那顶著名的帝国皇冠,它很快从加洛林王朝继承者的头上坠落,又滚回到意大利平原,变成了若干小权贵的玩物,他们不惜流血,互相窃取这顶皇冠,然后戴在头上,不管是否得到教皇许可,直到皇冠被另一个野心更大的邻居偷走。教皇又一次遭遇敌人的围困,于是向北方求援。他这次没有找西法兰克王国,他的信使越过了阿尔卑斯山脉,求见一位叫奥托的撒克逊亲王,一位日耳曼各个部落公认的最伟大的首领。

奥托像他的人民一样热爱意大利半岛蔚蓝的天空及其快乐而美丽的人民,于是匆忙前来援救。教皇利奥八世为了报答他的援助,封奥托为"皇帝",因而查理曼王国的东部从此便称为"日耳曼族神圣罗马帝国"。

这一怪异的政治杰作竟然延续了839年之久,直到1801年,即在托马斯·杰斐逊担任总统期间,这才被随意扔进了历史的垃圾堆。摧毁日耳曼帝国的人是一个残暴的家伙,他是科西嘉一个公证员的儿子,在效忠法兰西共和国期间立下了赫赫战功。承蒙近卫军的恩赐,他成为欧洲的统治者,但是他心犹未足。他派人去罗马请来教皇。教皇来了以后站在一旁,拿破仑将军将那顶帝国皇冠戴在头上,宣称他是查理曼大帝传统的继承人。历史如同人生,虽有万变,但是不变之事何止万千。

《北欧人去俄罗斯》┃房龙

第30章　北欧人

10世纪的人们为什么祈求上帝保护
他们以摆脱北欧人的肆虐

公元3世纪和4世纪，中欧的日耳曼部落攻破了罗马帝国的防线，肆意掠劫罗马城，搜刮那片土地的财富，以养活自己。到了8世纪，日耳曼人转而成为"劫掠的对象"。他们对此恨之入骨，尽管他们的敌人是自己的近亲，即生活在丹麦、瑞典、挪威的北欧人。

究竟是什么迫使那些吃苦耐劳的水手变成海盗，我们不得而知。他们一旦发现出海抢劫的好处和乐趣，就没有谁可以阻挡他们。他们会不期而至，袭击位于河口的一个法兰克人或弗里西亚人的和平村庄，杀死所有的男人，劫走所有的女人，然后乘着快船远去。等到国王或皇帝的军队赶到，强盗们早已逃之夭夭，只留下少许冒着余烟的废墟残骸。

在查理曼死后的动荡年代，北欧海盗异常活跃。他们的船队袭击所有的国家，他们的水手们在荷兰、法兰西、英格兰和德意志海岸建立了独立的小国，甚至侵入意大利。北欧人非常聪明，他们很快学会了被征服的人民所使用的语言，放弃了早期维京人（海盗）原先不文明的生活习惯。虽然维京人留下的形象令人向往，但是他们从不洗漱，极其残暴。

10世纪初期，一个叫罗洛的维京人一再袭击法兰西的海岸。法兰西国王太软弱，无力抵抗这些北欧海盗，于是试图出钱收买他们，让他们"做好人"。他愿意将诺曼底省送给他们，只要他们答应停止骚扰他的其他领土。罗洛接受了这一提议，于是成为"诺曼底大公"。

但在他子孙们的血液里，征服的欲望是如此的强烈。他们看见海峡彼岸的英格兰，从欧洲大陆渡海过去只要几个小时，那里有白色的山崖和绿色的田野。可怜的英格兰历史充满了磨难。它曾是罗马的殖民地，时间长达200年之久。罗马人走了之后，它又被来自石勒苏益格[1]的两个日耳曼部落所征服，即盎格鲁人和撒克逊人。之后，丹麦人占领了大部分的领土，建立了克努特王国。丹麦人在11世纪初被赶走，随后又出现了一位撒克逊国王，即忏悔者爱德华。估计爱德华寿命不长，而且他没有子女。这种情况显然对野心勃勃的诺曼底大公有利。

爱德华在1066年去世。诺曼底大公威廉立即渡过海峡，在黑斯廷斯战役中击败威塞克斯的哈罗德[2]，然后自立为英格兰国王。

我在上一章告诉过你们，一位日耳曼首领如何在800年成为罗马皇帝。现在，到了1066年，一个北欧海盗的孙子成为英格兰国王。

既然真实的历史如此引人入胜，我们何必要读神话故事呢？

---

1 石勒苏益格（Schleswig）在历史上包含现今丹麦的南部和现今德国的北部，介于北海与波罗的海之间。

2 哈罗德·葛温森（Harold Godwinson，1022—1066），又称哈罗德二世（Harold II），忏悔者爱德华王后之兄，盎格鲁—萨克逊王朝之韦塞克斯王国的末代君主（1066年在位）。

《迦太基》│房龙

第31章　封建制度

中欧如何在三面受敌之时变成兵营；欧洲由于实行封建制度而拥有全职的士兵和行政官员，否则就会遭到覆灭。

以下讲述的内容描绘了欧洲在1000年时的情形。当时大多数人痛苦不堪，他们听信世界末日将临的预言，于是纷纷涌入修道院，以便在末日审判到来之时虔敬侍奉上帝。

不知在什么时候，日耳曼部落纷纷离开了原先在亚洲的家园，向西迁居到了欧洲。他们凭借人数众多的优势，强行闯入罗马帝国。虽然他们摧毁了伟大的西罗马帝国，但是东罗马帝国因为远离大迁徙的途径而幸存下来，勉强延续着罗马帝国昔日的光荣传统。

在接踵而来的动乱年代，即6世纪和7世纪真正的黑暗时代，日耳曼族的各个部落在规劝之下接受了基督教，并且承认罗马主教为教皇，为全世界的精神领袖。9世纪，查理曼大帝以卓越的组织天才复兴了罗马帝国，他把西欧的大部分地区组成一个统一的国家。10世纪，这个帝国四分五裂。西部成为一个独立的王国，即法兰西。东部成为一个日耳曼国家，即神圣罗马帝国，这个联邦的统治者假装他们是恺撒和奥古斯都的直系后裔。

不幸的是，法兰西历任国王的权力没有延伸到王宫的护城河以外的地区，而神圣罗马皇帝的子民只管各自的喜好和利益，公然蔑视神圣罗马皇帝。

西欧的三角地带一直三面受敌，因而人民的生活更加苦不堪言。危险的伊斯兰教徒生活在南部，西部海岸屡遭北欧人的劫掠，东部边界除了一小段喀尔巴阡山脉之外毫无屏障可守，只能听凭匈奴人、匈牙利人、斯拉夫人和鞑靼人[1]的恣意蹂躏。

罗马的和平盛世已经成为遥远的过去，"旧日好时光"的

1　鞑靼人（Tartars）是公元5世纪出现的一个游牧民族，活动范围在蒙古东北及贝加尔湖周围一带，他们操突厥语，鞑靼人的后裔包括中国今天的少数民族之一塔塔尔族。

梦想一去不复返。关键的问题是"不战即死"，人们自然宁愿战斗。受形势所迫，欧洲变成了一个兵营，需要强有力的领导。国王和皇帝都离得太远。在1000年时，欧洲的大部分地区都是边疆，生活在边疆的居民必需依靠自己。他们甘愿接受国王派往边远地区的代表，只要这些代表能够保护他们抵御敌人的侵略。

中欧出现了众多的小国，其统治者可能是大公、伯爵、男爵或主教，各自拥兵自重。这些大公、伯爵和男爵宣誓效忠国王，国王授予他们封地（采邑），他们则要为王室效劳，并且缴纳一定数量的税赋。由于交通工具极其简陋，外出旅行费力耗时，因而国王或皇帝的代表们享有很大的独立权，他们在各自管辖的行省掌握实际上属于国王的大部分权力。

不要认为11世纪的人民反对这种行政体制。他们支持封建制度，因为这是一种实际而必要的政治制度。他们的封建领主通常住在宽大的石头房屋里，或建在陡崖之上，或在周围修建深沟，但在臣民看得见的地方。如果遇到危险，臣民便会躲进修建高墙的公侯城堡之内。臣民尽量住在城堡附近。基于这一原因，许多欧洲城市都是围绕封建城堡发展而成。

中世纪初期的骑士远不只是职业士兵。他既是那个时代的公务员，又是所在社区的法官和警察局局长；他负责抓捕拦路抢劫的强盗，以保护游走四乡的小贩，即11世纪的商人；他守护堤坝以防乡村遭到水灾，如同4000年前尼罗河流域的贵族一样；他鼓励漂泊各地的行吟诗人，这些人歌颂在伟大的迁徙战争中涌现的古代英雄。此外，他还要保卫所在领地的教堂和修道院。他既不识字，也不会书写，当时认为男子汉应当不会读写，但他却雇佣一批神甫，让他们替他记账，替他登记男爵或公爵领地居民的生

公元 962 年日耳曼国王奥托一世进军意大利。图为意大利贵族贝伦加尔将宝剑献给奥托一世以示臣服。

《日尔曼国王奥托一世》

死和婚姻状况。

到了15世纪，国王们又变得强大起来，足以行使"君权神授的国王"应有的权力。封建骑士失去了以前的独立性，他们的地位受到削弱，如同乡绅一般。他们不再符合社会的需要，不久便变得多余。如果没有黑暗时代的"封建制度"，欧洲就不会存在。那时存在许多不良的骑士，如同今天有许多坏人一样。一般说来，12世纪和13世纪的铁腕男爵都是勤奋工作的官员，他们对时代的进步做出了极其有益的贡献。在那个时代，曾经照亮埃及人、希腊人和罗马人的学术与文艺的火炬正在变得暗淡无光。如果没有骑士及与其友好的僧侣，文明就会彻底毁灭，人类便会被迫再次从择穴而居的时代重新开始。

《骑士授予礼》

第32章 骑士制度

中世纪的职业士兵试图建立一种互助互利的组织理所当然。由于需要建立一种严密的组织，因而骑士制度应运而生。

关于骑士制度的起源，我们所知甚少。随着这一制度的发展，它给世人提供了一种迫切需要的东西，即明确的行为准则。这一准则软化了当时的野蛮风俗，也使人们的生活好于长达500年的黑暗时代。教化粗鲁的边疆居民确非易事，他们大部分时间用于作战，抗击穆斯林、匈奴人或北欧人。他们常常在早上对自己的堕落后悔不已，于是发誓诅咒，保证慈悲为怀、仁爱待人，可是到了晚上却杀死所有的俘虏。但是进步不会一蹴而就，它是不断努力的结果。最终，就连最放肆的骑士也被迫遵守骑士"阶级"的规章制度，否则便会自食其果。

骑士制度在欧洲各地区不尽相同，但是都强调"服务"和"忠诚尽责"。中世纪认为服务是非常高尚和美好的品德。当仆人并不丢人，只要你是一个好仆人，而且从不懈怠自己的工作。至于忠诚，在那个时代是勇士的主要品德，因为生活需要忠诚，以便执行许多令人不快的任务。

因此，要求一个青年骑士宣誓忠于职守，既要做上帝的仆人，又要做国王的仆人。此外，他要承诺慷慨相助比他更困难的人；他要发誓为人谦逊，从不夸耀自己的成就；他要与除穆斯林以外的一切受苦之人为友，他应当见了穆斯林就杀。

这些誓词其实是中世纪人以所能理解的语言表述的"十诫"而已，在此基础上还制定了一套复杂的制度，以规范礼节和举止。骑士们在生活中严于律己，他们以行吟诗人传颂的英雄为榜样，比如亚瑟王的圆桌骑士和查理曼大帝的宫廷骑士。他们希望能像兰斯洛特一样勇敢，像罗兰一样忠诚。尽管他们衣着普通，也不富裕，但是他们不威自严，谈吐谨慎而又不失文雅。

在这种情况下，骑士制度成为传播文明礼节的学校，而文明的礼节转而又推动了社会的进步。骑士精神意味着礼仪，封建城堡向普天之下宣扬如何穿衣，如何进餐，如何邀请女伴跳舞，以及千百件日常生活应有的礼节，使生活变得有趣，变得融洽。

像人类所有的制度一样，骑士制度一旦失去了实用的价值，便注定会消亡。

我在后面一章会讲述十字军的有关情况。在十字军兴起之后，商业迎来了伟大的复兴。城镇在一夜之间发展起来。城镇居民富裕起来以后，聘请优秀的教师，没过多久又雇佣了与骑士相当的武士。火药的发明剥夺了披挂重甲的"骑士"以前拥有的优势，使用雇佣兵作战难以像下象棋一样讲究精准细腻。骑士变得多余。其后不久，骑士变成滑稽可笑的人物形象，忠于理想再也没有什么实用价值。尊贵的唐·吉诃德·德·拉·曼查据说是最后一位真正的骑士。在他死后，他赖以取胜的长剑和盔甲被卖，以便偿还债务。

但是不知怎样，那把长剑似乎辗转落入许多人的手中。在福奇谷[1]陷入绝望的日子里，华盛顿曾经佩带过它。戈登拒绝抛弃托付给他的人民，结果被困喀土穆城堡，当时他携带了这唯一的自卫武器迎接自己的死亡。

虽然我并非十分确信，但在打赢世界大战的过程中，它的确发挥了无比宝贵的作用。

1　福奇谷（Valley Forge）位于美国费城西北，华盛顿在独立战争期间曾率部11000人在此度过1777年的寒冬，结果3000人死于饥饿疾病及寒冷。

《亨利四世在卡诺萨》｜房龙

第33章　教皇与皇帝相争

中世纪人民奇特的双重效忠制度，以及这种制度如何引发教皇和神圣罗马帝国的皇帝之间无休无止的争吵。

要了解从前的人们非常困难。虽然你每天都能看见自己的爷爷，但他却是一个神秘的人，生活在另外一个世界，有着不同的思想、衣着和举止。我现在对你们所讲的故事关乎25代人以前的爷爷的爷爷。你们如果不把这一章读上好几遍，我估计你们不会了解其中的意义。

中世纪的一位普通人所过的生活非常简单，平淡无奇。即使他是一位自由公民，能够随意往来，他都难得离开所在的村镇。当时没有印刷成册的书籍，只有几个手抄本。虽然各地都有人数不多的僧侣不辞辛苦，教人读书、写字和简单的算术，但是科学、历史和地理却被埋在希腊和罗马的城市废墟之下。

人们对过去的了解来自所听的故事和传说，这种父子相传的知识虽然在细节上稍有出入，但是仍能保留历史的主要事实，准确度令人赞叹。虽然过了2000多年，印度的母亲们仍然吓唬自己顽皮的孩子，说："伊斯格达尔要来抓你们！"伊斯格达尔不是别人，正是亚历山大大帝，他曾在公元前330年入侵印度，有关他的故事仍然流传不衰。

中世纪初的人们从未见过一本罗马史教科书，对于今天还没有上小学三年级的学生已经了解的许多历史事实，他们毫不知晓。尽管如此，罗马帝国对于你们只是一个名词，对于他们却是活生生的现实。他们感觉到它的存在。他们乐于承认教皇是精神领袖，因为他住在罗马，代表了罗马超级强权的概念。他们万般感激查理曼大帝及后来的奥托大帝，以为世界会恢复原来的模样。查理曼大帝和奥托大帝再次推行世界帝国的观念，并且建立了神圣罗马帝国。

由于罗马传统有了两个不同的继承人，因而中世纪忠诚的自由民处于两难的境地。中世纪的政治制度依据的理论既合理又简单。世俗的宗主（皇帝）照管臣民的物质需求，而精神宗主(教皇)则守护他们的灵魂。

这一制度存在的弊端很多。皇帝总想干涉教会的事务，教皇则予以报复，指责皇帝应该如何治理国家。他们言辞激烈，警告对方管好各自的事情，于是不可避免地会发生战争。

在这种情形下，人民应该怎么办？一个虔诚的基督徒既要服从教皇，又要服从国王。但是教皇和国王相互为敌，一个恭顺的臣民，同时又是一个虔诚的基督徒，他该站在哪一边？

正确回答这个问题的确不容易。如果碰巧皇帝是一个精力充沛的人，有足够的钱组织一支军队，他会越过阿尔卑斯山进军罗马，必要时包围教皇所在的宫廷，胁迫教皇陛下服从帝国的命令，否则就会咎由自取。

在大多数的情况下，教皇的势力更强。在这种情况下，教皇便会开除皇帝或国王及其所有臣民的教籍，这就意味着所有的教堂都要关门，既不能给活人洗礼，也不能给将死之人举行赦罪仪式。总之，中世纪政府的一半职能会中止。

不仅如此，教皇会取消人民对国王的效忠宣誓，并且敦促人民背叛宗主。如果人民拒绝听从遥远的教皇传达的指示，他们会被附近的领主绞死，这种情形惨不忍睹。

这些可怜的人们的确处境艰难，但没有人会比11世纪后半叶的人们处于更难的境地，当时德意志皇帝亨利四世同教皇格里高利七世打了两次仗，虽然不分胜负，但却破坏了欧洲和平，时间长达近50年。

11世纪中期兴起了一场激烈的教会改革运动。在此之前，教皇的选举极不正规。对于神圣罗马帝国的皇帝来说，选派一个好说话的主教担任教皇大有好处。在选举教皇期间，神圣罗马的皇帝们会造访罗马，为他们的朋友施加影响。

1059年，教皇选举方法发生了变化。根据教皇尼古拉二世的敕令，罗马城内及周围教会的主教和执事组成一个所谓的红衣主教选举团，这些地位显赫的教会人物掌握选举未来教皇的专有特权。

1073年，红衣主教选举团选出了一位名叫希尔布兰德的主教担任教皇，即格里高利七世。这位教皇生于托斯卡纳[1]的一个普通家庭，他是精力旺盛的人。他认为教皇拥有至高无上的权力，这种观念建立在花岗石一般的信念和勇气之上。在他的心目中，教皇不仅是基督教会的绝对首领，而且也是领导处理一切世俗事务的最高上诉法院。教皇既能把卑微的德意志王公提拔到皇帝的高位，也可以随意废黜他们。教皇可以否决大公、国王或皇帝制定的法律，谁敢对教皇敕令提出异议，那可要当心，迅捷而无情的惩罚就会降临到他的头上。

格里高利七世派遣使者前往欧洲所有的宫廷，向各诸侯国传达他新近颁布的法律，要求他们认真对待法律的内容。征服者威廉答应好好表现，但是亨利四世无意于屈从教皇的旨意，他从6岁起就带领臣民打仗。亨利召集德意志主教团开会，指控格里高利犯了世上可犯的一切罪行，随后以沃尔姆斯[2]会议的名义将他废黜。

1　托斯卡纳（Tuscany）是位于意大利半岛中部的一个地区，濒临第勒尼安海（Tyrrhenian Sea），与科西嘉岛和撒丁岛隔海相望。

2　沃尔姆斯（Worms）位于莱茵河的西岸，现为德国莱茵兰—普法尔茨州东南部的一个城市。

教皇的答复是开除亨利的教籍，并且要求德意志的王公们抛弃不配为君的国王。德意志各位王公乐于抛弃亨利，于是邀请教皇前往奥格斯堡[1]，帮助他们另选一位新皇帝。

格里高利从罗马起身前往北方。亨利不是傻瓜，他明白自己处于危险的境地。他不惜一切代价要与教皇讲和，而且应该事不宜迟。他在严冬时节越过了阿尔卑斯山，赶到教皇在途中短暂休息的卡诺萨城堡。1077年1月，亨利扮作悔罪的朝圣者守在卡诺萨城堡的门外，但在僧侣的外套下加了一件温暖的毛衣。从25日到28日，他一直等了3天，然后才被允许进入城堡，他的罪行得到宽恕。但是亨利的忏悔没有持续太长的时间。他一回到德意志，便故态复萌。他又一次被开除了教籍，德意志主教会议又一次废黜了格里高利教皇。这一次，亨利在翻越阿尔卑斯山时率领了一支大军。他包围了罗马，迫使格里高利退位。格里高利在萨勒诺[2]流亡，直到去世。第一次暴力冲突什么问题都没有解决。亨利一返回德意志，教皇与皇帝的斗争又继续进行。

其后不久，攫取德意志帝位的霍亨施陶芬家族[3]更加独行其是，比以前的皇帝有过之而无不及。格里高利曾经宣布教皇高于所有的王公，因为教皇在审判日为其看管的羊群负责，而在上帝眼中，一位国王不过是一个忠心的牧人。

霍亨施陶芬王朝的弗雷德里克[4]通常被人称为巴巴罗萨，又叫红胡子。他提出一个相反的观点，即神圣罗马帝国是"神授"

1　奥格斯堡（Augsburg）是位于现今德国中南部巴伐利亚的一个历史古城。

2　萨勒诺（Salerno）是现今意大利南部的一个港市。

3　霍亨施陶芬家族（Hohenstaufen）是欧洲历史上的一个王室。

4　弗雷德里克一世（Frederick I，1122—1190），又译腓特烈一世，外号红胡子或巴巴罗萨，霍亨索伦王朝国王（1152—1190），神圣罗马帝国皇帝（1155—1190）。

于他的先辈，帝国的疆域包括意大利和罗马，于是他开始出征，以收复这些"丧失的行省"，将其并入北方的领土。虽然在十字军第二次东征期间，巴巴罗萨在小亚细亚意外溺水而死，但是他的儿子弗雷德里克二世[1]继续征战，这位少年才俊小时候曾在西西里接受过伊斯兰教文明的熏陶。教皇指控他犯了异端邪说罪。的确，对于北方粗俗的基督教组织、粗鲁的德意志骑士和阴险的意大利主教，弗雷德里克似乎怀有一种刻骨铭心的鄙视，但他保持沉默，继续十字军东征，从异教徒的手中夺回了耶路撒冷，然后正式受封为圣城的国王。即便是这样的功勋也未能安抚教皇们。他们废黜了弗雷德里克二世，把他的意大利领地给了安茹王朝的查理[2]，即以圣路易而名传于世的法兰西国王路易九世[3]的弟弟。这一举动引起了更多的战争。霍亨施陶芬王朝最后一个皇帝，即康拉德四世[4]之子康拉德五世[5]，试图恢复昔日的王国，结果在那不勒斯被击败，随后被斩首。又过了20年，西西里岛上的法兰西人犯了众怒，结果在所谓的西西里晚祷事件中全部被杀。

虽然皇帝和教皇之间的争吵始终没有得到解决，但是过了一段时间之后，两个仇人学会了互不干涉各自的事务。

1　弗雷德里克二世（Frederick II，1194—1250），又译腓特烈二世，霍亨斯陶芬王朝国王（1211—1250），神圣罗马帝国皇帝（1220年加冕），西西里国王（称弗雷德里克一世，1198年起），耶路撒冷国王（1225—1228），意大利国王和勃艮第领主。

2　安茹王朝的查理（Charles of Anjou），又称查理一世（1226—1285），法兰西国王路易八世的儿子、路易九世的弟弟。

3　路易九世（Louis IX，1214—1270），法国卡佩王朝第9任国王（1226—1270）。

4　康拉德四世（Conrad IV，1228—1254），霍亨斯陶芬王朝的国王（1237—1254）、西西里国王（1250—1254）、耶路撒冷国王（1228—1254）和土瓦本公爵（1235—1254）。

5　康拉德五世（Conrad V，1252—1268），土瓦本公爵(1254—1268)、耶路撒冷国王(1254—1268)、西西里国王(1254—1258)。

1273年，哈布斯堡王朝的鲁道夫[1]当选为皇帝。他嫌麻烦，不愿到罗马去接受加冕。教皇没有反对，反而对德意志敬而远之。这就意味着和平。过去整整的两个世纪原本可以进行内部建设，但是却消耗于无谓的战争。

凡事有利也有弊。意大利的一些小城小心谨慎，力求均衡发展，它们利用皇帝和教皇的矛盾，增强了各自的自主权和独立性。等到人们开始拥向圣地时，基督教成千上万的狂热教徒吵着要求过境。在这种情况下，这些小城便能解决交通难题。在十字军远征结束时，它们已经动用砖瓦和金子各自建筑了坚固的防御设施，因而能够藐视教皇和皇帝。

在教会与国家的相互斗争中，作为第三方的中世纪城市抢走了战利品。

1　鲁道夫一世（Rudolf I，1218—1291），未加冕的神圣罗马帝国皇帝（1273—1291），哈布斯堡王朝的奠基人。

《第一批十字军》｜房龙

第34章 十字军

土耳其人攻陷了圣城，亵渎了圣地，严重阻挠了东西方贸易，所有的争执被抛在一边。欧洲组织了十字军东征。

除了守卫欧洲门户的西班牙和东罗马帝国这两个国家之外，基督徒和穆斯林之间一直相安无事，时间长达3个世纪。伊斯兰教徒在7世纪征服了叙利亚，占领了圣地，可是他们认为耶稣是一个伟大的先知，尽管没有穆罕默德伟大。他们并不干涉希望在圣海伦娜建造的教堂里祈祷的朝圣者。圣海伦娜是君士坦丁大帝的母亲，她在圣墓原址上建造了一座教堂。11世纪初，来自西亚荒原的一支鞑靼部落，又称塞尔柱人或土耳其人，在西亚建立了一个伊斯兰教国家，宽容的时代到此结束。土耳其人从东罗马帝国的皇帝手中夺走了小亚细亚的全部土地，结果导致东西方的贸易中断。

东罗马皇帝阿历克塞平时很少与西方的基督徒接触，这时却向他们求援，警告他们一旦土耳其人夺取君士坦丁堡，欧洲势必会受到威胁。

意大利城邦曾在小亚细亚和巴勒斯坦沿岸建立殖民地，他们担心自己的属地会遭受不测，于是散布有关土耳其人施暴和基督徒受苦的骇人传闻。全欧洲为之震惊。

教皇乌尔班二世是生于理姆斯的法兰西人，他和教皇格里高利七世一样，曾在著名的克吕尼修道院[1]接受过教育。他认为采取行动的时机已到。欧洲当时的情形普遍难以让人感到满意。当时原始的农耕方式从罗马时期以来就未曾改变，经常会导致粮食短缺，加上失业和饥饿，欧洲势必会爆发民众的不满和骚乱。西亚以前的居民曾经多达几百万人，因此那里是一个移民的绝佳去处。

在1095年的法兰西克勒蒙会议上，教皇乌尔班拍案而起。他

1　克吕尼修道院（the Cloister of Cluny）是阿基坦公爵（Duke of Aquitaine）"敬虔者"威廉（William the Pious）于910年在法国勃艮第的克吕尼建立的天主教修道院。

列举了异教徒践踏圣地的可怕罪行，描绘了那片土地自摩西时代以来遍地是牛奶和蜂蜜的美好图景，并且劝说法兰西的骑士和欧洲的人民撇下妻儿，前去从土耳其人的手中夺回巴勒斯坦。

一阵宗教狂热席卷了欧洲大陆，再也没有理智可言。男子们放下铁锤和锯子，走出店铺，选择最近的道路前去东方杀土耳其人。儿童们也离家"到巴勒斯坦去"，仅仅凭着少年的热情和基督徒的虔敬，竟然要去迫使可怕的土耳其人跪地求饶。在这些狂热分子中，90%的人根本看不到圣地。他们没有钱，不得不靠乞讨或偷窃求生。他们在大路上为非作歹，结果被愤怒的农民杀害。

第一支十字军由半痴半疯的"隐士彼得"和"一文不名的瓦尔特"领导，成员多为乌合之众，包括诚实正直的基督徒、无力还债的破产者、贫穷潦倒的贵族和躲避法律惩罚的逃犯。他们出征讨伐异教徒，一开始便大肆屠杀途中遇到的犹太人。他们最远到达匈牙利，随后全部被杀。

这次出征给教会上了一课——单凭热情不能解放圣地，组织工作如同善意和勇气一样必不可少。教会花了一年时间，训练和装备了一支20万人的军队，由布永的戈弗雷[1]、诺曼底大公罗伯特[2]、佛兰德斯伯爵罗伯特[3]及其他几位贵族担任指挥，他们都有作战经验。

1096年，第二支十字军开始了漫长的征途。骑士们在君士坦丁堡拜见了东罗马皇帝。我曾告诉过你们，传统难以改变。东罗马皇帝虽然穷困潦倒、无权无势，但仍然非常令人敬重。十字军随后进

---

1 布永的戈弗雷（Godfrey of Bouillon，约1060—1100），中世纪法兰克人骑士。布永（Bouillon）是比利时的一座城市，位于现今卢森堡省东部的阿登地区。

2 指罗伯特一世（Robert I，1000—1035），外号魔鬼罗伯特。

3 指罗伯特二世（Robert II，约1065—1111）。

入了亚洲，杀死了落在他们手中的穆斯林。他们攻入耶路撒冷，屠杀了所有的穆斯林民众。他们进入圣墓，流着虔敬与感恩的热泪，赞美和感谢上帝。时隔不久，土耳其人有了援军，他们实力大增，重新夺取了耶路撒冷，屠杀了忠于十字架的所有信徒。

此后的两个世纪共有7次十字军远征。十字军逐渐掌握了行军的技巧。由于陆路车马劳顿，也太危险，因而他们宁愿越过阿尔卑斯山脉，从热那亚或威尼斯乘船去东方。热那亚人和威尼斯人把横渡地中海的服务视作一桩非常赚钱的生意，他们高价收费，遇到付不起船费的十字军将士(他们多半没有钱)，那些意大利"投机商"便好心让他们上船，安排他们一路劳作以抵偿旅费。为了偿付从威尼斯到阿卡[1]的船费，一个十字军战士要承诺为其雇主参加一定数量的战斗。威尼斯用这个办法扩大了亚得里亚海沿岸的领土，于是希腊的雅典、塞浦路斯群岛、克里特岛和罗得岛成为威尼斯的殖民地。

这一切对解决圣地问题没有多大的帮助。随着宗教狂热逐渐消退，短暂的十字军旅程成为每一位家境良好的青年接受人文教育的必修课程，因而报名前去巴勒斯坦东征的人不计其数，但是以往的热忱已经化为乌有。十字军将士起先对伊斯兰教徒深恶痛绝，对东罗马帝国和亚美尼亚的基督徒群众则赤忱爱护，这种态度后来却发生了逆转。他们蔑视拜占庭的希腊人，因为希腊人欺骗他们，并且一再背弃十字架信仰。他们也看不起亚美尼亚人和地中海东岸所有的居民。他们反而开始赞赏敌人的品德，因而他们宽宏大量，善待对手。

1　阿卡（Acre）是靠近海法湾的海滨城市，位于以色列北方加利利地区的西部。

当然，这些话什么时候也不能公开说。回到家以后，十字军战士可能会模仿从异教徒敌人那里学来的礼数。普通的西方骑士与异教徒敌人相比，倒是十足的乡巴佬。十字军战士还带回了几种新的食物，如桃子和菠菜，在自己的菜园种植，以便有所收获。他们放弃了穿戴笨重的盔甲这一野蛮的习俗，而是穿上飘曳的丝绸或棉布长袍，这种长袍始于土耳其人，后来成为先知信徒的传统服饰。十字军东征最初的确旨在讨伐异教徒，后来却成为数百万欧洲青年学习文明的入门课程。

从军事和政治上讲，十字军东征是失败之举。耶路撒冷及多座城镇一再易手。虽然在叙利亚、小亚细亚和巴勒斯坦建立过十几个小国，但是都被土耳其人重新夺回。1244年以后，耶路撒冷完全属于土耳其人，圣地的境遇与1095年以前没有两样。

在此之间，欧洲却经历了一场巨大的变革。西方人民得以一瞥东方的光明、阳光和美景。那些阴郁的城堡难以满足他们。他们期盼更加广阔的生活天地，而这一点教会和国家都无法给予他们。

他们在城市里找到了这种生活。

《城堡与城市》┃房龙

第35章 中世纪的城市

为什么中世纪的人们说"城市的空气是自由的空气"

中世纪初期是一个拓荒和定居的时代。曾经保护罗马帝国东北部边疆的森林、山脉和沼泽地荒无人烟，一个新兴的民族曾经生活在这一地带之外，现在却强行进入了西欧平原，占据了大部分的土地。他们生性好动，像自古以来所有的拓荒者一样。他们喜欢忙个不停，以十足的干劲砍伐森林，又以同样十足的干劲砍掉他人的脑袋。他们当中很少有人愿意住在城市里。他们坚持过着"自由"的生活，喜欢驱赶着羊群穿过劲风吹拂的草地，感觉山间新鲜的空气吸入肺腑。如果他们不再喜欢故土的家园，他们就拔起标桩，前往别处寻找新的冒险。

弱者消亡，坚强的斗士和追随自己的男人进入荒野的勇敢的女人生存下来。他们就这样形成了一个强大的民族。他们不大在意生活的温文尔雅。他们过于忙碌，无暇弄琴作诗。他们也不大喜欢讨论问题。僧侣是村中的"学者"，在13世纪中叶以前，能够读书写字的一般信徒会被看做是"女里女气"之人。人们指望僧侣解决所有毫无实际价值的问题。与此同时，日耳曼部落首领、法兰克男爵、北欧公爵，不管他们叫什么名字或有什么头衔，都曾占领过他们的部分领土，而这些领土原本属于伟大的罗马帝国。他们在曾经繁荣一时的废墟之上建立了自己的天地，并对此极为满意，感觉完美无瑕。

他们尽其最大的能力管理自己的城堡及周围的乡村。像所有软弱的凡人所希冀的那样，他们忠于教会的戒律。他们对其国王或皇帝保持足够的忠诚，从而能与远方总会带来危险的君主保持和睦的关系。总之，他们不敢有所闪失，尽量与邻友善，同时也不损害自己的利益。

他们所处的世界并非是一个理想的世界。绝大部分人是农奴，又叫"佃农"，他们终日在田地上劳作，过着牛羊一般的生活，并与牛羊住在一起。他们的命运既不特别幸福，也不是特别不幸。他们又能怎样？善良的上帝统治了中世纪的世界，上帝无疑是要以最好的方式安排一切。如果上帝以其智慧决定既有骑士也有农奴，那么质问上帝为何如此安排就不是虔诚的信徒应有的责任了。因此，虽然农奴们并不怨天尤人，但是如果受到太重的压迫，像喂养不当的牲畜一样死去，就需要匆忙采取一点行动，以改善他们的生活条件。诚然，如果世界的进步由这些农奴及其封建领主决定，那么我们的生活方式便仍然会像12世纪一样，牙痛的时候念念咒语，对用"科学"帮助我们的牙科医生则抱以切齿的鄙视和憎恨。这样的行为可能主要源于穆斯林或异教徒的观念，因此既是邪恶的，也是无用的。

等你们长大成人以后，你们就会发现很多人不相信"进步"，他们会列举我们这个时代某些人的恶劣行径，向你们证明"世界不曾变化"。但是我希望你们不要过多理睬这种言论。看看，我们的祖先花了将近100万年的时间才学会用后腿走路。又过了几个世纪，他们才把类似动物叫唤的声音发展成可以听懂的语言。仅在4000年前才发明了书写之术，有了这种技艺才能为后代保存我们的思想，否则根本谈不上进步。把自然的力量变成人类驯服的奴仆，在你们的祖父一辈仍然是新奇的想法。因此，在我看来，我们正以前所未闻的速度推动社会的前进。我们或许有点过于关注生活的舒适享受。这一现象到了一定的时候会有所变化，我们会努力解决总体上与健康、薪酬、管道和机械无关的问题。

请不要感叹"过去的好时光"一去不复返。许多人只是看到中世纪遗留下美丽的教堂和伟大的艺术品，他们将我们的文明

《中世纪在城外耕作的农夫与农妇》

丑陋的一面，比如忙碌、喧嚣、骚乱和汽缸回火的卡车难闻的气味，与数千年前的城市相比，于是侃侃而谈。然而，这些中世纪的教堂周围必定是简陋的房舍，现代化的住宅与之相比堪比豪华宫殿。诚然，高尚的兰斯洛特和同样高尚的帕西法尔，即那位寻找圣杯的青年真英雄，他们不会闻到汽油味，但是他们会闻到农家庄院的其他气味，包括街上腐烂垃圾的味道，主教住宅周围猪圈的味道，以及人的身上散发的味道，这些人从不洗漱，他们穿戴祖辈相传的衣帽，不知香皂是何物。我不想描绘一幅太让人沮丧的图画。如果阅读古代的编年史，你们便会获知法兰西国王在宫中眺望窗外时，闻到巴黎街道上用鼻子拱土的猪散发的臭味，甚至会被熏得昏过去。此外，如果你们翻看古代手稿，你们会了解其中有关鼠疫或天花的细节。回过头来，你们会开始明白"进步"绝不仅仅是现代广告中的一个流行词汇。

如果没有城市的存在，近600年的进步完全没有可能。因此，我有必要多说几句，好让这一章的篇幅多于其他各章。这一方面的情况极其重要，不能压缩成三四页，仅仅介绍政治事件。

埃及、巴比伦和叙利亚的古老世界曾是城市兴起的世界。希腊曾是城邦林立的国家。腓尼基的历史即是西顿和提尔两个城市的历史。罗马帝国是一个城市的"腹地"。书写、艺术、科学、天文、建筑、文学和戏剧等不一而足，它们都是城市的产物。

将近4000年之久，我们所称的城镇就是密集搭建在一起的木屋，它们是世界的作坊。接着便是大迁徙。罗马帝国分崩离析。城镇被付之一炬，欧洲再次成为牧场，偶尔会有一些小村小庄。在中世纪的黑暗时代，文明的土地闲置抛荒。

十字军东征为播撒新的作物而准备好了土地。到了收获的季节，果实却被自由城市的自由市民摘去。

我给你们讲过城堡和修道院，它们的四周建有坚固的石头围墙。骑士和僧侣分别住在城堡和修道院里，他们分别保护人们的肉体和灵魂。你们已经看到为数不多的工匠，如屠夫和面包师，偶尔会有制作烛台的工人，他们住在城堡的附近，以照应主人的需求，并在危险之时寻求庇护。封建领主有时允许这些人在他们的房子周围搭起围栏。这些人的生活依赖于城堡之中封建领主的善心。看到封建领主，他们要跪伏在地，亲吻他的手。

接着是十字军东征，许多事情有了变化。大迁徙曾把人们从东北赶到了西方，十字军东征又使数百万人自西方前往高度文明的东南地区。人们发现世界并非限于自己居住的地方。他们进而追求更好的服饰、更加舒适的住房和新的菜肴，以及神秘东方出产的商品。他们回家乡时，执意带上这些东西。背着货物的小贩是黑暗的中世纪仅有的商人，他们在原有商品之外又增加了这些商品，买上一部手推车，雇上几个前十字军战士，以防范那场世界大战之后出现的犯罪狂潮。商贩们以更加时兴的方式经营，并且扩大了经营的规模。他们的生意并不好做。每次进入另一个领主的领地，他们都要交纳入境费和货物税。尽管如此，生意一直都赚钱，商贩继续到处叫卖。

不久，某些精力旺盛的商贩发现，以前一直从远方贩来的商品可以在当地生产，于是便把自家的部分房屋改成作坊。他们不再是商贩，而是成了制造商。他们不但把自己的产品卖给城堡的领主和修道院的院长，而且也卖到附近的城镇。领主和院长以其农产品兑换，如鸡蛋、葡萄酒和蜂蜜等，蜂蜜那时拿来当糖用，可是远处城镇的居民却不得不用现钱支付，于是制造商和商人开始拥有少量的碎金块，这就完全改变了他们在中世纪初期的社会地位。

你们难以想象一个没有钱的世界。在一个现代城市中，没有钱就无法生活下去。从早到晚都要带着一个钱袋，里面装满了小小的金属圆片，以支付途中的开销。你们需要5分钱坐电车，1块钱吃一顿饭，3分钱买一份晚报。可是，中世纪初期的许多人从出生到死亡，从未见过铸造的硬币。希腊和罗马的金币和银币埋在城市的废墟下面。罗马帝国之后是大迁徙的时代，那是一个农业的世界。每个农民种植足够自用的粮食，饲养足够自用的牛羊。

中世纪的骑士是乡村绅士，极少的情况下才被迫拿钱买东西。他们的庄园生产全家吃、喝和穿所需的一切东西。住宅所用的砖头在离家最近的河边制作。大厅的檩椽所需的木料从男爵的森林中砍伐而来。需从国外购买的少量材料是用蜂蜜、鸡蛋和柴火换来的。

然而，十字军东征彻底打乱了传统的农业社会原有的常规。假若希尔德斯海姆公爵前去圣地。他必须旅行数千英里，必须支付他的旅费和住宿费。他在家里可以用他的农产品支付，可是他不能带上几百只鸡蛋和一车的火腿，以满足威尼斯船运代理人或布伦纳关隘[1]小店老板的贪婪。那些先生们坚持收取现金。公爵老爷不得不带上少量的金子上路。他到哪里才能找到金子呢？他可以找古老的伦戈巴第人的后裔伦巴第人借，他们已经变成职业放债人了。他们坐在兑换货币的柜台——即通常所称的银行后面，乐于见到公爵大人抵押自己的庄园，以换取几百枚金币。

1　布伦纳关隘（the Brenner Pass）是阿尔卑斯山的关隘，位于奥地利和意大利的边境。

万一公爵大人死于土耳其人之手，公爵的庄园就归他们了。

对于借钱的人来说，这是一笔危险的交易。到头来，伦巴第人必定占有了庄园，而骑士却倾家荡产，于是他们只好委屈自己，找一个更强大、更谨慎的邻人雇自己打仗。

公爵大人也可以找被迫住在城里的犹太人，以五六分的利率借钱。这笔买卖也很糟糕，可是有别的出路吗？据说城堡周围小城的有些人有钱。他们看着年轻的公爵大人长大成人，他们的父辈都是好朋友。他们的要求不会不合理。那好吧。公爵大人的文书是一个能写会算的僧侣，他给最有名的商人写了一张条子，要求提供一笔小额贷款。小镇的居民找到给附近教堂制作圣餐杯的珠宝商，聚集在他的作坊里讨论这一要求。他们不好予以拒绝，索要"利息"也没有什么意义。首先，收取利息违反大多数人的宗教信条。其次，大人也不会支付利息，只会以农产品偿还，而他们又不需要这些东西。

"可是，"裁缝开了口，他整天坐在桌边干活，算得上是一个哲学家，"假如借给他钱，我们要求他给我们一些好处，以作为交换的条件。我们都喜爱钓鱼，可是大人不让我们在他家的小河钓鱼。假如我们借给他100块金币，作为交换条件，他给我们一纸保证，准许我们在他家所有的河中钓鱼。他拿到所需的100块金币，我们也能钓鱼，这笔交易皆大欢喜。"

公爵大人接受了这一建议，看上去这样拿到100块金币很是轻松，可是他在接受这一建议的那天等于签署了放弃自己权力的判决书。他的文书起草了协议。大人画了押，因为他不会写自己的名字。他随后动身前往东方。他在两年后回来，身无分文。镇上的人们正在城堡的池塘里钓鱼。看到那一排默不作声的垂钓者，大人一头恼火。他告诉总管把这帮人赶走。他们走了，可是一帮商人代表却在当天晚上前来城堡拜访。他们非常礼貌，先是祝贺大人平安归来，然后就钓鱼惹恼大人表示歉意，可是大人也许记得他们这样做得到过大人的准许。裁缝拿出了契约。在大人动身前去圣地以后，契约一直保存在珠宝商的保险箱里。

虽然大人非常气恼，但他急需一部分钱。他在意大利签署了某些文件，这些文件落在著名的银行家萨尔韦斯特罗·德·美第奇的手中。这些文件都是"本票"，从签字之日起两个月到期，总数价值多达340块弗拉芒金币。在这样的情形下，贵族的骑士强压心头的怒火。相反，他提出再借一笔贷款。商人们回去讨论此事。

3天以后，他们回来答复说"同意"。能在大人有困难的时候出手相助，他们非常高兴，但是提供350块金币的贷款，能否请他再给他们写下一份保证，即另一份契约，准许小镇的居民建立一个议会，由小镇的商人和自由民选举出议会的成员，管理市民自己的事务而不会受到城堡的干预？

大人怒不可遏，可是转念一想，他需要这笔钱。他表示同意，签署了契约。过了一个星期，他却反悔了。他召集他的士兵，跑到珠宝商的家中，索要他那些狡诈的臣民在他危难之际诱骗他签下的文件。他拿走文件，然后付之一炬。小镇的居民站在一旁，什么话也不说。后来大人需要钱为他女儿置办嫁妆，这时他却一文钱也借不到。在珠宝商家中那场不大的风波之后，他的信誉尽失。他不得不忍气吞声，主动提出做出某些补偿。双方谈妥了贷款，但在大人拿到贷款的第一笔款之前，小镇居民又一次拿到以前所有的契约，另外还有一份全新的契约，准许他们建造一所"市政厅",以及一个坚固的塔楼,可以保存所有的契约文件,防备火烧或盗窃,其实是为了防止大人及其武装侍从将来动用武力抢走。

以上所说的是十字军东征之后的几百年间普遍发生的现实。权力逐渐由城堡转移到城市是一个缓慢的过程。曾经有过一些战斗,若干个裁缝和珠宝商被杀,若干个城堡被烧,但是这种情况并不普遍。几乎在不知不觉之间,城镇越来越富,封建领主则越来越穷。为了维护自己的地位,封建领主总是被迫订立契约,以公民自由换取现金。城市不断发展,为逃跑的农奴提供了避难的场所,好让他们在城墙之内居住,并在若干年后获得自由。城市也为周围乡村最活跃的分子提供了居家之所。这些人对自身的价值有了新的认识,为此深感自豪。他们看中了旧集市,他们几百年前曾在那里以鸡蛋、羊、蜂蜜和盐等交换实物。他们在旧集市的周围建起教堂和公共建筑物,以显示他们的实力。他们要让自己的子孙们在生活中拥有比他们更好的机会。他们聘请僧侣到他们的城市来担任学校的教师。听说有人能在木板上作画,他们便把他找来,给他提供资助,请他在小教堂和市政厅的墙壁上描绘《圣经》的场景。

与此同时,公爵大人住在凄凉多风的城堡里,看着这一派欣欣向荣的气象,后悔当初不该签署了那一纸契约,致使他丧失了自己主权和特权中的一项权力,但他已经毫无办法了。小镇居民已经富裕起来,他们对他不屑一顾。他们是自由人,完全做好了准备,以捍卫十几代人用汗水和斗争获得的一切。

《塔楼》│房龙

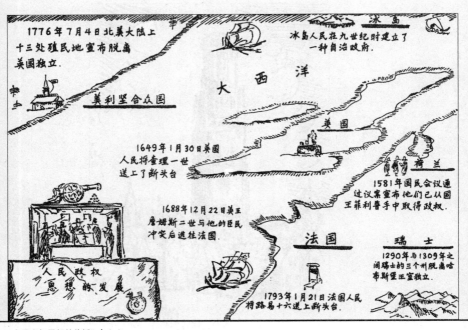

《人民主权思想的传播》 | 房龙

第36章　中世纪的自治政府

城市的人民如何在国家的皇家议会中争取发言权

当人民赶着羊群四下漂泊而处于"游牧部落"状态时,所有的人都是平等的,每个人对整个社会的福利和安全都负有责任。

但在人们定居以后,一些人变得富有,另一些人则逐渐沦为贫穷,这时政权容易落入不必了为了生计而被迫劳动的人手中,这些人可以专门忙于政治。

我告诉过你们,这种情况曾在埃及、美索不达米亚、希腊和罗马发生过。在秩序恢复后,西欧的日耳曼族中也发生过这种情况。首先,西欧世界由一个皇帝统治,皇帝由庞大的日耳曼族罗马帝国中七八个最主要的国王选举产生。皇帝掌握许多虚设的权力,其实没有多大实权。帝国分别由一些自身难保的国王统治,日常的行政事务掌握在数以千计的封建诸侯手中,他们各自的臣民是农民或农奴。当时没有几座城市,几乎没有什么中产阶级。然而,到了13世纪,几乎在间隔了1000年之后,中产阶级——商人阶级——再一次出现在历史舞台上。正如我们在上章所讲,这一阶级的崛起意味着城堡主人的影响力受到削弱。

直至此时,国王在治理他的领土时,只关注贵族和主教的愿望。但是十字军东征促进了贸易与商业的发展,从而迫使国王承认中产阶级,否则就会遭受国库日益空虚之苦。国王陛下们如果按照当初深埋于心中的愿望,他们倒是宁愿向他们的牛或猪咨询,也不求教于善良的城市自由民。可是他们已经无能为力了,只好吞下苦果,因为苦果镀了金。即便如此,也是经历了一番斗争。

英格兰的"狮心王"理查一世参加了十字军东征,虽然他到过圣地,但是他在东征途中大部分时间被囚禁在奥地利。在理查一世东征期间,国家政权交托给理查的一个兄弟约翰。约翰在军事上不如理查,在行政管理上同样拙劣。约翰担任摄政王以后,一开始就丢掉了诺曼底和大部分的法兰西属地，接着又设法卷入教皇英诺森三世和霍亨斯陶芬家族之争。教皇开除了约翰的教籍，如同格里高利七世在200年前开除皇帝亨利四世的教籍一样。约翰在1213年不得不屈辱求和，如同亨利四世在1077年一样。

失败没有让约翰变得一蹶不振，他继续滥用王权。各路诸侯大为不满，于是囚禁了这位君权神授的统治者，迫使他承诺好自为之，永不再干涉臣民们自古以来拥有的权利。这一切发生在1215年6月15日，地点是泰晤士河靠近伦尼米德村的一个小岛。约翰签上自己姓名的文件叫做《大宪章》，里面没有什么新的内容，倒是言简意赅地重申了国王自古以来的职责，列举了诸侯的特权。对于大多数的人即农民所应有的权利，如果他们拥有权利的话，《大宪章》却没有给予关注，倒是对新兴的商人阶级提供了某些保证。这是一个意义非凡的宪章，因为以前没有任何类似的文件像这样如此准确地界定了国王的权力。尽管如此，它仍然完全是一个中世纪的文件，没有提到普通的民众，除非他们恰好是属于诸侯的财产，如此他们应该受到保护，以免遭受王室的暴政之虐，如同男爵的森林和奶牛应该受到保护一样，以免遭到过分热心的王室林务官乘隙掠夺。

几年之后，御前会议上开始听到不大相同的论调。

约翰的出身和秉性都很卑劣。他庄重承诺遵守大宪章，随即却践踏了每一项条款。幸而他在不久之后去世。他的儿子亨利三世在继位以后被迫重新承认大宪章。与此同时，由于参加十字军东征的叔父理查费耗了国家大量的钱财，因而国王不得不找人贷款，以偿还犹太放债者的债务。作为国王顾问的大地主和主教无法给他提供所需的金银，于是国王下令召集几位城市代表出席御前会议。城市代表在1265年首次列席会议。虽然他们作为财政专家并不参加有关国家大事的一般性讨论，但是可以就税收问题提出建议。

久而久之，许多问题都会听取"平民"代表的意见，贵族、主教和城市代表一起开会，这种会议形式进而形成了常设的议会。英语中"议会"一词来自法语的"ou lon parlait"，意为人民讲话的地方。

在重大国策决定之前，议会是一般性的咨询机构，掌握某些行政权力。人们似乎普遍认为议会是英格兰人的独创，其实不然。由"国王及其议会"共同治理国家这一体制绝不仅仅限于不列颠诸岛，欧洲各地都能找到这样的范例。在一些国家，如法兰西，王室的势力在中世纪以后迅速加强，"议会"的影响力荡然无存。城市代表在1302年进入了法兰西议会，可是"议会"直到500年后才变得强大起来，足以维护中产阶级的权力，即所谓的第三等级权力，甚至剥夺了国王的权力。城市代表为了弥补错失的时间，在法国大革命期间废黜了国王、教士和贵族，普通平民的代表因此成为国家的统治者。在西班牙，早在12世纪前半叶，所谓的"国王的议会"（cortex）便向平民敞开了大门。在德意志帝国，一批重要的城市获得了"帝国城市"的等级称号，帝国议会（the diet）必须听取这些城市代表的意见。

在瑞典，议会（the Riksdag）早在1359年举行第一次会议时，人民代表便出席了会议。在丹麦，古老的国民大会（the Daneholf）在1314年重新建立，虽然贵族不惜牺牲国王和人民的利益，屡屡取得国家的统治权，但是城市代表从未被完全剥夺其权力。

在斯堪的纳维亚国家，有关代议制政府的历史尤为有趣。在冰岛，所谓的议会（the Althing），即全体自由土地拥有者议会，一直掌管岛上的事务。议会自9世纪起定期开会，至今持续了1000多年。

在瑞士，来自不同州的自由民抵御邻近一些封建领主的不轨企图，捍卫了他们的议会，并且取得了极大的成功。

最后，在荷兰这样的低地国家，各个公国及州郡都设有议会，早在13世纪便有所谓的第三等级即中产阶级参加。16世纪，一些小省反抗他们的国王，它们隆重召开了"三级会议"，废黜了国王陛下，拒绝教士参加会议，废除了贵族的权力，行使全部的行政权，以管理刚刚成立的尼德兰七省联合共和国。在没有国王、主教和贵族的情况下，市政议会的代表统治国家长达两个世纪之久。城市取得至高无上的地位，善良的自由民成为国家的统治者。

《死神与寡妇》│尼古拉·曼努埃尔作于 1520 年前后

第37章 中世纪的世界

中世纪的人民如何看待他们生活在
其中的世界

日期是一个极其有用的发明。没有日期，我们什么事都办不成。然而，除非我们非常小心，否则我们就会受到日期的愚弄。有了日期，历史才会变得准确。举例来说，当我谈到中世纪人的观点时，我的意思不是说在476年12月31日，欧洲所有人都突然说："啊，罗马帝国现在已经结束了，我们正生活在中世纪。真有意思！"

你们可能会发现，在查理曼的法兰克宫廷中，人们的生活习惯、礼仪和人生观与罗马人并无不同。另一方面，等你们长大以后，你们会发现在这个世界上，有些人一直没有超越穴居人的阶段。不同的时代相互重叠，代际相连的人彼此的思想相互交融。从这个意义上讲，我们可以研究中世纪许多真正具有代表性的人物，从而了解普通人对待生活及许多生活的难题持有什么态度。

首先，记住中世纪的人从未想到自己生来就是自由公民，因而可以随意往来，并且根据自己的能力、精力或运气来改变自己的命运。恰恰相反，他们全都认为自己属于一个囊括万物的整体规划，皇帝、农奴、教皇、异教徒、英雄、地痞、富人和穷人、乞丐和窃贼全都包括在内。他们完全认为这是上帝的安排，并对此毫无异议。在这一方面，他们与现代人当然有着根本的区别。现代人不会听天由命，他们总会想方设法改善自己的经济状况和政治地位。

对于13世纪的男人和女人来说，死后的世界如若不是美妙的天堂，便是经历苦难的地狱，这一切根本不是空洞或模糊的神学辞藻，而是事实。中世纪的自由民和骑士耗费一生大部分的时间为死后做准备。我们这些现代人追求充实的生活，像古希腊人和罗马人一样平静地对待崇高的死亡。在经过了长达60年的工作和努力之后，我们安然长眠，相信一切都会称心如意。

但在中世纪，头颅龇牙狞笑、骨骼格格作响的恐怖大王一直陪伴在人的左右。他拨动粗糙的小提琴拉出可怖的曲调，以唤醒他的受害者。他和他们同桌进餐。当他们带着女友外出散步时，他躲在灌木丛的后面向他们微笑。假若你们在童年时听的不是安徒生和格林的童话，而是令人毛骨悚然的故事，有关坟墓、棺材和各种可怕的疾病，那么你们一辈子都会生活在恐惧之中，难以忘却濒临死亡的最后时刻和吓人的世界末日。这就是中世纪儿童们的实际情况。他们置身于一个鬼怪妖魔的世界，只会偶尔想到天使。有的时候，对于未来的恐惧使他们的灵魂充满了谦卑与虔诚，但是这种影响经常会引导他们走向另一个方向，使他们变得残酷与伤感。占领一座城市以后，他们首先会杀死所有的妇女与儿童，然后不顾双手沾满了无辜的受害者的鲜血，带着虔诚，迈步走向一处神圣之所，祈求仁慈的上帝饶恕他们的罪恶。是的，他们不仅祈祷，而且还会流着痛苦的眼泪，忏悔他们是最邪恶的罪人。但是到了第二天，他们又会屠杀一个军营的撒拉森[1]敌人，心中没有一丝的怜悯。

当然，十字军将士是骑士，他们遵守的行为准则与一般人稍有不同，但是普通人与他们的主人在这一方面完全一样。普通人恰似一匹胆怯的马，轻易会被一个影子或一张愚蠢的纸条吓得半死。他们为你服务任劳任怨、忠心耿耿，但是他们在幻觉中看见鬼怪会抓狂，可能会吓得逃之夭夭，极尽破坏之能事。

在评判这些善良之辈时，不应忘记他们的生活条件极其险

1　撒拉森人（Saracen）泛指中古时代所有的阿拉伯人。

恶。他们其实都是装作文明人的野蛮人。查理曼和奥托号称"罗马皇帝"，但是他们与真正的罗马皇帝，如奥古斯都或马可·勒留，毫无相像之处，正如上刚果[1]的"国王"旺巴旺巴与受过高等教育的瑞典或丹麦的统治者毫无共同之处一样。他们是野蛮人，生活在荣耀的废墟之上，但却没有分享到文明带来的好处，他们的父辈和祖辈已经摧毁了这种文明。他们对于今天一个12岁的孩子所了解的事情茫然无知。他们只能从一本书中获得所有的知识，那本书就是《圣经》。但是《圣经》当中引导人类改善自身的是《新约》的一些章节，这些章节教导我们学习有关博爱、仁慈与宽恕的内容。作为一本天文学、动物学、植物学、几何学和所有其他学科的手册，《圣经》这本珍贵的书并非完全可靠。在12世纪，中世纪的文库中增加了另一本书，即公元前4世纪希腊哲学家亚里士多德编著的实用知识百科全书[2]。基督教为什么会愿意把这样高的荣誉授予亚历山大大帝的老师，但却一直谴责所有其他的希腊哲学家，认为他们传播异端邪说，我对此的确一无所知。除了《圣经》之外，亚里士多德被认为是唯一可靠的导师，他的著作可以放心地送到真正的基督徒手中。

他的著作迂回进入欧洲。他的著作曾经从希腊到达亚历山大城，在7世纪征服埃及的伊斯兰教徒将它从希腊文翻译成阿拉伯文，随后由穆斯林带到西班牙。科尔多瓦的摩尔大学曾经教授这

---

1 上刚果（Upper Congo）应指刚果河上游的卢阿拉巴河流域，位于现今的刚果境内。刚果河又称扎伊尔河，为非洲第二大河。

2 此处可能指《亚里士多德文集》（Corpus Aristotelicum），里面收集了亚里士多德留传下来的著作，涉及众多学科，包括了物理学、形而上学、诗歌（包括戏剧）、生物学、动物学、逻辑学、政治学和伦理学等。

位伟大的斯塔吉拉人[1]的哲学。接着，曾经越过比利牛斯山脉接受过人文教育的基督教学者又将它从阿拉伯文本译成拉丁文。欧洲西北部各个学校最终教授这些辗转流传的名著译本，虽然译本的表述不够准确，但是却让人感觉更有意思。

借助《圣经》和亚里士多德的著作，中世纪最具才华的人现在着手解释天地间的万物与上帝表达的旨意存在何种关系。这些杰出人才，即所谓的学者，其实非常聪明，但是他们获取的知识完全来自书本，从未进行实际的观察。如果他们想要讲授鲟鱼或毛虫，他们便去阅读《新约》、《旧约》和亚里士多德的著作，然后向他们的学生传授这些好书有关鲟鱼和毛虫的知识。他们不会走出去，到最近的河里捉一条鲟鱼看看。他们不会离开自己的图书馆，到后院捉几条毛虫，观察这些动物，在其天然的栖息地研究它们。甚至连艾伯塔斯·马格纳斯[2]和托马斯·阿奎奈[3]这样的知名学者都不去了解一下，巴勒斯坦的鲟鱼和马其顿的毛虫与西欧的鲟鱼和毛虫究竟有何不同。

科学界偶尔会有一个像罗杰·培根[4]这样特别好奇的人出现，他们开始使用放大镜和好笑的小望远镜做实验，而且真的把鲟鱼和毛虫拿进课堂，以证明它们与《旧约》和亚里士多德所描述的动物不同。对于这种情况，尊贵的学者们摇头表示异议。培根太过分了，他竟敢提出一个小时的实际观察要比研究亚里士多

---

1 斯塔吉拉人（Stagirite）指斯塔吉拉（Stagira）的人，斯塔吉拉现为希腊境内马其顿地区的一个古城，为亚里士多德的出生地。

2 艾伯塔斯·马格纳斯（Albertus Magnus，1193—1280），德国中世纪最伟大的哲学家和神学家，主张科学和神学应该相互兼容。

3 托马斯·阿奎奈（Thomas Aquinas，1225—1274），意大利中世纪哲学家和神学家。主张以亚里士多德哲学取代作为教会理论支柱的奥古斯丁式柏拉图主义。

4 罗杰·培根（Roger Bacon，1214—1292），英国哲学家、炼金术士。他学识渊博，著作涉及当时所知的各门类知识，提倡经验主义，主张通过实验获得知识。

《亚里士多德与驴子》

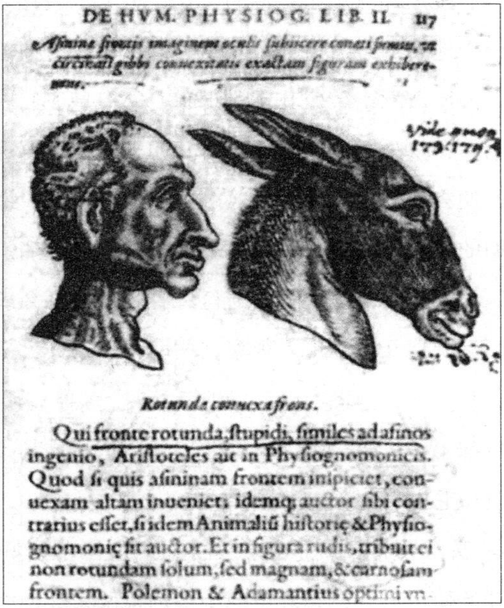

德10年更有价值，而且他还表示那位希腊伟人的著作尽管有其自身的价值，但是最好还是不要翻译过来。于是，学者们跑去找警察，扬言说："这个人危及国家的安全。他要我们学习希腊文，好让我们能够阅读亚里士多德的原著。几百年来，我们这些虔诚的信徒对拉丁文与阿拉伯文的译作一直很满意，为什么他却感到不满？为什么他对鱼和昆虫的内脏如此感兴趣？他很可能是一个邪恶的法师，妄想用他的巫术颠覆万物确定的秩序。"他们申诉的理由头头是道，和平卫道士们在惊吓之下严禁培根继续写作，这一禁令持续了10多年。培根在恢复研究之后吸取了教训。他使用一种奇怪的加密方式写作，因而与他同时代的人根本看不懂。由于教会变得越发绝望，竭力阻止人们提出各种问题，从而怀疑宗教和拒不信教，因而培根所用的小把戏普遍被人使用。

　　教会这种做法并非出于恶意，目的是让人们保持愚昧无知的状态。当时揭发散播异端思想的人认为他们的动机是出于好心。他们深信，不，他们知道，今世的生命只是为了死后进入另一个世界做准备。他们坚信掌握太多的知识会让人变得忐忑不安，脑子里充满危险的想法，然后怀疑一切，从而走向毁灭。看到他的学生偏离了《圣经》和亚里士多德确立的权威，而且也许会独立研究某些东西，一位中世纪的经院哲学家会感到不安，就像一个慈母看到她年幼的孩子走近发烫的火炉一样。母亲知道若让孩子摸火炉，他的手指就会被烫伤，于是竭力拉他回来，必要时会使用暴力。但她真心爱孩子，只要他听她的话，她会尽量对他好。出于同样的道理，中世纪人们的灵魂捍卫者一方面在一切有关信仰的问题上要求严格，另一方面他们不辞劳苦，竭尽全力日夜为他们的教友服务。只要有可能，他们都会伸出援手。在当时的社会，成千上万的善男信女热心助人，设法让普通民众的命运变得可以忍受。

农奴就是农奴，他的地位永远也改变不了。中世纪的上帝虽然允许农奴终身为奴，但是却让这个谦卑的人拥有永生的灵魂，故而必须保护他的权利，好让他不管死活都是一个善良的基督徒。在他年纪太大或没有力气干活时，他所服侍的封建领主必须照顾他。虽然农奴过着单调而乏味的生活，但他从不会为明天担忧。他知道自己"安全无忧"，不会没有事做，总有一处栖身之所。虽然屋顶漏雨，但是房子还是有屋顶的。他也总有吃的。

社会各个阶级都有这种"稳定"和"安全"之感。在城镇中，商人和工匠成立了行会，以保证每一个成员都有稳定的收入。行会不鼓励有抱负的人比邻居干得更出色一些。行会多半保护"懒人"，让他们能够"得过且过"。行会在劳动阶级中营造了一种普遍的满足与保障的感觉，这种感觉在我们这个存在普遍竞争的时代已经不复存在了。中世纪熟悉我们现代人称之为"囤积居奇"的危险，即某一个富人控制所有能够买到的谷物或肥皂或腌鲱鱼，然后迫使所有的人以他所定的价钱向他购买。因此，政府不鼓励批发贸易，而且规定价格，商人只许按规定价格销售他们的货物。

中世纪不喜欢竞争。为什么要竞争？如果提倡竞争，世人都会变得忙忙碌碌，你争我夺。可是，世界末日即将到来，财富毫无用处，善良的农奴会走进天堂的金门，而邪恶的骑士会被打入地狱的最下层悔过修行。

简而言之，为了享受更大的安全感，以免体验肉体和心灵的贫瘠，因而要求中世纪的人放弃思想和行动的部分自由。

除极少数人以外，大多数人并不反对。他们坚信自己只不过是这个星球的匆匆过客，他们到此的目的是让自己做好准备，以迎接更伟大、更重要的生活。他们故意背过身去，拒不理会一个充满苦难、邪恶与不公正的世界。他们拉下百叶窗，不让阳光打扰他们，以便认真阅读《启示录》[1]，从中获悉天堂的光辉将会照亮他们永生的幸福。他们竭力闭上眼睛，对于尘世的快乐大多视而不见，尽管他们生活在这个世界上，也许应该享受在不远的将来等待他们的快乐。他们认为生活是无可避免的恶事，他们欢迎死亡，视之为美好灿烂的一天的开端。

希腊人和罗马人从不为未来操心，他们想方设法在这个世界上建起自己的天堂。他们想让碰巧不是奴隶的同胞过上非常快乐的生活，并且做到了这一点。中世纪则走向了另一个极端，人们在最高的云彩之上建立自己的天堂，却把这个世界变成了充满泪水的深渊，人不分高贵与卑微、富有与贫穷、聪慧与愚蠢，全都陷入其中。我将在下一章告诉你们，钟摆到了摆往另一方向的时候了。

1　《启示录》（the Apocalypse）即《新约》的最后一章《启示录》（The Book of Revelation），据说是耶稣的门徒约翰所写，预言世界末日、末日审判和耶稣再生。

《巨大的诺夫哥罗德城》｜房龙

第38章　中世纪的贸易

十字军东征如何再次使地中海变成一个繁忙的贸易中心，以及意大利半岛的城市如何成为沟通与亚非贸易的集散中心。

在中世纪的末期，意大利的城市率先再次崛起，原因有三个。首先，罗马帝国很早就出现在意大利半岛，与欧洲其他地区相比，那里拥有更多的公路、城镇和学校。蛮族人在意大利和其他各地到处放火，但是要烧的东西太多，因而许多东西得以幸存下来。其次，教皇住在意大利，领导一个庞大的政治机构，这个机构拥有土地、农奴、建筑、森林和河流。教皇主持法庭，经常接受大量的金钱馈赠，而且必须以金银支付给教皇当局，正如必须以金银支付给威尼斯和热那亚的商人和船主一样。在向遥远的罗马还债之前，欧洲北部和西部必须将鸡蛋、马匹和其他农产品换成真正的现金。在这种情况下，意大利成为金银存量相对最多的国家。最后，在十字军东征期间，由于意大利的各个城市成为十字军转运部队的枢纽，因而牟取了让人几乎难以置信的暴利。

欧洲人在近东逗留期间爱上了东方商品，于是意大利的城市在十字军东征结束以后便成为东方商品的集散地。在这些城市中，没有几个能与威尼斯齐名。威尼斯是一个共和国，建在泥泞的海岸上。公元4世纪，为了躲避蛮族的入侵，人们从大陆逃到了威尼斯。这里四面环海，于是人们从事制盐业。食盐在中世纪是稀罕物，价格昂贵。威尼斯一直垄断着餐桌上这种不可缺少的商品，长达数百年之久。我之所以说不可缺少，是因为人像羊一样，不在食物中放上一定量的食盐就会生病。人们利用这一垄断来增强城市的实力。他们有时甚至敢于公然挑战教皇的权威。这个城市变得富有起来，于是开始造船，与东方开展贸易。在十字军东征期间，这些船只运载乘客前往圣地。旅客如果没有现金购买船票，他们便不得不为威尼斯人卖力。威尼斯人当时在爱琴海、小亚细亚和埃及等地一直扩建殖民地。

《汉萨的船只》 | 房龙

到了14世纪末，威尼斯的人口增加到20万人，成为中世纪最大的城市。人民对政府没有任何影响，政府事务只是个别富商家族的私事。虽然富商们选举了一个元老院和一位总督或公爵，但是城市的实际统治者是著名的十人议会，其成员依靠一个组织严密的特务机关维持政权。特务机关有特务和职业刺客，他们监视所有的公民。公共安全委员会实行高压政策，行为肆无忌惮，如果有人对公共委员会的安全构成威胁，他们就会被特务机关悄悄干掉。

佛罗伦萨的政府形式是另一个极端，它实行一种极其动荡的民主体制。这个城市控制了北欧至罗马的交通要道，利用这种幸运的经济地位而获得的钱财发展制造业。由于佛罗伦萨人试图以雅典人为榜样，贵族、教士和行会的成员全都参与城市政务的讨论，因而引发了大规模的市民骚乱。人们总是结成各种政治党派，相互之间恶斗不止。一旦在议会中获胜，他们便赶走敌人，并且没收他们的财产。在这种有组织的暴民统治延续几百年之后，不可避免的情况终于发生了。一个强大的家族设法成为这座城市的主人，按照古希腊的"僭主"方式统治城市及周围的村庄。这个家族姓美第奇，家族中最早的成员是医生(拉丁文medicus意为医生，故这个家族以此为姓)，但是后代却成为银行家。他们在所有比较重要的商业中心都开设了银行和当铺。直至今天，美国的当铺都摆放3颗金球，强大的美第奇家族拥有的盾形纹章就有3颗金球。美第奇家族在成为佛罗伦萨的统治者以后，曾把家族中的女孩嫁给法兰西的一些国王，死后入葬的坟墓堪与罗马皇帝的陵墓相比。

再就是威尼斯的有力竞争者热那亚，这里的商人专门与非洲的突尼斯和黑海几个号称粮仓的地区做生意。除此之外，意大利还有200多个城镇，有大有小，每一个城镇都是一个完整的商业实体，它们相互竞争，相互仇恨，不惜手段剥夺对手的利润。

东方和非洲的产品一旦运抵这些集散中心，必须装船运往欧洲的北部和西部。

热那亚从水路将货物运往马赛，再从那里装船运往罗纳河的沿岸城市，这些城市又是法兰西北部和西部的批发市场。

威尼斯从陆路向北欧运输商品。先是通过布伦纳关隘的古道，蛮族曾经由此入侵意大利。在经过因斯布鲁克[1]以后，商品运到巴塞尔[2]，然后从莱茵河运往北海和英格兰，或者运至奥格斯堡，再由富格尔家族(他们既是银行家又是制造商，靠盘剥工人大发横财)负责贩到纽伦堡、莱比锡、波罗的海各个城市和哥得兰岛的维斯比。维斯比负责波罗的海北部地区所需的货物，直接与诺夫哥罗德共和国[3]交易。诺夫哥罗德是俄罗斯古老的商业中心，16世纪中叶被伊凡雷帝[4]摧毁。

欧洲西北部沿海的各个小城都有自己有趣的掌故。中世纪的人食用大量的鱼。斋戒的日子很多，人们不许吃肉。远离海岸和河流的人只好吃鸡蛋，否则就没有什么可吃的。早在13世纪，一个荷兰渔民发现了一种处理鲱鱼的方法，使用这种方法可以把鱼运到远方。于是，在北海捕捞鲱鱼变得非常重要。不知在13世纪的什么时候，这种有用的小鱼出于自身的原因，由北海迁至波

1　因斯布鲁克（Innsbruck）是奥地利西南部城市。

2　巴塞尔（Basel）是瑞士的第三大城市，仅次于苏黎世和日内瓦，位于瑞士的西北部。

3　诺夫哥罗德（Novgorod）是俄罗斯一个古老的城市，建城于859年。诺夫哥罗德在1136年完全脱离基辅大公的控制，成为一个事实上的共和国，即诺夫哥罗德共和国。

4　即伊凡四世（Ivan IV，1530—1584），1533年至1547年为莫斯科大公，俄罗斯历史上的第一位沙皇。

罗的海，于是内陆海[1]沿岸的城市开始发财了。来自世界各地的人们驾船前去波罗的海捕捞鲱鱼。每年捕捞鲱鱼的季节只有几个月，因为鲱鱼在其他时间潜入深水繁殖小鱼。捕捞船只在这段时间则无事可做，除非寻找另外的营生。其后不久，这些船只开始把俄罗斯北部和东部的小麦运到欧洲的南部和西部。船只返航时又把香料、绸缎、地毡和东方毛毯从威尼斯和热那亚运到布鲁日、汉堡和不来梅。

这种贸易往来开始的时候非常简单，进而却形成了一个重要的国际贸易体系，将布鲁日和根特这样的制造业城市与俄罗斯北部的诺夫哥罗德共和国连接在一起。在制造业城市中，强大的行会与法兰西和英格兰的国王展开激烈的斗争，并且建立了一种劳工独裁的体制，完全摧毁了雇主阶级和工人阶级。另一方面，诺夫哥罗德虽是一个繁荣昌盛的城市，但是沙皇伊凡对所有的商人都信不过，他派兵占领了该城，不到一个月的时间便屠杀了6万人，并且迫使幸存者沦为乞丐。

一方面是为了防备海盗，另一方面也是为了抵制过多的税赋和不胜其烦的立法，北方的商人组成了一个保护性的联盟，即汉萨同盟，总部设在吕贝克。这个同盟有100多个城市自愿结成，拥有一支自己的海军在海上巡逻。如果英格兰和丹麦的国王胆敢干涉所属商人的权利和特权，强大的汉萨同盟甚至与之交战，并且还取得了胜利。

这种奇特的贸易历经各种危险，越过高山、渡过大海，每一次行程都是一次光荣的冒险。我希望能用更多的篇幅，告诉你们

1　内陆海指波罗的海。

一些好听的故事，可是那样需要写作多卷，因而无法在此详述。

另外，我希望对中世纪的介绍足以激发你们的好奇心。果真如此，你们可以继续研读我在本书末尾所列的参考书目。

我一直竭力向你们说明，中世纪是一个进步非常缓慢的历史时期。掌权的人相信"进步"是魔鬼的一个发明，没有任何的好处可言，应该予以压制。由于他们碰巧身居高位，因而轻易能够将自己的意志强加于大字不识的骑士和温顺驯服的农奴。各地都有几个胆大之人，他们敢于闯入科学的禁区，但却惨遭不测，如果被判入狱20年，从而保住性命，他们就算是万幸了。

在12世纪和13世纪，国际贸易的洪流横扫西欧，如同尼罗河的洪水横扫古埃及的尼罗河流域一样。洪水留下了肥沃的淤泥，也带来了繁荣的希望。繁荣意味着闲暇的时间，而有了这些闲暇的时间，男人和妇女们便有机会购买手稿，并对文学、艺术和音乐产生兴趣。

接着，世界再一次充满了一种神圣的好奇心，正是这种好奇心才使人类异于其他的哺乳动物，而人类的那些远亲仍然没有掌握语言能力。我在上一章对你们讲述了城市的成长与发展，城市为勇敢的先驱们提供了一个安全的庇护之所，这些人敢于离开确定秩序的狭隘范围。

他们着手工作。他们在修道院的书房推开窗户，阳光猛然照进布满灰尘的房间，照亮了在半明半暗间长期织成的蜘蛛网。

他们开始打扫房间，接着又清理他们的花园。

接着，他们走出坍塌的城墙，进入空旷的田野，感叹道："这是一个美好的世界。真高兴我们生活在其中。"

中世纪正是在此刻终结，并且迎来了一个崭新的世界。

《中世纪的实验室》┃房龙

第39章　文艺复兴

人们又一次敢于因为活着而感到快乐。他们竭力挽救遗存的罗马和希腊文明，这种文明年代虽久却使人感到亲切。他们对于这种文明的成就引以为豪，因而谈论文艺复兴，或所谓的文明再生。

文艺复兴不是一个政治运动或宗教运动，它是一种精神状态。

文艺复兴时期的人们仍是教会母亲驯顺的儿子。他们是国王、皇帝和公爵的臣民，并对此毫无怨言。

但是，他们的人生观已经发生了变化。他们开始穿不同的衣服，说不同的语言，在不同的房子里过着不同的生活。

他们不再将全部的思想与精力用于关注天堂的幸福生活。他们试图在这个星球上建立自己的天堂，实话实说，他们取得了一定的成功。

我再三告诫你们，一定要留意历史年代的划分所隐藏的危险。人们对于历史年代的划分过于死板。他们认为中世纪是一个黑暗和愚昧的时期。钟表滴答一下，文艺复兴随即开始了，于是城市和宫殿都充满了渴求知识的明媚阳光。

事实上，对历史年代根本就没有办法进行明确的划分。13世纪肯定属于中世纪，历史学家都认同这一点。中世纪仅是一个黑暗和停滞的时期吗？绝对不是。人民充满了活力，大国正在建立，大的商业中心正在形成。新建的哥特式大教堂纤细的塔尖高高耸立，高于城堡的塔楼和市政厅的尖顶。世界各地都在运动之中。市政厅有权有势的先生们最近发了财，他们刚刚开始认识到自己的实力，于是与他们的封建领主争夺更多的权力。行会的成员们刚刚认识到"人多力量大"这一重要的道理，他们与市政厅那些有权有势的先生们展开斗争。国王及其精明的顾问们在这场混乱中浑水摸鱼，果然捉到许多闪亮的鲈鱼，于是不顾议员和行会弟兄们的惊讶和失望，当着他们的面拿去烹而享之。

夜晚的街头灯光暗淡，不便进一步讨论政治和经济问题。为了活跃气氛，民谣歌手和行吟诗人边讲故事边唱歌，他们颂扬骑士的爱情和勇士的历险，颂扬对所有美貌的女人的赤胆忠贞。与此同时，青年人无法忍受进步的缓慢步伐，纷纷涌入大学，由此引出了另一个故事。

中世纪具有"国际精神"。这话听起来难以理解，但是听我给你们解释。我们这些现代人具有"民族精神"。我们分别是美国人、英国人、法国人或意大利人，分别说英语、法语或意大利语，分别在英国、法国或意大利上大学。除非我们想学习只有在别处才能学到的专门知识，我们才会学习另外一种语言，于是前去慕尼黑、马德里或莫斯科上学，但是13世纪或14世纪的人很少说自己是英国人、法国人或意大利人，他们会说我是谢菲尔德的公民、波尔多的公民或是热那亚的公民。因为他们属于同一教会，所以他们感觉亲如弟兄。又因为所有受过教育的人都会说拉丁语，所以他们掌握一种国际的语言，消除了愚蠢的语言隔阂。这种语言隔阂在现代欧洲已经形成，致使小国处于极为不利的地位。以伊拉斯谟为例，这位伟大的传教士在16世纪著书立说，传扬宽容和欢乐。他生于荷兰的一个小村庄，用拉丁文写作，全世界都有他的读者。如果他今天仍然活在世上，他可能会用荷兰文写书，那么只有五六百万人能够读懂他的书。要想让其他的欧洲人和美洲人看懂他的书，他的出版商就不得不把他的著作译成20种不同的文字。这样要花很多钱，出版商们不大可能会找这个麻烦或冒这个风险。

600年前不可能会有这种事情发生。大部分的人仍然非常无知，根本不会读书写字。如果你掌握了用鹅毛笔书写这门艰难的技艺就能跻身于国际文坛，从而傲视整个大陆，那时既没有边界的划分，也没有语言和国籍的限制。大学是这个国际文坛的堡

本画是霍尔拜因为伊拉斯谟的《愚人颂》作的插图。

《伊拉斯谟像》 ｜ 德国 ｜ 老汉斯.霍尔拜因

垒，没有边境，完全不同于现代的防御工事。哪里有一位教师和几个学生凑到一起，哪里就会形成大学。这一方面再次说明中世纪和文艺复兴时期与我们这个时代不同。现今，如要创办一所新的大学，建设的过程不外乎如此：某个富人想为他所在的社区做点好事，或者某个宗教的教派想兴建一所学校，想让信徒的子弟在严加看管下接受教育，或者某个州需要医生、律师或教师。创办大学要把一大笔钱存入银行，然后用这笔钱建造校舍、实验室和宿舍，最后聘请专业教师，举行入学考试，大学便办起来了。

中世纪的做法却不是这样。一个睿智的人对自己说："我发现了一个伟大的真理。我必须把我的知识传授给别人。"于是，他便开始宣扬自己的智慧，无论何时何地，只要找到几个愿听他说话的人就行，就像现代的街头演说家，找个肥皂箱站上去就能滔滔不绝。如果他能说会道，人们就会聚集过来。如果他演说乏味，他们就耸耸肩，继续走他们的路。

久而久之，某些年轻人开始按时前来聆听这位伟大的导师充满智慧的语言。他们带来了一个小笔记本、一小瓶墨水和一支鹅毛笔，记下他们觉得重要的东西。有一天下起雨来，老师和学生们躲进一间无人的地下室，或者到这位"教授"的家里。学者坐在他的椅子上，年轻人则席地而坐。这就是大学的起源。在中世纪，所谓的大学就是教授和学生合二为一，"教师"就是一切，而教师从教的校舍则无关紧要。

让我以9世纪发生的一件事为例来加以说明。在那不勒斯附近一个叫做萨莱诺的小城有不少杰出的医生，他们吸引了有志于学习医学的人，于是便有了萨莱诺大学。到1817年，这所大学几乎开办了1000年，一直在讲授公元前5世纪在古希腊行医的著名希腊医生希波克拉底[1]的医学知识。

另外还有布列塔尼的年轻神父阿贝拉尔，他早在12世纪就开始在巴黎讲授神学和逻辑学。数千名渴望求知的青年人涌向这个法兰西城市来听他讲学，与其观点不同的神父也前来解释各自的观点。巴黎不久就聚集了意见纷杂的众人，既有英格兰人、德意志人和意大利人，也有来自瑞典和匈牙利的学生。于是在塞纳河的一个小岛上，一座古老的大教堂附近就出现了著名的巴黎大学。

在意大利的博洛尼亚，有个叫格拉蒂安[2]的僧侣为学习教会律法的人编写了一本教科书。于是，年轻的神父和众多的俗人从欧洲各地赶来，聆听格拉蒂安阐述他的思想。为了保护自己不受该城的地主、旅馆老板和房东老板娘的欺压，他们组织了一个互助协会，即所谓的大学，因而就有了博洛尼亚大学。

接着，巴黎大学发生了一起争端。我们不清楚事情的起因，但是一大批杰出的教师及其学生渡过了英吉利海峡，在泰晤士河畔一个叫牛津的小村庄找到了一个适宜的场所，因而就有了著名的牛津大学。1222年，博洛尼亚大学同样发生分裂。不满的教师迁至帕多瓦[3]，随后他们的学生也迁移过来。帕多瓦自此有了自以为豪的大学。另外，西班牙的瓦拉杜利德大学迁到遥远的波兰小镇克拉科夫，法兰西的普瓦捷大学迁到了德意志的罗斯托克。

早期的教授们讲授的许多东西在我们听来的确非常荒谬，因为我们的耳朵听惯了对数和几何原理。我想强调的是，在中世纪，特别是在13世纪，当时的世界并非完全停滞不前。年轻一代

1　希波克拉底（Hippocrates，约前460—前377），古希腊的著名医生，被西方尊为医学之父。

2　格拉蒂安（Gratian），12世纪著名的教会律法专家。

3　帕多瓦（Padua或Padova）是意大利北部的一个城市。

既有朝气，也有冲动，尽管有些不大好意思提问。但正是在这种动荡的形势之下，文艺复兴随之出现了。

在中世纪的最后一场戏落下帷幕之前，舞台上走过一个孤独的人物。关于这个人物，你们除了他的名字之外，应该知道更多的情况。这个人就是但丁[1]，他是佛罗伦萨的阿利吉耶里家族一位律师的儿子。但丁生于1265年，在他祖辈立足的城市长大，当时乔托[2]正把亚西西的圣方济各[3]的生平故事搬上圣十字架教堂的壁画。但丁在上学的路上，看到壁画上一滩滩的血泊经常会惊吓不已，那些血泊诉说了教皇的追随者奎尔夫派与皇帝支持者吉伯林派之间无休止的杀戮。[4]

但丁长大后，成为奎尔夫派的一员，因为他的父亲在他之前就是奎尔夫派的一员，正如一个美国孩子，只是因为父亲碰巧是民主党或共和党，他也许便是民主党或共和党一样。过了几年，但丁看到除非统一，否则任由上千个小城互相倾轧忌妒，意大利就会趋于灭亡。于是，他成为吉伯林派的一员。

他向阿尔卑斯山脉的另一边寻求帮助。他希望出现一位强大的皇帝，恢复统一和重建秩序，可惜他的希望成为泡影。1302年，吉伯林派被逐出了佛罗伦萨。但丁从此无家可归，浪迹于拉文纳凄凉的废墟，靠着富人的资助勉强糊口，直至1321年死去。

1　但丁·阿利吉耶里（Dante Alighieri，1265—1321），意大利诗人，现代意大利语的奠基者，欧洲文艺复兴的开拓人物，以史诗《神曲》留名后世。

2　即乔托·迪·邦多纳（Giotto di Bondone，约1267—1337），意大利画家与建筑师，意大利文艺复兴运动的开创者，被誉为欧洲绘画之父。

3　亚西西的圣方济各（St. Francis of Assisi，1182—1226），天主教方济各会和方济女修会的创始人。方济各会是天主教托钵修会派别之一，谨守遵行基督耶稣的教训，提倡清贫生活。方济各会的教士披灰色斗篷，故又称"灰衣修士"。

4　在12世纪和13世纪，意大利的城邦出现了奎尔夫派和吉伯林派，他们分别支持教皇和神圣罗马皇帝。两派之间的斗争一直持续到15世纪。

如果不是在诗人穷困潦倒时的善意相助，那些富人的名字早就被人遗忘。在多年的流亡期间，但丁感到必须要为自己的和自己的行为申辩。他曾是家乡的一位政治领袖，整天沿着阿尔诺河的两岸徘徊，希望看到一眼贝亚特丽斯·波尔蒂纳里[1]，这位美丽的女人嫁给了他人，在吉伯林派蒙难之前10多年不幸去世。但丁满腔的雄心未能得以实现。他曾忠心耿耿地为他生于斯的城市效劳，但是腐败的法庭却控告他盗窃公款。如果他胆敢回到佛罗伦萨城，他就会被活活烧死。为了洗清自己的不白之冤，对得起自己的良心和他的同代人，但丁创造了一个幻想的世界，详尽叙述了导致他的失败的原因，并且描绘了贪婪、欲望和仇恨造成的绝望处境，致使美丽可爱的意大利变成了邪恶自私的暴君指挥冷酷无情的雇佣军相互恶斗的战场。

他告诉我们，在1300年复活节前的星期四，他如何在密林中迷路，以及如何被一头豹子、一头狮子和一只狼挡住了去路。在他陷入绝望之时，树丛间出现了一个白色人影。那是罗马诗人和哲学家维吉尔，他受圣母玛利亚和贝亚特丽斯·波尔蒂纳里之托出手相救。贝亚特丽斯在高高的天上关注她爱人的命运。维吉尔随即引导他穿过炼狱和地狱。他们顺路而下，越走越深，直至地狱的最底层。路西法[2]站在那里一动不动，浑身结成亘古不化的冰块，身边围着最可怕的罪人、叛徒和骗子，以及凭借谎言和欺骗的伎俩攫取名誉和成功的恶棍。在两位旅行者抵达那个可怕的场所之前，但丁遇见他所热爱的城市的历史上曾经起过这种或那

1　贝亚特丽斯·波尔蒂纳里（Beatrice Portinari，1266—1290），佛罗伦萨的一位女性，诗人但丁的缪斯。

2　路西法（Lucifer）在《圣经》中只是一个名词，通行的《圣经》和合本译为"明亮之星"，也有人译为琉西斐和露西弗。在但丁的《神曲》中，路西法指魔鬼撒旦。

种作用的各种人物，包括皇帝、教皇、英勇的骑士、不满的高利贷者，所有的人都在那里接受永世的惩罚，或者等待解救之日，从而离开炼狱并进入天堂。

这是一个离奇的故事，像是一本完全的手册，从中可以了解12世纪一切的所为、一切的感受、一切的畏惧和一切的祈求。那位孤独的佛罗伦萨流亡者以及自始至终跟随着他的绝望的阴影，贯穿着全部情节。

看！这位中世纪忧郁的诗人走进了死亡之门，而在大门快要关闭之时，生命之门已向一位将要成为文艺复兴先驱者的孩子打开。那个孩子就是弗朗西斯科·彼特拉克[1]，阿雷佐[2]小城一个公证人的儿子。

弗朗西斯科的父亲与但丁属于同一政党，他也曾经遭到放逐，因此彼特拉克并非在佛罗伦萨出生。彼特拉克15岁时被送往法兰西的蒙彼利埃[3]上学，以便像父亲一样成为一名律师。但是这个孩子不想当律师，他讨厌法律，他想成为学者和诗人。由于他想成为学者和诗人的愿望甚于一切，因而实现了自己的理想，有道是有志者事竟成。他作长途旅行，途经佛兰德斯[4]，遍访莱茵河畔的修道院，到过巴黎和列日，最后到了罗马。他一路上抄写手稿。后来他在沃克吕兹[5]的荒山间一个偏僻的峡谷住了下来。他一边学习一边写作，不久便以诗文和学问著称于世。巴黎

1　弗朗西斯克·彼特拉克（Francesco Petrarca，1304—1374），意大利学者、诗人，第一个人文主义者，被誉为文艺复兴之父，以十四行诗著称于世，与但丁和薄伽丘齐名。

2　阿雷佐（Arezzo）是意大利中部托斯卡纳区的一个城市。

3　蒙彼利埃（Montpellier）是位于法国南部的一个城市，濒临地中海。

4　佛兰德斯（Flanders）是西欧的一个历史地名，泛指古代尼德兰的南部地区，包括现今比利时的东佛兰德省和西佛兰德省、法国的加来海峡省和北方省、荷兰的泽兰省。

5　沃克吕兹（Vaucluse）位于法国的东南部，现在是属于法国普罗旺斯—阿尔卑斯—蓝色海岸大区。

大学和那不勒斯国王分别向他发出邀请，请他前去给学生和臣民讲学。在他奔赴新任的途中，他不得不经过罗马。人们对他的名声早有耳闻，知道他编纂了几乎被人遗忘的罗马作家的著作。他们决定授予他荣誉称号。在帝国古老的论坛上，彼特拉克戴上了诗人的桂冠。

从此以后，他一生获得过无数的荣誉与赞赏。他写下人们最想听的东西。人们听厌了神学辩论。可怜的但丁在地狱里尽情游历，而彼特拉克则描写爱情、自然和太阳，从不提及那些让人压抑的话题，而这些话题似乎是上一辈人津津乐道的老生常谈。每当彼特拉克来到一个城市，所有的人都会拥向街头，欢迎他的到来，把他当做一个征战凯旋的英雄。如果他正好带着他那位善讲故事的年轻朋友薄伽丘[1]，那就再好不过了。他们两人都是那个时代的名人，他们充满了好奇心，什么作品都愿意一睹为快。他们钻进了被人遗忘的图书馆，翻阅发霉的图书，希望找到维吉尔、奥维德[2]、卢克莱修[3]或其他古代拉丁诗人的又一部手稿。他们是虔诚的基督徒。他们当然是虔诚的基督徒！每个人都是虔诚的基督徒。但是没有必要因为某一天会死去，你就应当拉长脸，穿着邋遢的衣服。生活是美好的，人们应该快乐生活。你想得到某种证明吗？好极了。拿上一把铲子挖土去。你发现了什么？美丽的古代塑像、美好的古瓶和古代建筑的废墟。有史以来最伟大的帝国的人民制造了这一切，他们统治全世界长达千年。他们强壮、富有、英俊，只要看一眼奥古斯都大帝的半身塑像便可知

1　乔万尼·薄伽丘（Giovanni Boccaccio, 1313—1375），文艺复兴时期的意大利作家、诗人，以故事集《十日谈》留传后世。
2　奥维德（Ovid），古罗马诗人，代表作有《变形记》、《爱经》。
3　卢克莱修，罗马共和国末期的诗人和哲学家，以哲理长诗《物性论》著称于世。

道！他们当然不是基督徒，他们永远无法进入天堂。他们最多在炼狱里打发时日，但丁刚刚看过他们。

但是谁又在乎这一切？生活在一个像古罗马那样的世界，对于一个必死的凡人来说算是进入了天堂。不管怎样，我们潇洒活过一生。让我们为了生活的快乐而开心欢乐。

简言之，在众多的意大利小城狭窄而蜿蜒的街道上开始洋溢着这样的气氛。

你们知道"自行车热"或"汽车热"是什么意思。有人发明了自行车。千百年来，人们从一个地方到另一个地方去，行程缓慢而又艰难。借助车轮，翻山越岭变得迅捷而又轻松，这种情形让他们乐得发疯。接着，一个聪明的机械师造出了第一部汽车，再也不必一个劲地踩踏板。你只需要坐好，让一滴滴的汽油替你出力就行了。于是，人人都想拥有一辆汽车。人人都在谈论劳斯莱斯、廉价汽车、汽化器、里程和汽油。勘探队员钻探未曾开垦的大地心脏，希望能够找到新的油源。苏门答腊和刚果的森林给我们供应橡胶。橡胶和石油变得如此宝贵，人们为了抢夺橡胶和石油竟然不惜一战。整个世界都为汽车疯狂，连小孩子都在学会轻声叫唤"爸爸"和"妈妈"之前就能说出"汽车"一词。

14世纪，对于新近发掘的那些精美的罗马文物，意大利人如痴如醉。他们的热忱很快感染了所有的西欧人。发现一篇从未听说过的手稿竟然能成为市民放假的借口。如果有谁撰写了一本语法书，他会受到众人的推崇，就像如今有谁发明了一种新的火花塞一样。人文主义者穷尽一生的精力研究人类，而不是耗费宝贵的时光进行无谓的神学探索。"人"获得极大的荣誉和尊敬，即使是一位英雄征服了食人者所有的岛屿也不会得到如此的荣誉和尊敬。

在文化思潮激变的过程中发生了一件大事，从而极大推进了对古代哲学家和作家的研究。土耳其人再次攻打欧洲，君士坦丁堡——残存的罗马帝国最后的首都危在旦夕。1393年，曼努埃尔·帕里奥洛格斯皇帝派遣伊曼纽尔·赫里索洛拉斯[1]前往西欧，解释古拜占庭帝国遭遇的紧急情况，并且要求派遣援军。援军一直没有等来。罗马天主教徒认为希腊天主教徒是邪恶的异教徒，因而极其乐意看到他们受到惩罚。然而，不管西欧人对拜占庭的命运多么不关心，他们倒是对古希腊人极感兴趣。在发生特洛伊战争1000年以后，古希腊的殖民者在博斯普鲁斯海峡建立了君士坦丁堡。西欧人想学习希腊文，以便阅读亚里士多德、荷马和柏拉图等人的著作。他们学习的心情非常迫切，但是苦于没有图书，不懂语法，而且又没有教师。佛罗伦萨的治安官听到了赫里索洛拉斯来访的消息。全城的市民对学习希腊语如痴如醉。他愿意教他们吗？他愿意！数百名渴求知识的学生师从第一位希腊文教授，学习希腊语字母。这些年轻人千辛万苦来到阿尔诺河畔的佛罗伦萨，住在马厩或肮脏的阁楼，只为学会动词变格，以便能够直接阅读索福克勒斯与荷马的作品。

与此同时，年迈的经院教师带着沮丧和恐惧关注着外界的变化，他们仍在大学讲授古老的神学和过时的哲学，解释《旧约》包含的神秘教义，讨论亚里士多德的希腊文、阿拉伯文、西班牙文和拉丁文版本。他们随后怒不可遏。这一切太过分了。年轻人抛弃了正规大学的演讲厅，竟然跑去聆听某个激进的人文主义者

1　伊曼纽尔·赫里索洛拉斯（Emmanuel Chrysoloras，约1355—1415），西方研究希腊古典文学的先驱。

《荷马和他的向导》┃法国┃布格罗

关于一种"复兴文明"的新理论。

经院教师们找到政府申诉，但是谁也不能强迫一匹不情不愿的马去喝水，也不能强迫一个不情不愿的人去听他其实不感兴趣的东西。经院教师很快就失势了。他们偶尔会取得短暂的胜利，于是联合了痛恨别人快乐生活的狂热分子，因为快乐与他们的心灵格格不入。在"伟大的文艺复兴"的中心佛罗伦萨，一场斗争在新旧秩序之间爆发。中世纪卫士的领袖[1]是一名多明我会[2]的僧侣，他面色阴沉，憎恨一切美好的事物。他英勇战斗，在圣母百花大教堂宽敞的大厅日复一日地大声疾呼，传递上帝愤怒的警告。"忏悔吧，"他吼道，"忏悔你们不信神灵的邪恶行为，忏悔你们不洁的欢乐！"他开始听到来自天空的声音，看到燃烧的刀剑在天空舞动。他向孩子们讲道，敦促他们不要误入歧途，以免像他们的父辈那样走向灭亡。他自称是上帝的先知，并且组织了童子军队伍，要求他们效忠于伟大的上帝。人们在惊恐之下突然变得疯狂，他们承诺潜心苦练，忏悔自己追求美丽和快乐的邪恶之念。他们把自己的图书、雕像和绘画拿到集市上，唱着圣歌，跳着最为不洁的舞蹈，大肆庆祝"虚荣的狂欢"。萨沃纳罗拉竟将收藏的珍宝付之一炬。

等到灰烬冷却下来，人们才开始意识到他们的损失。可怕的狂热驱使他们毁掉了他们挚爱的一切。他们转而攻击萨沃纳罗拉，把他投入监狱。虽然受到严刑折磨，但他却对自己的所为拒

1　指吉罗拉莫·萨沃纳罗拉（Savonarola Girolamo，1452—1498），意大利多明我会修士，从1494年到1498年担任佛罗伦斯的精神和世俗领袖。他反对文艺复兴运动，大肆焚烧艺术品和非宗教类书籍。

2　多明我会（the Dominican Order）是天主教托钵修会的主要派别之一，提倡学术讨论、传播经院哲学、奖励学术研究。多明我会的教士披黑色斗篷，因此称为"黑衣修士"。

不悔悟。他是一个诚实的人，竭力追求圣洁的生活。他决意消灭那些蓄意与其观点对立的人，他的责任就是清除邪恶，不管这种邪恶出现在什么地方。在这位忠诚的教徒眼里，喜爱异教的书籍和异教的美好事物就是罪孽，但是他孤身奋斗，他为之战斗的时代早已成了过去。罗马的教皇从未出手救他，甚至都没有动过一根手指，相反却赞成"佛罗伦萨忠诚的信徒"的所做所为。在暴民的嚎叫和吼声中，萨沃纳罗拉被拖到绞刑架前处死，他的尸体随后被焚毁。

这是一个悲惨的结局，但却不可避免。如果生在11世纪，萨沃纳罗拉肯定会成为一个伟人，而他在15世纪则只能是一个失败事业的领袖而已。不论好坏，中世纪行将结束，连教皇都成为人文主义者，梵蒂冈变成了收藏罗马和希腊文物的最重要的博物馆。

公元1400年
一个人一百天抄一本书

公元1500年
一天印刷
一百本书

《手抄本与印刷本》 | 房龙

第40章　表现的时代

人民开始感到必须把新近发现的生活快乐表达出来。他们通过诗歌、雕刻、建筑、绘画和印刷出版的书籍表达了他们的幸福。

1471年，一个虔诚的老人去世了。他活了91岁，在一所与世隔绝的修道院度过了72年的光阴。修道院建在圣阿格尼斯山上，靠近伊色尔河边一个叫做兹沃勒的荷兰汉萨古城。人们称他为托马斯兄弟，因为他生于肯彭村，所以又称肯彭的托马斯[1]。12岁的时候，他被送往德文特[2]，格哈特·格鲁特曾在这里创办了共同生活兄弟会。格鲁特是巴黎大学、科隆大学和布拉格大学的优秀毕业生，素以流浪传道而著称。兄弟会善良的成员都是卑微的俗人，各自都有固定的工作，有的是木匠，有的是房屋油漆工，有的是石匠。他们像耶稣门徒那样，努力过着简朴的生活。他们建了一所出色的学校，好让值得培养的穷苦孩子跟从教会的神甫们学习知识。小托马斯在这所学校里不仅学会了拉丁语动词的变格，而且学会了抄写手稿。他随后立下誓言，背上他那一小捆书籍，不辞辛苦来到兹沃勒。他欣然叹息一声，关起门来，从此与世隔绝，那个动乱的世界对他已经没有了吸引力。

托马斯生活在一个动荡不安、瘟疫流行和生死无常的时代。在欧洲中部的波希米亚，约翰·威克利夫[3]的朋友及追随者约翰内斯·胡斯[4]的忠实信徒们正与康斯坦茨议会展开一场恶战，以报复康斯坦茨议会杀害他们敬爱的领袖。在此之前，康斯坦茨议会召集了教皇、皇帝、23位红衣主教、33位大主教和主教、150

1　指托马斯·坎皮斯(Thomas à Kempis，约1380—1471)，生于德意志的低莱茵河地区，中世纪僧侣，著名的人文主义者，著有《效法基督》一书。

2　德文特（Deventer），荷兰中部的一个小城，位于阿姆斯特丹以东100公里处。

3　约翰·威克利夫（John Wicliffe，1330—1384），英国人，欧洲宗教改革的先驱。他是牛津大学哲学和神学博士，1369年起任英格兰国王的侍从神父，反对教皇权力至上。

4　约翰内斯·胡斯（Johannus Huss，约1369—1415），捷克宗教思想家、哲学家、教育家和宗教改革家，他反对天主教会及德意志帝国对捷克的控制，反对教会占有土地，反对教皇出售赎罪券，抨击教士的奢侈堕落。罗马天主教视其为异教徒，1411年革除他的教籍，1415年将他以火刑处死。

位修道院院长和100多位国王和公爵，讨论宗教改革。康斯坦茨议会特意邀请约翰内斯·胡斯前往瑞士参加会议，以解释他的宗教主张，并且承诺保证他的人身安全，但却出尔反尔，下令将他烧死在火刑柱上。

在西欧，为了把英格兰人从其领土上赶走，法兰西人和英格兰人进行了为期百年的战争，幸亏圣女贞德[1]出现，法兰西才免遭彻底失败。而在这场战争刚刚结束时，法兰西和勃艮第相互又掐住对方的喉咙，为了争夺西欧的霸权发动了一场你死我活的斗争。

在南欧，罗马的一位教皇正在祈求上天降祸于法兰西南部亚维农的另一位教皇，对方则以其人之道还治其人之身。在远东，土耳其人正在摧毁罗马帝国的最后残迹，俄罗斯人则开始了最后一次征战，以消灭他们的鞑靼主子。

但是对于这一切，托马斯兄弟在安静的修道院密室中从未听说过。他有自己的手稿，有自己的思想，并对此感到满足。他把自己对上帝的爱倾注于一本小册子，即他所称的《效法基督》。除了《圣经》以外，没有哪本书像这本小册子一样被译成那么多的语言。阅读这本小册子的人和阅读《圣经》的人几乎一样多。它影响了亿万人的生活，作者最高的人生理想只是一个简单的愿望，即"他可以坐在房间的一角，手持一本小书，安详地度过他的一生"。

善良的托马斯兄弟代表了中世纪最圣洁的理想。中世纪已被所向披靡的文艺复兴运动团团包围，人文主义者大声宣布新时代正在到来。在这种情况下，中世纪聚集力量，以图最后一搏。修

1　贞德（Joan of Arc，1412—1431），英法百年战争（1337—1453）中的法国民族英雄，天主教会的圣女。

胡斯被判处火刑

道院已经实施改革，僧侣放弃了追逐财富和罪恶的生活恶习。纯朴、正直和诚实的人以自身无瑕而虔诚的生活为榜样，竭力引导人们回归正义，顺从上帝的旨意，但是这一切于事无补。新世界已经抛弃了这些善良的人们。潜心修行的时代一去不复返。伟大的"表现"时代已经开始了。

我在此时此地应该加以说明，对于必须使用许多深奥的词语，我真心表示抱歉。我希望能用简单的词汇书写历史，但我做不到。如果只字不提弦、三角和直角平行六面体，你就无法撰写一本几何教科书。你必须了解这些术语的意义，否则就无法学习数学。在历史上或在生活中，你最终要了解许多源自拉丁语和希腊语的怪词是什么意思。那么为什么现在不学呢？

当我说文艺复兴是一个表现的时代时，我的意思是人们不再满足于当观众，坐在那里一动也不动，听任皇帝和教皇告诉他们应该做什么、想什么。他们想成为生活舞台上的演员。他们坚持要表达自己的思想。假如有人像佛罗伦萨的历史学家尼可罗·马基雅维里那样，正好对政治感兴趣，那么他要在他的著作中"表现"自己，揭示他对一个成功的国家和一个胜任其职的统治者有何看法。另一方面，假如他喜爱绘画，他就在绘画中"表现"他是多么喜爱美丽的线条和鲜艳的色彩。因为人们认识到线条和色彩的知识表达了一种真实而持久的美，所以乔托、弗拉·安杰利科、拉斐尔和数以千计的画家才成为家喻户晓的人物。

假如对颜色和线条的喜爱碰巧和对机械及水力学的兴趣相结合，结果就会出现列奥纳多·达·芬奇。达·芬奇在绘画的同时，还进行气球和飞行机器的试验，在伦巴第平原的沼泽地排水，并且通过散文、绘画、雕刻和奇特构想的机械表现他对天地万物的喜爱与兴趣。像米开朗基罗这样具有超强能力的人发现画笔和调色板对于自己强壮的双手来说太轻，于是便转向雕刻与建筑。他敲打笨重的大理石，凿出最绝妙的塑像。他为圣彼得大教堂绘制的蓝图是这座辉煌荣耀的教堂最具体的"表现"。道理就是这样。

先是整个意大利，不久遍及整个欧洲，到处都是这样的男男女女，他们穷尽一生的精力，只是为了奉献自己的知识、美和智慧，以增添我们人类积累的全部财富。在德意志的美因茨城，约翰·古登堡刚发明了印书的新方法。他研究古代木刻，以硬度较软的铅块制作字母，拼成单词组成整页的文字，这种活字印刷完善了印刷术。不错，虽然他在一次有关印刷发明的法律诉讼中损失了全部钱财，最终死于贫困，但是他的特殊的发明才能却"表现"出来，并在他死后留传下来。

不久，威尼斯的阿尔杜斯、巴黎的埃提安、安特卫普的普朗坦和巴塞尔的弗罗本精心印刷的各种经典著作被推向全世界，有的使用《古登堡圣经》的哥特体字母，有的如同本书一样所用的意大利字体，有的使用希腊文字母，有的使用希伯来字母。

接着，全世界都变成了听众，他们急于了解谁有话要讲。学习知识为少数特权阶级所垄断的日子宣告结束了。当哈勒姆[1]的厄尔泽维开始印刷廉价通俗的图书之后，维护愚昧无知的最后一个借口便从这个世界上消除了。随后只需花上区区的几便士，就能让亚里士多德、柏拉图、维吉尔、贺拉斯和普林尼等古代作家、哲学家和科学家成为你的忠实朋友。人文主义使得所有的人在印刷文字面前自由而平等。

1　哈勒姆（Haarlem）是位于荷兰西部的一个城市。

约翰·古登堡（约 1400—1468），西方近代活字印刷术的发明人。

《古登堡画像》

《麦哲伦》 | 房龙

第41章　地理大发现

既然人们已经冲出了狭隘的中世纪的约束，那么他们必须要有行动的更大空间。对于他们的雄心来说，欧洲人的世界变得太小。伟大的航海时代已经来临。

虽然十字军东征普及了旅行知识，但是很少有人胆敢偏离从威尼斯到雅法[1]的那条常走的大道。13世纪，威尼斯商人波罗兄弟越过蒙古大沙漠，爬过高耸入云的山脉，辗转来到古代中国可汗（强大的中国皇帝）的朝廷。波罗兄弟之一的儿子马可写了一本书，记述他们20多年历险的故事。书中介绍了神秘的岛国"吉潘古"（"日本"的意大利语发音），全世界对于他对岛上金塔的描绘都惊叹不已。许多人想到东方去，希望找到那块黄金之地，从而发财致富。但由于旅程太遥远，而且也太危险，因此他们还留在家中。

从海上旅行的可能性总是存在的，但是中世纪却极不喜欢大海，这一点倒有许多充足的原因。首先，当时的船只体积很小。麦哲伦完成著名的环球航行所用的船只使用了多年，其实大小和现代的渡船差不多，只能装载20到50人。水手们住在阴暗狭窄的船舱里，身体都直不起来。由于厨房的设备太差，天气稍微恶化便不能生火，因而水手们不得不吃半生不熟的饭菜。中世纪的人们已经懂得怎样腌鲱鱼和晒鱼干，但是当时没有罐头食品，一离开海岸便吃不到新鲜的蔬菜。他们用小木桶装水，不多久水就会变质，带有朽木和铁锈的味道，长着黏糊糊的生物。中世纪的人对细菌一无所知。虽然13世纪一位学有成就的僧侣罗杰·培根似乎怀疑过细菌的存在，但他是一个明智的人，没有把他的发现告诉过任何人。水手们经常饮用不干净的水，有时全体船员都死于伤寒。的确，最早的航海者死在船上的比率高得吓人。1519年，200名水手离开了塞维利亚，随同麦哲伦进行著名的环球航行，

1　雅法（Jaffe）又称约帕（Joppa），是世界上最古老的城市之一，《圣经》曾多次提及，已与特拉维夫合并，是以色列第二大城市。

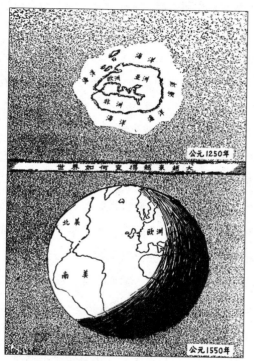

《世界如何变得越来越大》| 房龙

其中只有18人生还。迟至17世纪，随着西欧与东印度群岛之间的贸易的快速发展，阿姆斯特丹和巴达维亚之间的一个往返航行，40%的船员死亡是不足为奇的。大部分人死于坏血病，这种病因食用新鲜蔬菜过少而引起，牙床发炎出血，造成血液中毒，直至病人精力衰竭而死。

在这种情况下，你们会明白大海对最优秀的人才并没有吸引力。像麦哲伦、哥伦布和华斯哥·达·伽马这样著名的航海发现者，他们率领的水手中几乎没有一个正经的好人，不是释放的囚犯，便是未来的杀人犯，或是无业的扒手。

这些航海家完成了看似毫无希望的使命，对于他们所克服的困难，我们这些人过惯了舒适的生活，根本没有任何的概念。他们的勇气和胆识当然值得我们钦佩。他们的船只漏水，装备笨重。自13世纪中叶起，他们掌握了类似罗盘的东西，十字军东征时把源自中国的罗盘从阿拉伯带到欧洲，但是他们的地图太差，而且极不准确。他们依靠上帝和猜测来确定他们的航线，运气好的话，过了1年、2年或3年就能返航，否则他们的白骨就会永远留在某个荒凉的沙滩上。他们是真正的先驱者，以生命作赌注。对他们来说，人生就是争取荣耀的历险。当他们的眼睛看到新的海岸线模糊的轮廓，或者看到平静的海水，他们感叹这一切自天地之初未曾有人目睹过，于是所有的痛苦和饥渴全都忘得一干二净。

我再次希望能把这本书写成1000页。早期地理大发现这一题目太引人入胜。但是回顾历史是让人们对过去有一个真实的认识，因此历史应该像伦勃朗制作的蚀版画。历史应该像璀璨的光芒，照亮某些影响深远的重大事件，尤其是最美好、最伟大的事件。其余的事件应该留在暗处，或者寥寥数笔简单交代一下。我在这一章只能给你们简单列举一些最为重要的发现。

记住，在14世纪和15世纪期间，航海家们自始至终只想完成一件事，即找到一条舒适而安全的航线前往中华帝国、吉潘古(日本)海岛和生产香料的神秘岛屿。自十字军东征时起，中世纪的人们就喜欢香料。肉鱼食品容易变坏，在引进冷藏技术以前，如不立即食用可以撒上大把的胡椒或豆蔻。

虽然威尼斯人和热那亚人曾是地中海的伟大航海家，但是探索大西洋沿岸的荣誉却归于葡萄牙人。西班牙人和葡萄牙人长期与摩尔人侵者交战，他们充满了爱国主义的热忱。一旦存在这种热忱，便能轻易强迫它借助新的渠道加以发挥。13世纪，葡萄牙国王阿方索三世征服了西班牙半岛西南角的阿尔加维王国，将其并入他的领土。14世纪，葡萄牙人打败了穆斯林，跨过了直布罗陀海峡，占领了阿拉伯城市塔里法对面的休达，以及阿尔加维王国在非洲属地的首府丹吉尔。

他们准备开始探险。

1415年，葡萄牙国王若昂一世和冈特的约翰[1]之女菲利帕所生的儿子亨利王子，又称航海家亨利，开始准备对非洲西北部进行系统的探险。关于冈特的约翰，可以参阅莎士比的剧作《理查二世》。在此之前，腓尼基人和北欧人曾经到过非洲西北部沿岸炎热的沙滩，北欧人记得那里是身上长毛的"野人"出没之地，我们现在知道所谓的野人就是大猩猩。亨利王子及其手下的船长

---

1 冈特的约翰(John of Gaunt，1340—1399)，英格兰国王爱德华三世的儿子，理查二世的叔叔，从1377年至1399年任摄政王，他的长子夺取了理查二世的王位而成为亨利四世，建立了兰开斯特王朝。

们相继发现了加那利群岛，重新发现了一个世纪前曾有一艘热那亚船到过的马德拉群岛，认真绘制了葡萄牙人和西班牙人略有所知的亚速尔群岛的地图，看到了一眼非洲西海岸的塞内加尔河口，他们以为那是尼罗河的西河口。最后，到了15世纪中叶，他们发现了佛得角群岛，佛得角又称绿角，大约正好位于非洲和巴西的中途。

亨利的考察并不限于海洋。他是基督骑士会的大师。基督骑士会的前身是圣殿骑士会的葡萄牙分支，曾经参加过十字军东征。早在1312年，教皇克莱门特五世答应法兰西国王美男子菲利普四世的请求，取缔了圣殿骑士会。菲利普利用这一机会，烧死了自己名下的圣殿骑士会成员，然后窃取了他们的全部财物。亨利王子利用这一宗教组织名下领地的岁收装备了几支远征队，准备对撒哈拉沙漠的腹地和几内亚海岸进行探险。

他仍然秉持中世纪的传统观念，耗费了大量的时间和钱财，目的在于寻找神秘的普雷斯特·约翰，据说这位神秘的基督教主教曾经统治东方一个庞大的帝国。有关这位奇特的君主的故事早在12世纪中叶便在欧洲流传。300年来，人们总想找到"普雷斯特·约翰"及其后裔。亨利也参与这样的探索，可是这个谜直到他死后30年才被揭开。

1486年，巴尔托洛梅乌·迪亚士试图从海上找到普雷斯特·约翰的国土，并且到达了非洲的最南端。他先是称之为风暴角，因为狂风使他无法继续向东航行，但是里斯本的领航员们知道这一发现对于他们寻找到达印度的水路有重要意义，于是便把风暴角更名为好望角。

一年之后，佩德罗·德·科维良带着美第奇家族的信用状，从陆路寻找普雷斯特·约翰。他横渡地中海，抵达了埃及，然后向南旅行，到了亚丁[1]，然后渡过了渡斯湾。自从1800年前的亚历山大大帝时代以来，很少有白人到过波斯湾。他到达了印度海岸的果阿和卡利卡特，在那里了解到许多关于月亮岛(马达加斯加)的情况，传说月亮岛介于非洲和印度之间。他在返程的途中秘密访问了麦加和麦地那，然后再次越过红海，在1490年发现了普雷斯特·约翰的王国。普雷斯特·约翰原来就是阿比西尼亚(埃塞俄比亚)的黑人尼格斯（国王），他的祖先在公元4世纪皈依了基督教，竟比基督教的传教士抵达斯堪的纳维亚的时间早700年。

多次航行以后，葡萄牙的地理学家和地图绘制家相信，虽然从海上向东航行可以到达印度，但是绝非易事。于是人们展开一场大争论，有人想继续从好望角向东探险，其他人说："不行，我们一定要向西航行，越过大西洋，那样我们才能到达中国。"

我们要在这里说明一下，当时最聪明的人坚信地球绝非像烙饼一样扁平，肯定是圆的。伟大的埃及地理学家克罗狄斯·托勒密[2]生活在公元前2世纪，他创立了托勒密地心说，认为地球是宇宙的中心。这一学说在中世纪满足了人们的简单需要，但是早已被文艺复兴时期的科学家们所抛弃。他们接受了波兰数学家尼古拉·哥白尼[3]的学说。哥白尼通过研究，确信地球只是围绕太阳运转的众多行星之一。他害怕自己会受到宗教法庭的审判，所以在长达36年的时间里一直不敢公开这一发现。直到1548年，即他

---

1 亚丁（Aden）是也门古城，位于阿拉伯半岛的西南端，扼守红海通向印度洋的门户。

2 克罗狄斯·托勒密（Claudius Ptolemy，约90—168），古希腊天文学家、地理学家和光学家。

3 尼古拉·哥白尼（Nicolaus Copernicus，1473—1543），波兰天文学家，第一位提出日心说的欧洲天文学家，其《天体运行论》是现代天文学的开山巨著。

《哥伦布的世界》｜房龙

去世的那年，他的著作才得以出版。宗教法庭是13世纪设立的教皇法庭，当时法兰西和意大利的阿尔比派和瓦勒度派的异端曾一度对罗马主教的绝对权威构成了威胁。如果说这两个教派鼓吹异端，那么这种异端非常温和，两个教派的成员都是虔诚的信徒，他们相信不应鼓励财产私有，愿意像基督那样过着清贫的生活。我曾告诉过你们，航海家们普遍相信地球是圆的，他们正在争论东行航线和西行航线的各自优势。

在主张西行航线的人当中，有一个叫克里斯托弗·哥伦布的热那亚水手。他是一位羊毛商的儿子，似乎曾在帕维亚大学学习数学和几何学。他接过父亲的生意，不久便前往地中海东部的希俄斯岛跑生意。后来我们听说他去过英格兰，不知道他到北方是寻找羊毛还是担任船长。哥伦布说他在1477年2月到达了冰岛，如果我们信其所言，他很可能只是到达法罗群岛，因为那里2月份的天气足够冷，可能被误认为是冰岛。哥伦布在这里遇见了勇敢的北欧人后裔，他们在10世纪到格陵兰定居，11世纪曾经访问美洲，当时莱弗[1]的乘船被船风吹到了现今新泽西州的瓦恩兰或拉布拉多。

对于曾在遥远的西方建立的殖民地，没有人了解具体的情况。莱弗的兄弟托尔斯坦因的遗孀后来的丈夫托尔芬·卡尔斯夫内在1003年建立了美洲殖民地，由于爱斯基摩人的敌对行为，3年后他们被迫取消这一殖民地。从1440年以后，格陵兰再也没有听到有关殖民者的任何消息。那些格陵兰人可能死于黑死病，这种病不久前导致了一半的挪威人死亡。可是，有关"遥远的西方

1　莱弗·埃里克松（约970—约1020），绝大多数人都认为这位挪威探险家是第一个登上北美洲的欧洲人，比哥伦布早500年。

土地辽阔"的传说在法罗群岛和冰岛的人民当中流传不衰，哥伦布对此肯定有所耳闻。他从苏格兰北方岛屿的渔民那里获得了更多的信息，随后前往葡萄牙，并在那里和航海家亨利手下的一名船长的女儿结了婚。

从1478年起，他专心探索向西航行到达印度的路线。他将航海的计划分别呈交葡萄牙和西班牙的王室。葡萄牙人自信他们垄断了向东航行的路线，对他的计划视而不见。在西班牙，阿拉贡的斐迪南与卡斯蒂利亚的伊莎贝拉¹于1469年结婚，从而使西班牙成为一个统一的王国。他们当时忙于把摩尔人从最后一个堡垒格拉纳达赶走，需要动用每一个比塞塔²供养士兵，因而没有钱支持冒险的远征。

没有几个人像这位勇敢的意大利人一样为了自己的理想而拼死奋斗。哥伦布的事迹早已脍炙人口，不须赘述。1492年1月2日，摩尔人放弃了格拉纳达。同年4月，哥伦布与西班牙国王和王后签署了一纸契约。8月3日星期五，他率领3只小船和88名水手离开了帕洛斯，水手大多是参加探险而获得免刑的罪犯。10月12日星期五清晨两点，哥伦布发现了陆地。1493年1月4日，哥伦布向拉纳维达德的44人挥手告别，随后返航。留在那个小城堡的人，再没有人看到他们活着。到了2月中旬，他到达了亚速尔群岛，那里的葡萄牙人威胁要把他投入监狱。1493年3月15日，哥伦布指挥船队到达帕洛斯角，带着他的印第安人匆匆赶往巴塞罗那。哥伦布深信他已经发现了印度的外围岛屿，因而称呼那些土

1　伊莎贝拉一世（Isabel I，1451—1504）是卡斯蒂利亚的女王，她与丈夫斐迪南完成了收复失地运动，为他们的外孙查理五世统一西班牙奠定了基础。

2　比塞塔为西班牙的基本货币单位。

著为印度红种人，即我们所知的印第安人。哥伦布向他忠实的赞助人报告航行取得了成功，通往中国和吉潘古的金银之路已经找到，只等信奉天主教的国王和王后陛下派人前去。

哥伦布其实永远都不知道事情的真相。在去世之前，即在第4次航行中，他踏上了南美大陆。当时他也许怀疑他的发现不很顺利，但他至死都坚信，欧洲和亚洲之间没有任何的大陆，而且他找到了直通中国的路线。

与此同时，坚持东行路线的葡萄牙人更为幸运。1498年，华斯哥·达·伽马抵达了马拉巴尔[1]海岸，满载香料安全返回里斯本。1502年，他再次造访马拉巴尔。另一方面，西行航线的探险十分令人失望。1497年和1498年，卡波特兄弟[2]试图寻找通往日本的航线，但是看到的只是纽芬兰冰雪覆盖的海岸和岩石，这一切北欧人早在500年前就曾见过。佛罗伦萨人亚美利哥·维斯普奇担任西班牙的首席领航员，他勘探过巴西的海岸，但是没有找到东印度群岛的踪影。新大陆以他的名字命名。

1513年，即哥伦布死后7年，欧洲的地理学家们最终探明了真相。瓦斯科·努内斯·德·巴尔博亚越过了巴拿马地峡，爬上了达连山著名的山峰，俯视一望无际的水域，这片水域似乎说明另有一个大洋存在。

最终在1519年，一支由5艘西班牙小船组成的船队，在葡萄牙航海家斐迪南·德·麦哲伦的指挥下向西航行，旨在找到香料群岛。他们没有向东航行，因为葡萄牙人完全控制了东行航线，不

1　马拉巴尔（Malabar），印度南部的海港城市，濒临阿拉伯海，宋元人称之为马八儿。
2　卡波特兄弟指约翰（John Cabot，约1450—约1499）和塞巴斯蒂安（Sebastian Cabot，约1474—约1557），出生于威尼斯共和国的探险家。

许任何人与之竞争。麦哲伦穿越了非洲和巴西之间的大西洋，然后向南行驶，到达了巴塔哥尼亚与火地岛之间一条狭窄的海峡。巴塔哥尼亚意即"大脚人之地"，火地岛的得名是因为有一天晚上水手们看到了火光，而火光是表示岛上有土著人生活的唯一迹象。由于狂风暴雪横扫海峡，麦哲伦的船队耽搁了将近5个星期，结果水手们哗变。麦哲伦采用极端残酷的手段镇压了哗变，并把手下两名水手送上陆地，让他们留在那里忏悔自己的罪过。风雪平息之后，海峡变得开阔，麦哲伦进入一个新的海洋。由于水上风平浪静，他称之为太平洋。他随后继续向西航行，接连98天都见不到陆地的踪影。他的手下几乎全部死于饥渴，只得在船上抓老鼠吃。老鼠全都吃完了，他们就咀嚼一片片的船帆充饥。

1521年3月，他们终于看到土地，麦哲伦称之为"劫匪之地"[1]，因为当地的土著偷了一切能偷的东西。他们随后继续朝着香料群岛前行！

他们又看到了陆地，那是一群孤独的岛屿。麦哲伦以他的主人查尔斯五世之子菲利普二世的名字，将之命名为菲律宾群岛，尽管此人在历史上给人留下的记忆令人不快。麦哲伦一开始受到热情的欢迎，但他企图在当地推行基督教，结果被土著杀死，同时遇害的还有他手下的船长和水手。幸存的船员烧毁了一条船，然后带着剩下的两条船继续航行。他们发现了摩鹿加群岛，即著名的香料群岛，还看到了婆罗洲。他们抵达了蒂多雷岛，这时发现其中一条船漏水，无法继续航行，于是这条船连同船员留了下

1　指西太平洋的马里亚纳群岛（Mariana Islands），距菲律宾群岛以东2400公里，现为美国所有。

来。在塞巴斯蒂安·德尔·卡诺[1]的指挥下，"维多利亚"号越过了印度洋，历经艰辛终于抵达西班牙。在返航的途中，这条船竟然没有看见澳大利亚的北岸。直到17世纪前半叶，荷兰东印度公司的船队才对这块平坦而荒凉的土地进行了探险。

在所有的航行中，这一次航行最引人注目。全程历时3年，为此许多人付出了生命，也耗费了大量的钱财，但是这一次航行验证了一个事实，即地球是圆的，哥伦布所发现的新地方不是东印度群岛的一部分，而是一个独立的大陆。从那时起，西班牙和葡萄牙全力以赴，分别发展与印度和美洲之间的贸易。为了防止两个竞争对手之间发生武装冲突，教皇亚历山大六世——唯一当选担任最高圣职并公开承认自己是异教徒的教皇，不得不以格林威治西经50度划分世界，即所谓的1494年《托尔德西里亚条约》规定的分界线。葡萄牙人只能在分界线以东建立殖民地，而西班牙则只能在分界线以西建立殖民地。因此，除了巴西以外，整个美洲都是西班牙的属地，而东印度群岛及非洲的大部分地区则是葡萄牙的属地，直到英格兰和荷兰的殖民者无视教皇的决定，在17世纪和18世纪夺走这些领地。

听到哥伦布地理大发现的消息，威尼斯的里亚尔托——中世纪的华尔街陷入一片恐慌之中，股票和债券分别暴跌40%和50%。过了不久，得知哥伦布未能找到通往中国的航线，威尼斯的商人才从惊恐中恢复过来，但是达·伽马和麦哲伦的航行证实通往印度的东方航线是切实可行的。中世纪和文艺复兴时期的两大商业中心——热那亚和威尼斯的统治者们开始后悔当初拒不相

1　胡安·塞巴斯蒂安·德尔·卡诺（JuanSebastian del Cano，1486—1526），西班牙探险家。

信哥伦布，但是已经为时太晚了。他们的地中海成为一个内陆海，与东印度群岛和中国的陆路贸易减少到无足轻重的比例。意大利昔日的荣耀不复存在。大西洋成为新的商业中心，因而也是文明的中心。自此之后，这种格局一直没有变化。

看一看文明是以怎样奇特的方式进步的。5000年以前，尼罗河流域的居民开始以文字记录历史。文明从尼罗河流域来到两河流域的美索不达米亚，然后到达克里特岛、希腊和罗马。一个内陆海成为商业中心，地中海沿岸的城市成为艺术、科学、哲学和知识之家。到了16世纪，文明前往西方，使大西洋沿岸的各国成为地球的主人。

有些人说世界大战和欧洲大国的自相残杀极大地削弱了大西洋的重要性，他们预计文明会越过美洲大陆，然后在太平洋找到新的栖所。我对此表示怀疑。

随着西行航线的发展，船只的大小稳步增加，航海家的知识不断拓宽。尼罗河和幼发拉底河的平底船被腓尼基人、爱琴海人、希腊人、迦太基人和罗马人的帆船所取代，接着帆船遭到淘汰，转而使用葡萄牙人和西班牙人的横帆帆船，再后来英格兰人和荷兰人的满帆缆船又将横帆帆船挤出了海洋。

可是，文明不再依靠船只了。飞机已经取代了帆船和轮船，这种局面将会继续下来。文明的下一个中心将会依靠飞机和水力的发展。小鱼曾在远古时代和人类最早的祖先一同分享深水栖所，海洋将会再次成为小鱼安身的宁静家园。

《新世界》 | 房龙

《释迦牟尼佛会》│清代│黎明

第42章　佛陀和孔子

佛陀和孔子的事迹

葡萄牙人和西班牙人的地理大发现，促进了西欧的基督徒与印度人和中国人的密切来往。他们当然知道基督教不是世上唯一的宗教，此外还有伊斯兰教，北非异教部落甚至崇拜木棍、石头和枯树。到了印度和中国以后，基督教的征服者发现数百万人从未听说过基督，他们也不愿意听信基督教，因为他们认为自己的宗教已有几千年历史，远胜于西方的宗教。我们所讲的是一个有关全人类的故事，并不是一部有关欧洲人和西半球的历史，所以你们应当了解两个人的一些情况，他们的言传身教仍在发挥作用，影响与我们一起生活在这个世界的大多数人的思想和行动。

印度佛陀（释迦牟尼）被视为伟大的宗教导师。他的生平非常有趣。他出生于公元前6世纪，他的家乡能够看到雄伟的喜马拉雅山脉。早在400年前，雅利安人第一位伟大的领袖琐罗亚斯德就曾在这里讲道，雅利安是印欧族的东方支系自取的名称。琐罗亚斯德教导他的人民，应把人生看成是恶神安格拉·曼纽与善神阿胡拉·玛兹达之间的一场持续不断的斗争。[1]佛陀的父亲名叫净饭王，是迦毗罗卫国的国王。他的母亲摩诃摩耶是邻近一个王国的公主，少女时代便嫁给了他的父亲。[2]父母婚后多年一直没有继承王位的儿子。摩诃摩耶50岁时终于盼来了希望，于是提出回到她的族人身边生育。

她的故国是拘利人的罗摩伽国，路途遥远。一天夜里，她正在兰毗尼花园的树丛荫下休息，她的儿子呱呱坠地。他取名悉达

1　拜火教的创始人琐罗亚斯德认为善神阿胡拉·玛兹达（Ormuzd）代表正直和诚实，恶神安格拉·曼纽（Ahriman）代表罪恶和虚伪。善神和恶神在现实的世界里持续斗争，但是最终会是善神战胜恶神。

2　佛陀的父亲即净饭王，梵文名为Suddhodana，音译首图驮那、输头檀那、阅头檀、悦头檀，又叫白净王、真净王。佛陀的母亲是摩耶夫人，尊称摩诃摩耶（伟大的摩耶），佛陀生后仅仅一周便去世。

琐罗亚斯德

本图取自古代叙利亚的壁画，是波斯先知琐罗亚斯德的罕见画像。早在基督诞生前6个世纪，琐罗亚斯德便教导人们说，好人能够也应当战胜邪恶。他后来被称为查拉图斯特拉。

多，即我们所知的佛陀，意为"觉者"。

悉达多渐渐长大，成为一个相貌英俊的王子，19岁时娶了舅舅的女儿耶输陀罗。在随后的10年间，他住在宫殿之内，远离各种病痛和苦难，等着继承父亲的王位，从而成为迦毗罗卫国的国王。

30岁那年，他乘车出了宫门，看到一位老人因劳累而身形憔悴，无力的四肢几乎无法承担生活的负担。悉达多指着老人问他的车夫阐陀，但是阐陀回答世上的穷人多的是，多一个少一个无所谓。年轻的王子很是悲伤，但是默不作声。他回到了宫中，与妻子、父亲和母亲继续住在一起，努力开心生活。不久以后，他又坐着马车出了王宫。他遇见一个病重的人。悉达多问阐陀这个人为何病魔缠身，车夫回答世上有许多生病的人，这种事情谁也没有办法，也没有多大关系。年轻的王子听了很是悲伤，可还是回到了家人的身边。

又过了几个星期。有一天晚上，悉达多吩咐备好马车，拉他到河里洗浴。他的马在途中看到一个死人，因而受到了惊吓。那人伸开四肢，趴在路旁的沟里，尸体已经腐烂。年轻的王子从未见过这样的事情，不由得心惊肉跳。阐陀叫他不要在意这些小事。世上到处都有死人。万物终有一个尽头，这是生命的规律。没有永存的东西。所有的人最终都要进入坟墓，无一幸免。

当天夜里，悉达多回到了宫中，听到了音乐之声。原来在他外出的时候，他的妻子生下一子。人们欢天喜地，击鼓相庆，因为他们知道王位有了继承人，可是悉达多却没有分享他们的欢乐。人生的帷幕已经拉开，他已经了解到人生的恐怖。死亡和苦难的情景犹如一场噩梦缠住了他。

夜晚的月亮如此明亮。悉达多半夜醒来，开始思索许多问题。除非他能找到人生之谜的答案，否则他再也快乐不起来。他决定离开所爱的家人，远走他乡，寻找答案。他悄悄走进妻子抱着婴儿熟睡的房间。他随后找来忠心的阐陀，叫他一同出走。

两个人在漆黑的深夜行走，一个要去寻求灵魂的安宁，另一个是忠诚的仆人，一心伺候敬爱的主人。

悉达多在外漂泊了多年，当时印度人正在经历一场巨变。印度人的祖先，即印度的土著，性格温顺，他们身材矮小，皮肤呈褐色。好战的雅利安人或其近亲轻易征服了数百万之众的土著，从而成为他们的统治者和主人。为了维护自己的权力，雅利安人把人口分成不同的等级，强迫土著逐渐接受这种极其严格的种姓等级制度。印欧族征服者的后裔属于最高级的种姓，即武士和贵族，其次是僧侣，再下面是农民和商人，可是古代的土著是贱民，他们是遭人鄙视的奴隶，地位卑贱，从不敢有任何的奢望。[1]

甚至连宗教也和种姓有关。印欧族的先辈曾经流浪数千年，历经无数奇特的险遇。这一切收集在一本叫《吠陀经》的书中。此书用梵文书写，梵文与欧洲大陆40多种语言关系密切，如希腊语、拉丁语、俄语和德语等。等级最高的3个种姓才能阅读神圣的经典。最下等的种姓，即所谓的贱民，不许了解圣书的内容。贵族或僧侣如果教导贱民学习圣书便会大祸临头！

因此，大多数的印度人生活在水深火热之中。既然这个世界不能给予他们快乐，他们必然要从别的地方寻找解脱苦难的救赎。他

1　房龙的说法不够准确。古代印度人被分为4个种姓，即婆罗门、刹帝利、吠舍和首陀罗。婆罗门是祭司贵族，掌握神权，为第一种姓。刹帝利是雅利安人的军事贵族，为第二种姓，从事行政管理和打仗。吠舍为第三种姓，他们是普通的劳动者，包括农民、手工业者和商人，属于雅利安人的中下阶层。首陀罗是被征服的达罗毗荼人，他们从事农业和各种体力及手工业劳动。除四大种姓外，还有一种被排除在种姓外的人，即“贱民”。

们试图打坐默想，憧憬未来的幸福，以此获得些许的慰藉。

印度人视婆罗贺摩[1]为众生之父，他是掌握生死之权的最高主宰，被当做至臻至善的最高理想来崇拜，抛弃追求富贵和权势的一切欲望而成为婆罗贺摩被认为是人生的最高目标。由于神圣的思想比神圣的行动更为重要，因而许多人住进荒漠，以树叶活命，饿其体肤，默念集智慧、善良和慈悲于一体的婆罗贺摩，以滋养自己的心灵。

这些孤独的流浪者为了追求真理而远离城镇和乡村的纷扰。悉达多经常观察他们，于是决意效仿他们的榜样。他剃掉了头发，取下身上的珠宝，连同一封道别的书信，交给忠诚的阐陀带给家人。这位年轻的王子不带一名随从，独自一人浪迹荒野。

他圣洁的行动不久传遍山区。5个年轻人找到他，恳求让他们聆听他的智慧之言。他说，如果他们愿意追随他，他便同意担当他们的导师。他们应允下来，于是他带着他们进入山中。他们在宾陀山寂寞的山峰之间一住就是6年，他向他们传授了自己的所有知识。在这一阶段的学习行将结束的时候，他认为自己远没有达到完善的境地，他仍然向往他所抛弃的世界。于是，他叫自己的学生们离他而去，随后坐在一棵枯树的树根之上，禁食了49个昼夜。他最终功德圆满。在第50日夜晚降临之时，婆罗贺摩向其忠诚的仆人显灵。从此以后，悉达多便成为佛陀，尊称"觉者"（大彻大悟之人），在人世间拯救不幸的芸芸众生。

在人生的最后45年，佛陀在恒河流域传教，宣讲与人为善这一简单的教义。佛陀在公元前488年圆寂，深受万民的景仰爱

1　婆罗贺摩是梵文Brahmā的意译，亦称造书天、婆罗贺摩天、净天，华人地区俗称四面佛，色界初禅天之一。

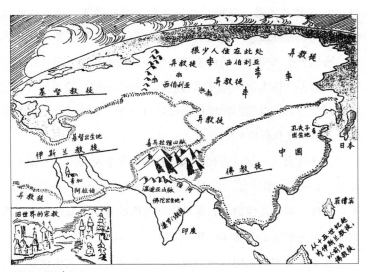

《三大宗教》 | 房龙

戴。他没有为某一阶级的利益而传教，甚至连最卑贱的种姓贱民都能自称是他的信徒。

佛陀承认众生平等，宣扬人人都有希望获得第二次生命（轮回），从而过上好日子，贵族、僧侣和商人对于这样的信条极为不悦，于是竭尽全力加以破坏。他们立即鼓励印度人禁食，折磨自己的有罪之体躯，以恢复尊崇婆罗贺摩的传统信条。尽管如此，他们仍然无法消灭佛教。佛陀的信徒逐渐越过喜马拉雅山脉，将佛教引入中国，然后又渡过黄海，向日本人传播佛陀的智慧。他们听从伟大的导师立下的训诫，始终不渝，禁用任何的武力。时至今日，尊崇佛陀的信徒比以前更多，佛教徒的总人数超过了基督教徒和穆斯林的总和。

至于孔夫子，这位古代中国圣贤的生平非常简单。他生于公元前550年，一生淡定、自尊而平凡。当时中国没有一个强大的中央政权，不仅盗匪猖獗，而且掠夺成性的诸侯攻城略地，导致中国繁华的中原变成饿殍遍野的荒原。

孔子热爱他的人民，竭力设法拯救他们。他不大相信暴力的作用，他是一个非常平和的人。他认为不管颁布多少新法都无法赢得人民的支持，唯一可行的办法是改变人心，于是不辞辛苦，在东亚那片广阔的平原上承担起似乎无望完成的重任，致力于改变数百万同胞的品德。中国人从不热衷于我们所谓的宗教，他们像大多数的原始人一样相信幽灵鬼神，但是他们没有先知，也不承认"神启示的真理"。在伟大的道德宗师当中，唯有孔子没有宣称见过"异象"，没有宣称自己是天神的使者，也从没有讲过他曾听到上天的旨意。

他只是一个理智而仁慈的人，非常喜好独自周游各地，爱用随身携带的竹箫吹奏忧郁的曲调。[1]他不求闻达于世。不要求人们追随他或崇拜他。他让我们想起古希腊的哲学家，尤其是斯多葛学派的哲学家，这些人相信为人应有正确的生活方式，不应期望任何的报答，而是应当追求心灵的平和，问心无愧。

孔子是一个非常宽容的人。他特意拜见道教的创始人老子。所谓的"道教"只不过是金律[2]的早期中文版而已。

孔子从来不憎恨任何人。他教导克己自制的品德。根据孔子的教导，真正的君子不应动怒，而应学习圣贤之人，听天由命，逆来顺受，圣贤明白凡事终究会有最好的结果。

起初他只有几个学生，以后学生的数量逐渐增多。他于公元前478年辞世，当时中国已有多个王公承认自己是他的信徒。当基督降生于伯利恒时，孔子的哲学已为大多数中国人所接受，这种哲学一直影响着中国人的生活，尽管已经不再保持淳朴的原有形式了。宗教大多随着时代而变化。虽然基督起先宣扬谦和温顺，应当摆脱世俗的野心，但是在他被钉死在各各他以后，基督教会的首脑过了1500年才耗费数百万元，建造了一座其实与伯利恒的马槽毫无关系的宏伟建筑。

老子以金律教导世人。不到300年之后，无知的民众便把他塑造成一个真正的、残忍无比的天神，把他的金玉良言埋在一堆迷信的垃圾之下，致使普通中国人生活在惊吓、害怕和恐惧

---

1 孔子喜爱音乐是人所皆知的事实，经常弹琴唱歌，但史书未曾说明他喜欢吹笛子或箫。

2 金律或金规一说源于《圣经·马太福音》（7.12），耶稣说说："所以，无论何事，你们愿意人怎样待你们，你们也要怎么待人，因为这就是律法和先知的道理。"金规作为行为的第一原则被广泛接受，体现在许多核心的社会道德准则中。房龙说道教与西方的金规相似，其实孔子也有类似的表述。《论语》中多次提到孔子的观点："己所不欲，勿施于人。"

之中。[1]

孔子向他的学生们阐明孝顺父母的美德。他们不久便热衷于纪念过世的父母，对儿孙的幸福却漠然处之。他们有意背对未来，而是一味凝望无比黑暗的过去。祭拜祖宗成为正式的宗教仪式。祖坟建在阳面肥沃的山坡上不得惊扰，他们宁愿在阴面布满石头的贫瘠之地播种水稻和小麦，尽管这里什么都长不出来。他们宁愿忍饥挨饿，也不敢亵渎祖坟。

与此同时，尽管东亚的人口不断增长，但是孔子的至理名言一直被人铭记在心。儒教以寓意深刻的格言和细致敏锐的观察，给每一个中国人的心灵都增添了一点生活的哲理，对他的一生都有影响，不管他是冒着蒸汽在地下室洗衣的工人，还是住在与世隔绝的宫廷高墙之内治理大片土地的统治者。

16世纪，西方未曾开化的基督教狂热分子面对面接触东方的古老教义。早期的西班牙人和葡萄牙人注视佛陀安详的塑像，凝视孔子肃敬的画像，发现这些杰出的先知脸上带着超然的微笑。他们轻易得出这样的结论，认为这些陌生的神明就是地道的恶魔，代表了偶像崇拜和异教邪说，根本不值得忠诚的信徒的尊敬。每当佛陀或孔子的幽灵似乎扰乱了他们的香料和丝绸贸易，欧洲人便用枪弹和霰弹攻击这种"邪恶的影响"。这种做法存在一些非常明确的弊端，给我们留下了一份令人不快的遗产，让别人以为我们怀有恶意，因而在不久的将来不会给我们带来多大的好处。

1　据说老子姓李，字伯阳，谥曰聃，春秋时著名的哲学家。他宣扬朴素的辩证法，主张无为而治，著有《道德经》。汉顺帝时(126—144年)，张道陵创立五斗米道，尊老子为"太上老君"。他多次受封，如唐高宗尊他为"太上玄元皇帝"，唐玄宗称他为"大圣祖高上大道金阙玄元天皇大帝"。宋真宗于大中祥符六年(1013年)对他进行了最后一次加封，称之为"太上老君混元上德皇帝"。

《伟大的精神导师》｜房龙

《马丁·路德的七个脑袋》

这是一幅讽刺马丁·路德的作品，作者不详。

第43章　宗教改革

最好把人类的进步比作一个巨大的钟摆，永远前后摆动。文艺复兴时期是宗教冷而文艺热，宗教改革时期则是宗教热而文艺冷。

你们一定听说过宗教改革。你们以为一小拨勇敢的清教徒远涉重洋，为的是追求"宗教崇拜的自由"。随着时间的推移，尤其在基督教新教国家，宗教改革笼统地表示为"思想自由"。马丁·路德[1]是这个进步运动的领袖人物。然而，历史并非仅是系列的演讲，以溢美之词褒扬我们那些杰出的先辈，借用德国历史学家兰克[2]的话来说，如果我们试图发现"过去究竟发生了什么"，我们就会以一种极不相同的眼光看待历史。

人类生活中没有多少事可以划为完全的好事或完全的坏事。没有多少事非黑即白。作为一个诚实的编年史学家，他对每一个历史事件所有的好坏两个方面都有责任如实记载。这样做极其困难，因为我们每个人都有自己的好恶，可是我们应当尽量公正，切勿让我们的偏见对我们产生过多的影响。

拿我来说，我在一个十足的新教国家的一个十足的新教中心长大。我在12岁以前从未见过天主教徒。而在我遇见他们时，我感到非常不安。我甚至有点害怕。我知道阿尔巴大公[3]为了阻止荷兰人信奉路德派和加尔文派的异端，设立了西班牙的宗教法庭，数千人被烧死、绞死或肢解。这一切对我来说是活生生的事实，仿佛就发生在前一天。这种事也许会再次发生。圣巴瑟洛缪大屠杀之夜也许会重现，我这个可怜的小孩穿着睡衣被杀害，尸

---

1 马丁·路德（1483—1546），宗教改革的发起人。他认为《圣经》代表了神的话，也是人与上帝沟通的方式。他反对罗马教廷的权威，尤其反对教会出售赎罪券。他认为只有上帝有权赦免人的罪，真正悔改的基督徒可以直接得到上帝的赦免。

2 利奥波德.冯.兰克(1795年—1886年)，德国史学大师，他一生作品颇丰，有《拉丁与条顿民族史》、《教皇史》、《宗教改革时期的德意志史》、《英国史》、《法国史》等。西方历史学家称赞他为"近代时期最伟大的历史学家"、"永远无法超越的史学家"等。

3 即费尔南多·阿尔瓦雷斯·托雷多（1507—1582），西班牙将军、西班牙属荷兰总督，由于残酷镇压新教徒而被称为"铁血大公"。

体被扔出窗外，遭遇如同尊贵的海军上将科利尼一样。[1]

我后来在一个天主教国家生活了多年。我发现那里的人民比我以前的同胞更和气、更宽容，而且同样聪明。让我感到惊讶的是，我开始发现宗教改革时期的天主教徒不无道理，如同新教徒不无道理一样。

当然，16世纪和17世纪的好心人亲身经历了宗教改革，他们不会这样看问题。他们总以为自己什么都对，敌人则一切都错。这个问题的实质是要么你绞死他人，要么你被他人绞死，而双方都愿意绞死他人。这是人之常情，因此不必指责他们。

我们看一看1500年的世界，这个年代很容易被记住，这一年恰逢查理五世[2]出生。随着中世纪的封建割据宣告结束，几个高度集权的王国取而代之。实力最强的国王是查理大帝，当时他还是睡在摇篮中的婴孩。他是斐迪南和伊莎贝拉的外孙。他的祖父是哈布斯堡王朝最后一位中世纪骑士马克西米利安一世，他的祖母是勃艮第大公的女儿玛丽，勃艮第大公又称大胆查理，此人野心很大，曾经打败过法兰西，后来被独立的瑞士农民杀死。因此，查理这个孩子继承了一个庞大的版图，包括他的父母、祖父母、外祖父母、叔伯舅舅、堂表亲、姑妈和姨妈拥有的德意志、奥地利、荷兰、比利时、意大利和西班牙等国，以及这些国家在亚洲、非洲和美洲的殖民地。真是造化弄人，他出生在佛兰德

1　1572年8月22日，法国瓦卢瓦王朝国王亨利二世的妻子凯瑟琳·德·美第奇（1519—1589）派人杀害了胡格诺派领袖10多人，其中包括加斯帕尔·德·科利尼（1519—1572），天主教徒在8月24日（圣巴托洛缪日）对胡格诺派大肆屠杀，史称圣巴托洛缪大屠杀。

2　查理五世（Charles V，1500—1558），又称查理大帝，神圣罗马帝国皇帝（1519—1556）。他以卡洛斯一世（Carlos I）的称号任西班牙国王（1516—1556），兼西西里国王（1516—1556）和那不勒斯国王（1516—1556）。他是"哈布斯堡王朝"的象征。

斯[1]公爵位于根特的城堡，德意志人在占领比利时时曾把这个城堡当做监狱使用。尽管查理是西班牙国王兼德意志皇帝，但他却接受弗拉芒人的教育。

查理的父亲意外死亡，有人说是中毒而死，但是一直没有找到证据。他的母亲精神失常，她让人抬着丈夫的灵柩巡游名下的领土。查理在姑妈玛格丽特的严厉管教下长大，作为弗拉芒人却被迫统治德意志人、意大利人和西班牙人以及100多个不同的民族。尽管严格信奉天主教，但他十分厌恶宗教的不宽容。他从小就很懒散，长大后依旧懒散，但是命运注定他要在世界陷入宗教狂热的动荡之时统治世界。他经常从马德里赶往因斯布鲁克，又从布鲁日奔赴维也纳。他热爱和平和宁静，却总要处理战事。他对人类产生了彻底的厌恶之感，55岁时终于弃之不顾，怀着满腔的憎恨，也带有十足的愚蠢。他在3年后心力交瘁，失望而死。

有关查理皇帝的情况就讲到这里。当时世界上的第二大势力教会又怎么样？从中世纪初开始，教会便开始征服异教徒，向他们展示虔诚正直的生活应有的好处。到了这时，教会已经发生了巨大的变化。首先，教会变得太富有了。教皇不再是一群卑微的基督徒的牧羊人。他住在宏伟的宫殿中，周围聚有艺术家、音乐家和著名的文人。他的大小教堂过于铺张，到处都是新近创作的绘画，画中的圣徒更像是希腊的众神。教皇的时间分配严重失衡，用10%的时间处理国家大事，90%的时间用于欣赏罗马塑像、把玩最新出土的希腊花瓶、审查建造新的避暑夏宫的设计方案或者观看一出新戏的彩排。大主教和红衣主教效仿教皇，主教

1　佛兰德斯（Flanders）是现今比利时的北部说弗拉芒语（荷兰语）的地区。

和教士又效仿大主教。乡村的神父却依旧忠于职守，他们远离邪恶的世界，拒绝像异教徒那样追求美和享乐。他们躲避修道院，那里的僧侣似乎忘记了生活简朴而清贫的古老誓言，竟然贪图享受，只求不要公然闹出太大的丑闻。

最后，再讲讲老百姓。他们的生活比以前好得多。他们更加富有，住上了更大的房子，孩子们能上更好的学校，城市比以前更漂亮。他们拥有了火枪，因而与往日的仇敌处于同等地位，那些强盗王公贵族数百年来一直对他们的商业课以重税。关于宗教改革的主要角色，我就向你们介绍这些。

现在我们来看一看文艺复兴对欧洲产生的影响，由此你们会明白，学术和艺术的复兴为什么会恢复对宗教的兴趣。文艺复兴源于意大利，然后从那里传播到法兰西。文艺复兴没有在西班牙取得成功，因为西班牙人同摩尔人交战长达500年之久，结果西班牙人的思想变得狭隘，对于一切有关宗教的事物都非常狂热。文艺复兴的影响范围逐渐扩大，但是文艺复兴一旦越过阿尔卑斯山之后就发生了变化。

北欧人民生活的气温环境与南欧极不相同，人生观也与南欧的人民大相径庭。意大利人喜爱户外生活，置身于灿烂的阳光之下。对于他们来说，开怀大笑、放声歌唱、快乐自在是自然不过的事情。德意志人、荷兰人、英格兰人和瑞典人却不然，他们多半足不出户，听着雨水拍打舒适的小屋和紧闭的窗户。他们少言寡笑，认真对待所有的事情。他们永远想着他们不朽的灵魂。对于他们认为是神圣的事物，他们不喜欢乱开玩笑。对于文艺复兴的"人文主义"内容，诸如图书、古代作家的研究、语法和教科书等，他们倒是极有兴趣。文艺复兴在意大利取得的主要成就之

《罗马的教皇之驴》 | 1523 年漫画

一是恢复希腊和罗马的古代异教文明，但是这种文明让他们的心里充满了恐惧。

教皇统治和红衣主教团几乎全部由意大利人组成，这些人把教会搞成了一个开心的俱乐部。人们在这个俱乐部谈论艺术、音乐和戏剧，很少会提到宗教。由于北方严肃认真，南方文明程度更高却随意而冷漠，因而南北之间的分歧越来越大，似乎没有人意识到教会面临的威胁。

宗教改革之所以发生在德意志而不是英格兰或瑞典，还有几个次要的原因。德意志人自古便对罗马不满。皇帝同教皇争吵不休，双方相互憎恨。在其他欧洲国家，一个强有力的国王掌管政府，统治者能够保护臣民，使之免遭贪婪的主教们的侵害。在德意志，神圣罗马皇帝形同虚设，管辖一群蠢蠢欲动的亲王。主教和教士直接摆布善良的市民，他们横征暴敛，搜刮大笔的钱财建造宏伟的教堂，文艺复兴时期的教皇爱好大兴土木。德意志人认为教会征收的税赋太重，自然深恶痛绝。

另外，还有一个原因很少有人提及，那就是德意志是印刷术的故乡。北欧的图书价钱便宜，《圣经》不再是神秘手抄本，以前只有僧侣拥有《圣经》，并能对之进行解释。现在，在父亲和孩子通晓拉丁文的家庭，《圣经》成了必备的图书。全家人开始阅读《圣经》，教会原先禁止人们这样做。人们发现教士对他们讲的许多事情与《圣经》的原文有出入，这就引起人们的疑惑。人们开始提出自己的问题，而问题如若找不到答案，经常就会引起轩然大波。

北方的人文主义者率先攻击僧侣。他们在内心深处仍然尊重和敬仰教皇，因而没有直接抨击至尊至圣的教皇。不过僧侣倒是合适的攻击对象，他们懒散无知，住在富足的修道院里，仰赖高墙的庇护。

让人不无称奇的是，这场战争的领袖杰拉德·杰拉德宗却是教会非常忠诚的信徒。他又名伊拉斯谟，出生于荷兰鹿特丹的一个贫穷家庭，就读于德文特拉丁学校，肯彭的托马斯曾是这所学校的毕业生。伊拉斯谟后来成为一名教士，一度曾经住在修道院里。他游历了许多地方，所见所闻都有笔记。他随后专门撰写小册子，相当于我们这个时代的社论主笔。他发表了一系列佚名书信，冠名《无名者的书信》，一时引起了世人极大的兴趣。他在书信中揭露了中世纪后期僧侣当中普遍存在的愚蠢和傲慢。书信以打油诗的形式写就，类似于现代的五行打油诗，使用的语言甚为怪异，夹杂着德语和拉丁语的词汇。伊拉斯谟通晓拉丁语和希腊语，他是一位学识渊博、治学严谨的学者。他给我们提供了第一个可靠的《新约》译本，他将《新约》译成拉丁语，连同订正的希腊语版本一起出版。但是他赞同罗马诗人撒路斯特的观点，相信没有什么能够阻止我们"面带微笑而阐明真理"。

1500年，他在英格兰拜访托马斯·莫尔爵士[1]期间，用了几个星期写成一本有趣的小册子，书名《愚人颂》。他以幽默——最危险的武器——攻击僧侣及其盲目的追随者。这本书是16世纪的畅销书，后来几乎被译为各种语言。这本书引起了人们的注意，于是他们开始关注伊拉斯谟所写的其他著作。伊拉斯谟倡导对教会的诸多弊端进行改革，呼吁其他的人文主义者与他一道，帮助他完成促使基督教信仰的复兴这一伟大任务。

1　托马斯·莫尔爵士（Sir Thomas More，1478—1535），英格兰政治家、作家与空想社会主义者。1516年用拉丁文写成《乌托邦》一书。由于他被天主教会封为圣人，因而又称"圣托马斯·莫尔"（Saint Thomas More）。

但是这些美好的计划没能实现。伊拉斯谟过于理性，也太宽容，难以取悦大多数与教会为敌的人们，他们期待出现一个更加坚强的领袖。

这个人来了，他的名字叫马丁·路德。

路德是北德意志的一个农民，拥有一流的聪明头脑，而且勇气过人。他上过大学，在厄尔福特大学获得文学硕士，后来进入多明我会修道院。随后，他在维滕贝格[1]神学院担任教授，开始向萨克森家乡那些并不热衷宗教的农家孩子讲解《圣经》。他的课余时间很多，大多用来研究《旧约》和《新约》的原文。他很快就发现教皇和主教的布道与基督的训诫大相径庭。

1511年，他因公出差到了罗马。出身于波吉亚家族的教皇亚历山大六世刚好去世，为了他的一儿一女聚敛财富。他的继承人尤利乌斯二世虽然人格无可指摘，但是大部分时间用于东征西讨和兴建教堂。路德这位严肃认真的神学家对他没有什么好感，相反却大失所望，于是返回维滕贝格。然而，后来的情形更为糟糕。

教皇尤利乌斯曾经希望他的继承者能够完成建造宏伟的圣彼得大教堂，可是工程进行了一半，却已经需要整修了。亚历山大六世已经耗尽了教皇财库所有的钱财。1513年，利奥十世继承尤利乌斯成为教皇，当时教皇已经濒临破产。他恢复了以前筹款的老办法，开始出售"赎罪券"。所谓的赎罪券就是一张羊皮纸，罪人拿出一定数目的钱换取赎罪券，死后就能缩短在炼狱的滞留时间。按照中世纪末的教条，这样的做法完全正确。教会既然有权赦免死前真正忏悔的人，那么当然也有权求情于圣徒，从而缩

1　维滕贝格（Wittenberg）是德国东部的一个城市，现在属于萨克森—安哈尔特州。

《愚人船》｜荷兰｜希罗尼姆斯·博什

短罪人在黑暗的炼狱涤罪的时间。

不幸的是，必须要用钱来购买这些赎罪券。不过，这样的做法倒是增加财政收入的便捷措施，实在没钱的人可以免费领取赎罪券。

1517年，碰巧有一个名叫约翰·特策尔的多明我派僧侣接受了任务，前往萨克森地区出售赎罪券。约翰兄弟擅长推销，说实话有点太心急，他的经营方法触怒了这块领地虔诚的居民。路德是一个诚实的人，他勃然大怒，匆忙做出一件鲁莽的事来。1517年10月31日，他来到维滕贝格的宫廷教堂。他在门上张贴了《九十五条论纲》，反对教会出售赎罪券。《论纲》用拉丁语写成。路德本来无意掀起一场反叛，他不是革命家，他只是反对销售赎罪券制度，希望与他一起共事的教授们了解他的看法。这件事一开始只是教会和学术界之间的私事，没有必要引起怀有偏见的世俗公众的注意。

不幸的是，当时全世界都开始对宗教事务产生了兴趣，不管讨论什么问题，根本就没有可能避免激烈的思想纷争。不到两个月的时间，全欧洲都在讨论那位萨克森教士的《九十五条论纲》。每个人都必须表明自己的立场。每一个默默无名的神学家都必须发表自己的观点。罗马教廷为之震惊不已，下令那位维滕贝格教授前往罗马解释他的行为。路德是个聪明人，他想到了胡斯的遭遇。他留在德意志，结果受到开除教籍的惩罚。在赞许他的众人面前，路德烧毁了教皇的敕令，他和教皇之间再也没有和解的可能。

尽管并非是自己的意愿，但是路德却被大批不满现实的基督徒拥戴为领袖。德意志爱国者乌利奇·冯·胡顿[1]声援他。维滕贝格和厄尔福特、莱比锡的大学生们表示誓死捍卫路德，反对天主教廷囚禁路德。萨克森选帝侯再三安抚心急的年轻人。只要路德留在萨克森的领地，无人能加害于他。

这一切发生在1520年，当时查理五世正好是20岁。作为半个世界的统治者，他必须与教皇保持良好的关系。他在莱茵河畔的沃尔姆斯城召开了帝国议会，下令路德必须到会，对其出格的行为作出解释。路德现在已是德意志民族英雄，他虽然出席了会议，但是拒不收回自己所写的每一个字和所说的每一句话。他的良心只受制于上帝的旨意，他不管生死都要恪守自己的良心。

沃尔姆斯帝国议会进行了认真的讨论，随后宣布路德是一个不法之徒，既背弃了神，也背弃了人，因而禁止所有的德意志人给他提供住宿和吃喝，禁止人们阅读这个卑鄙的异端分子所写的任何一本书，一个字都不许读。但是这位伟大的宗教改革家安然无恙。北方的德意志人斥责沃尔姆斯会议的决议毫无公正可言，完全是一份让人无法容忍的公文。为了加强对路德的保卫，他们把他藏在萨克森选帝侯的华特堡[2]。路德在那里无视教皇的权威，把《圣经》的全部内容译成了德语，便于所有的德意志人都能亲自阅读和了解上帝的真言。

到了此时，宗教改革不再是宗教事务。有人厌恶富丽堂皇的现代教堂，他们利用这一时期的动乱大肆破坏，凡是他们因为不理解而不喜欢的一切都不放过。贫穷的骑士们企图乘机夺取修道

1　乌利奇·冯·胡顿（Ulrich von Hutten，1488—1523），德国学者、诗人和宗教改革家，他公开反对罗马天主教廷，支持路德的宗教改革。

2　华特堡（the Wartburg）位于现今的德国中部图林根州的艾森纳赫（Eisenach）小镇。

院属下的土地，以补偿他们过去遭受的损失。心怀不满的王公们趁皇帝不在之机加强自己的权力。饥寒交迫的农民们仿效半疯半癫的妖言惑众之徒，利用一切机会攻打主子的城堡，带着往日十字军的狂热烧杀抢掠。

帝国陷入动乱之中。一些王公成为新教徒，意即"抗议"罗马天主教廷的路德追随者，他们随后迫害信仰天主教的臣民。另一些王公仍然信仰天主教，于是纷纷绞死信仰新教的臣民。1526年，斯派尔[1]帝国议会试图解决臣民效忠的问题，竟然下令"臣民必须与王公信奉同一教派"。这就使得德意志变成了纵横交错的棋盘，1000多个公国和侯国各自为敌，从而在数百年间阻碍了正常的政治发展。

路德在1546年2月去世，安葬的地点是维滕贝格教堂。29年前，他曾在这里张贴那著名的《九十五条论纲》，反对天主教会出售赎罪券。不到30年的时间，世界对于宗教的态度发生了根本的转变。在文艺复兴时期，人们漠视、嘲讽和取笑宗教。而在宗教改革时期，整个社会陷入争执、吵架、诽谤和辩论之中。教皇统治的宗教帝国突然消亡，整个西欧变成一个战场，新教徒与天主教徒相互厮杀，只是为了将某些神学教义发扬光大。对于今天的人们来说，这些教义如同古代伊特鲁里亚人的神秘文字一样令人费解。

1　斯派尔（Speyer）是德国位于莱茵河上游的一个小城，曼海姆以南25公里。

《切断防护堤解救莱顿城》｜房龙

第44章　宗教战争

宗教大论战的时代

16世纪和17世纪是宗教论战的时代。

如果你加以注意，你会发现周围的人老是"谈论经济"，讨论与社会生活相关的工资、工时及罢工等，因为这些都是我们这个时代重要的话题。

在1600年或1650年间，那些可怜的孩子们处境更糟。除了"宗教"之外，他们一无所闻。他们满脑子都是"宿命论"、"变体论"[1]、"自由意志"及上百个其他的古怪名词，这些名词晦涩难解，表达的概念是天主教或新教的"真正信仰"。按照父母的意愿，孩子们接受天主教、路德教派、加尔文教派、茨温利教派或再浸礼教派的洗礼。他们学习路德编写的《奥格斯堡教义问答》、加尔文撰写的《基督教要义》或以英语编写的《公祷书》之《三十九条信条》[2]，并被告知只有这些才代表"真正的信仰"。

他们听说结婚多次的英格兰国王亨利八世将教会财产全部窃为己有，自封为英格兰国教会的最高首领，僭越了罗马教皇任命的主教和神父的权力。只要有人提到神圣的宗教法庭，以及法庭的牢房和不计其数的酷刑室，他们便会做噩梦。孩子们还会听到同样可怕的传闻，诸如一群狂怒的荷兰新教徒抓住10多个手无寸铁的老教士，为了取乐而将其中承认自己信仰不同的老教士绞死。不幸的是，两个敌对的派别竟然势均力敌，否则这场斗争很快就会决出胜负。这场斗争拖了100多年，而且情况变得极其复

---

1 "变体论"指早餐面包和酒变为耶稣的肉和血。

2 英格兰首任坎特伯雷大主教托马斯·克兰麦（Thomas Cranmer，1489—1556）用英语编写《公祷书》，1549年6月9日圣灵降临节时首次发行，用于祈祷礼仪。1552年，大主教托马斯·克兰麦起草制订《四十二条信纲》，10年修订为《三十九条信纲》，1571年由女王伊丽莎白一世正式定稿，被编入《公祷书》，沿用至今。

杂，我只能讲述最重要的情节。这一方面的历史书籍不胜枚举，要想了解其他的情节，你们一定要找一本读一读。

在这场伟大的新教改革运动之后，教会内部进行了一场彻底的改革。以前的教皇只是一帮业余的人文主义者，热衷于贩卖希腊和罗马的古董。他们已经退出了历史的舞台，取代他们的教皇严谨认真，每天花费20个小时履行应尽的神圣职责。

修道院里漫长而又耻辱的幸福时光终于结束了。修道士和修女被迫日出即起，研习教会先辈的著作、看护患者和慰藉垂死之人。宗教裁判所不分昼夜，严防一些人通过印刷品传播危险的教义。人们通常都会提到可怜的伽利略[1]，他太不慎重了，竟用他那可笑的小望远镜来解释天体，并且公然发表了有关行星的某些言论，这一切完全与教会的正统观念相违背，因而他被关进了牢房。但是应该替教皇、僧侣和宗教裁判所说句公平话，必须指出：新教徒其实和天主教徒一样敌视科学和医学，他们带着同样的无知和狭隘，把独立进行调查研究的人视为人类最危险的敌人。

至于加尔文，他是法兰西伟大的宗教改革家，也是日内瓦的政治和宗教暴君。

迈克尔·塞维图斯是西班牙的神学家和医生，因充当第一位伟大的解剖学家维萨留斯的助手而出名。在法兰西当局试图绞死塞维图斯时，加尔文出面相助。塞维图斯设法从法兰西越狱，然后逃至日内瓦，加尔文全然无视他是一位著名的科学家，竟然将这位杰出的人物投入监狱，经过漫长的审判，以异端邪说之罪将他以火刑处死。

---

1 伽利略·伽利莱（Galileo Galilei，1564—1642），意大利物理学家、数学家、天文学家及哲学家，科学革命的重要人物。

事情就是这样。有关这一话题，我们掌握的可靠材料寥寥无几。总的来说，新教徒比天主教徒更早厌倦这场游戏。被处以火刑、绞刑和斩首的男男女女当中，绝大多数都是诚实的人，他们因为自己的宗教信仰而成为气焰嚣张、独断专行的罗马教会的牺牲品。

请你们长大以后一定要记住，宽容只是一个近来才有的概念，就连我们那些生活在现代社会的人，他们也只会对与自己的切身利益关系不大的事物表示宽容。他们宽容地对待一个非洲土著，不在乎他会成为佛教徒或者穆斯林，因为佛教或伊斯兰教对他们毫无意思。然而，如果听到他们的邻居以前是共和党人，主张征收高额保护性的关税，现在却加入了社会党，希望废除所有的关税，他们便不再宽容。就像17世纪一位好心的天主教徒或新教徒，听说他最好的朋友竟然沉迷于可怕的异端邪说，信仰新教或天主教，尽管一直尊重并敬爱他的朋友，他都不会表现丝毫的宽容。

直到不久前，"异端邪说"仍被视为一种疾病。如今，每当我们看到有人无视个人和家庭卫生，导致自己及其孩子感染伤寒或其他可以预防的疾病，我们会向卫生部门举报，卫生官员随后会邀请警察协助将这个人带走，以免危害整个社会。在16世纪和17世纪，一个异教徒，即一个公开怀疑新教或天主教基本教义的男人或女人，被认为比伤寒症患者更危险。伤寒症也许（或很可能）会伤害一个人的身体，而按照他们的说法，异端邪说肯定会危及人们永恒的灵魂。因此，每一个善良而理智的公民有责任告诫警察，严防敌人破坏社会现有的秩序，没有这样做的人则是有罪的，就像在现代社会一样，一旦发现与自己一起租房的人患有霍乱或天花，应该打电话向最近的医生报告。

《讽刺反对科学和人民启蒙的罗马天主教会的漫画》┃ 无名氏作于 1845 年

你们在将来会听到许多有关预防治疗的事情。所谓的预防治疗就是医生们提前治疗，不必等到人生病之后才采取措施。相反，医生们研究患者以及患者健康之时的生活条件，告诉他（患者）应当清除垃圾、调节饮食和避免事项，灌输一些个人卫生的基本常识，从而排除致病的因素。这些善良的医生甚至更进一步，深入学校指导孩子们如何使用牙刷，如何防治感冒。

我曾试图向你们说明，16世纪认为身体的疾病远不如危害灵魂的疾病重要，因而制定了一套预防精神病症的治疗手段。孩子一旦到了识字的年龄，就要接触真正而且也是"唯一真正"的宗教，学习这种宗教的要义。这样的做法倒也间接促进了欧洲人的全面进步。信奉新教的国家很快遍地开办学校。虽然大量宝贵的时间用于阐释教义，但是除了神学以外，学校也传授其他的知识。学校鼓励人们读书，从而促进了印刷业的蓬勃发展。

天主教徒们自然不甘落后，他们也在发展教育方面花了许多心思，想了许多办法。在这件事上，教会找到了一个可贵的朋友和同盟军，即刚成立的耶稣会。耶稣会是一个了不起的组织，其创始人是西班牙的一名士兵，他曾经历了一段罪孽的冒险生涯，后来皈依了宗教，自己感到应该服务于教会，如同许多曾有过失的罪人一样，他们在救世军的帮助下认识到自己的错误，于是竭尽余生之力，帮助和安慰不幸的人们。

这位西班牙人名叫伊格那丢·德·洛约拉，出生于发现美洲的前一年。他受伤留下了终生的残疾，走路一瘸一拐。他在住院期间看到圣母和圣子显灵，并被告之一定要悔过自新。他决定前往圣地，完成十字军东征的任务。他在访问耶路撒冷期间，却发现根本无法完成这一任务，于是回到西方，投入到反击路德教信

《水刑处决女巫》)

当年处决所谓的女巫的方式有很多种。除了常见的火刑，还有本图所示的水刑。图中的一个手脚被绑在一起女子还浮在水中。另一个已经往水底下沉，仅露出被绑的手脚了。

徒异端邪说的战斗中。

他于1534年前往巴黎索邦神学院学习，期间与其他7名学生一道建立了一个兄弟会。8人相约追求圣洁的生活，伸张正义，鄙视财富，全部身心都奉献给宗教。几年后，这个人数不多的兄弟会成为一个正规组织，更名为耶稣会，得到教皇保罗三世的承认。

洛约拉曾是一名军人。他笃信纪律，因而绝对服从上级的命令成为耶稣会获得巨大成功的主要原因之一。他们大力发展教育。耶稣会的教师必须接受全面的教育才能与学生谈话，他们关爱学生，与学生共同生活，并且参加学生的各种游戏。因此，他们培养出新一代的天主教徒，这些人忠于信仰，像中世纪初的人们一样认真履行自己的宗教职责。

然而，精明的耶稣会教士没有浪费精力教育穷人。他们出入宫廷，充当未来皇帝和国王的私人教师。我在下面会向你们介绍三十年战争，那时你们会明白这种做法的深刻意义。在这场可怕的宗教狂热爆发之前，曾经发生了许多重大的事件。

查理五世死了。德意志与奥地利由他的弟弟斐迪南统治，其他全部属地，包括西班牙、荷兰、东印度群岛和美洲归于他的儿子菲利普。[1]菲利普是查理与葡萄牙公主所生的孩子，而这位公主则是查理姨妈的女儿。近亲结婚生育的孩子容易精神失常，菲利普的儿子——不幸的唐·卡洛斯是个疯子，经菲利普允许而被处死。菲利普倒是不甚疯癫，但他对教会的热忱近似于一种宗教狂热。他自信上帝任命他为人类的救世主之一，凡是胆敢违抗陛

1　房龙在此处的表述不够准确。查理王世在1555年10月25日和1556年1月16日分别将尼德兰王位和西班牙王位传给了他的儿子菲利普，1556年9月12日将神圣罗马皇帝的称号传给了他的弟弟斐迪南，而他本人则是在1558年9月21日去世。

《"沉默者"威廉被杀害》| 房龙

下意愿之人就被宣布为人类的敌人，必须判处死刑，以免他的言行毒害了他人虔诚的灵魂。

西班牙当然是一个非常富裕的国家，新世界的金银源源不断地流入卡斯蒂利亚和阿拉贡的财库。尽管如此，西班牙却遭受了一种奇怪的经济病。在西班牙的农民中，男人辛勤劳动，女人更是如此，但是上层阶级除了参加海军、陆军或者担任公职以外，极其鄙视其他行业的劳动。至于摩尔人，他们原本是非常勤奋的手工艺人，早已被逐出这个国家。因此，虽然西班号称富甲天下，但却依然是一个穷困的国家，所有的钱财都要送往国外，以换取西班牙人不屑于生产的小麦和其他的生活必需品。

作为16世纪最强大的国家的统治者，菲利普的财政收入依赖于在商业繁荣的荷兰所征收的税赋，但是弗拉芒人和荷兰人是路德教派和加尔文教派忠诚的信仰者，他们清除了教堂的全部偶像及宗教画像，并且通知教皇，他们不再视他为他们的牧羊人，而是打算听从自己良心的支配，遵循新近翻译的《圣经》指导。

这样一来，国王处于非常困难的境地。他根本无法容忍荷兰臣民的异端邪说，却又需要他们的钱财。如果听任他们信仰新教，不采取措施以挽救他们的灵魂，他未免对上帝失职。如果他在荷兰设立宗教裁判所，对他的臣民处以火刑，他则会失去大部分的收入。

他不是一个意志坚决的人，因而一直犹豫不决。他试图恩威并施，一面许以各种口惠，一面威胁不断。荷兰人执拗不改，继续唱着他们的赞美诗，倾听路德派和加尔文派的牧师们讲道。无奈之下，菲利普派出他的"铁腕人物"阿尔巴大公，旨在迫使那些顽固不化的罪人屈服。阿尔巴率先采取的措施是大开杀戒。有些宗教领袖不够明智，没有在他到达之前逃亡国外，结果惨遭斩首。1572年，即法兰西的新教领袖在可怕的圣巴瑟洛缪之夜遭到屠杀的同一年，他攻克了一批荷兰城市，屠杀了城中的居民以儆效尤。翌年，他又围攻荷兰的制造业中心莱顿。

此时，荷兰北部七省组成了一个防御联盟，即所谓的"乌得勒支联盟"，确认奥兰治的威廉统率他们的陆军以及号称"海上乞丐"的海盗。威廉是一位德意志王子，曾任查理五世的私人秘书。威廉挖开了堤坝，灌入的海水形成了一个浅水的内海。靠着划、推和拉，一支由敞舱驳船和平底驳船这些奇特的装备组成的海军在淤泥之中前进，最终赶到城墙之下，解了莱顿城之困。

西班牙国王的军队一向战无不胜，从未遭到这样可耻的失败。全世界大为震惊，就像我们听到日本人在日俄战争期间攻克了沈阳一样。新教的势力大振，于是菲利普想出新的对策，以征服他的叛民。他雇用了一个穷困潦倒而又愚蠢的狂热分子，让他暗杀奥兰治的威廉。看到他们的领袖被杀，七省人民非但没有屈服，反而更加义愤填膺。早在1581年，三级会议（七省的代表参与的会议）曾在海牙召开，庄严宣告废除"邪恶的菲利普国王"，接管国王根据"神授"而掌握的国家大权。

在争取政治自由的艰苦斗争中，这是一起极为重要的事件，它比签订大宪章以平息贵族的反叛迈出了更远的一步。这些善良的市民说："国王与其臣民之间应有一种默契，双方履行各自的义务，确认某些明确的职责。如果一方未能遵守这一契约，另一方有权考虑予以中止。"乔治三世[1]的美国臣民在1776年得出相

似的结论，但是宽达3000英里的海洋将他们与其统治者隔开。而在三级会议下定决心时，市民们能够听到西班牙军队的枪声，他们自始至终都担心西班牙舰队的报复，如果战败肯定会面临漫长而痛苦的死亡。

信仰新教的伊丽莎白女王[1]继承了信仰天主教的"血腥玛丽"[2]的王位，随后一直传说神秘的西班牙舰队准备攻打荷兰和英格兰。多年以来，海边的水手一直在谈论西班牙舰队。在16世纪的80年代，谣言变得越来越真切。曾经到过里斯本的领航员证实，西班牙和葡萄牙的所有码头都在开工造船。在荷兰南方（即比利时），帕尔马公爵[3]组建了一个庞大的远征军，一旦舰队到达即从奥斯坦德运往伦敦和阿姆斯特丹。

1588年，强大的无敌舰队驶向北方，但是荷兰的一支舰队封锁了弗拉芒沿岸的港口，英格兰人把守英吉利海峡。西班牙人习惯于南方风平浪静的大海，他们不了解在寒风凛冽的气候下如何航行。无敌舰队一旦遭到敌方船只和暴风雨的袭击，结果毋庸赘述。仅有几艘军舰绕过爱尔兰逃了回去，其余的军舰全部沉入北海。

来而不往非礼也。英格兰和荷兰的新教徒随后攻入了敌人的领土。17世纪末，为葡萄牙人工作的荷兰人豪特曼借助于林斯豪滕[4]所写的一本小册子，终于发现了一条通往东印度群岛的航线。故而荷兰成立了伟大的荷属东印度公司，随后开始争夺葡萄

1　即伊丽莎白一世（Elizabeth I, 1533—1603），英格兰和爱尔兰女王（1558—1603），都铎王朝的第五位也是最后一位君主。

2　即玛丽一世（Mary I, 1516—1558），英格兰和爱尔兰女王。

3　即亚历山大·法尔内塞（1545—1592），西班牙全盛时期最伟大的将领之一，菲利普二世时期担任尼德兰的摄政。

4　扬·惠根·范·林斯豪滕（Jan Huyghen van Linschoten (1563—1611），荷兰清教徒商人、旅行家和历史学家，著有《葡属东方航海旅行记》（又译《东印度行记》）、《林斯豪滕的葡属东印度航海旅行记》和《大西洋的特征及沿岸描述》。

《无敌舰队来了》│房龙

牙和西班牙在亚洲和非洲的殖民地。

在殖民征服的初期，荷兰的法庭进行了一场饶有趣味的诉讼。早在17世纪初，一个名叫范·希姆斯科克的荷兰舰长在马六甲海峡俘获了一条葡萄牙船。希姆斯科克船长曾经率领一支探险队试图发现一条通往东印度群岛的东北航线，结果在新地岛封冻的海岸上度过了一个严冬，因而闻名于世。你们也许记得教皇曾将世界划分为两个部分，一半归西班牙，另一半归葡萄牙。葡萄牙人自然把东印度群岛周围的海域视为他们的财产，他们当时与荷兰七省联盟并非是交战的双方。葡萄牙人宣称荷兰一家私营贸易公司的船长无权进入他们的领土，更无权偷走他们的船只，于是提出了诉讼。荷属东印度公司的董事们聘请了一位杰出的青年律师德·格鲁特，又叫格鲁西斯，出庭为他们辩护。德·格鲁特进行了精彩的抗辩，他提出所有的人都应自由出入海洋。据格鲁西斯的说法，一旦超出陆地发射炮弹的射程之外，世界各国的一切船只应当可以自由航行。这是首次在法庭上公开宣扬这一惊人的理论，当时遭到了从事航海业的所有人的反对。为了抵制格鲁西斯的"自由海洋论"或"公海论"的影响，英格兰人约翰·塞尔登[1]撰写了关于"海洋封闭论"或"闭海论"的著名论著，阐述一位君主自然有权认为周围的海洋为其领土。我之所以提到这一问题，是因为这一问题一直没有得到解决，最近一次战争期间曾经因此引起了各种纠纷。

让我们再回来介绍西班牙与荷兰人、英格兰人之间的战争。在20年不到的时间里，那些最宝贵的殖民地，包括东印度群

1　约翰·塞尔登（John Selden）（1584—1654），英国16、17世纪著名人文主义学者、法学家、历史家。

岛、好望角、锡兰、中国沿海及日本的殖民地，都掌握在新教徒的手中。1621年成立的西印度公司征服了巴西，并在北美洲哈得孙河的河口建立了一个要塞，取名新阿姆斯特丹。哈德逊河以亨利·哈德逊[1]的名字命名，他在1609年发现了这条河。

英格兰和荷兰共和国从这些新殖民地中聚敛了大量的财富，从而有钱雇佣外国士兵为自己打仗，自己则可以专心从事商业和贸易。虽然新教徒的反抗对于他们来说意味着独立与繁荣，但在欧洲的许多其他地区却意味着持续的恐怖。与之相比，上一次战争如同主日学校一群和气的孩子进行的一次轻松郊游。

三十年战争始于1618年，以缔结1648年著名的《威斯特伐利亚和约》而结束。这场战争完全是一个世纪间愈演愈烈的宗教仇恨导致的必然结果。正如我在前面所说，这是一场可怕的战争。人们相互厮杀，直到筋疲力尽，再也没有力气继续打下去为止。

在不到一代人的时间，战争使中欧的许多地区变成了荒原，饥饿的农民与更加饥饿的恶狼争抢马的死尸。德意志六分之五的村镇遭到摧毁。位于德意志西部的普法尔茨[2]遭到多达28次洗劫。中欧的人口由1800万减至400万。

在哈布斯堡王朝的斐迪南二世当选为神圣罗马帝国皇帝以后，战争便立即开始了。斐迪南经过耶稣会的悉心培养，成为一个顺从而虔诚的信徒，他年轻时曾经发誓要竭尽全力，在他的领土内消灭一切宗派和异端邪说。在他当选的前两天，他的主要对

1　亨利·哈德逊（Henry Hudson (约1560—约1611)，英国17世纪的探险家和航海家。

2　普法尔茨（The Palatinate或Pfalz）是德国历史上一种特殊领地的名字，领主称为普法尔茨伯爵，意为"王权伯爵"。文中的普法尔茨指普法尔茨选侯国，领土范围涵盖现今德国的莱茵兰—普法尔茨州和法国北部的阿尔萨斯部分区域，以及位于莱茵河东岸的海德堡和曼海姆。

手弗雷德里克，即普法尔茨信仰新教的选帝侯、英格兰国王詹姆斯一世的女婿，竟然直接违背了斐迪南的意志，被人推上波希米亚的王位。

哈布斯堡的军队立即开进了波希米亚。年轻的国王寻求别人，以帮助他抵御强大的敌人，结果徒劳无获。荷兰共和国倒是愿意相助，但是它们与哈布斯堡王朝的西班牙支系交战正酣，因而有心无力。英格兰的斯图亚特王朝对加强国内的绝对统治更有兴趣，因而不愿耗费人力和物力孤军驰援遥远的波希米亚。在苦战数个月以后，普法尔茨选帝侯被驱逐出境，他的领土给了信仰天主教的巴伐利亚家族。这是一场大战的开端。

在蒂利[1]和沃伦斯坦[2]的领导下，哈布斯堡王朝的军队攻入德意志信奉新教的地区，一直打到波罗的海的沿岸。一个天主教的邻邦无疑对信奉新教的丹麦国王构成了严重的威胁。克里斯蒂安四世[3]出于自卫的目的，企图趁敌对势力尚未变得过于强大之前先发制人，于是调动丹麦军队开进了德意志，但惨遭败绩。沃伦斯坦乘胜全力追击，迫使丹麦求和。波罗的海沿岸只剩下施特拉尔松一个城市仍然掌握在新教徒的手中。

1630年初夏，瑞典国王古斯塔夫·阿道夫在施特拉尔松登陆。他出身于瓦萨家族，因抵抗俄罗斯的入侵而名扬天下。他是一个野心勃勃的新教君主，妄想建立一个以瑞典为中心的北方大

1 　即约翰·采克拉斯·冯·蒂利（Johann Tserclaes von Tilly，1559—1632），蒂利伯爵（Count of Tilly），巴伐利亚将军，三十年战争期间担任天主教同盟的总司令。

2 　即阿尔伯莱希特·沃伦斯坦（Albrecht Wallenstein，1583—1634），一位德意志化的捷克贵族，三十年战争期间神圣罗马帝国的军事统帅。

3 　克里斯蒂安四世（Christian IV，1577—1648），丹麦国王兼挪威国王（1588—1648）。他被认为是丹麦历史上最成功的君主之一。在他统治时期，丹麦的知识和文化得到极大发展，而前期国势更臻于极盛。

帝国。欧洲多个国家的新教君主对他表示欢迎，视其为路德教派的救世主。他击败了不久前屠杀马格德堡居民的蒂利，随后率领他的部队长途行军，穿过德意志的腹地，打算开赴哈布斯堡王朝在意大利的领地。由于背后受到天主教徒的威胁，古斯塔夫突然掉转头来，在吕岑[1]一役中打败了哈布斯堡的主力部队。虽然瑞典国王由于一时脱离他的部队而遇难，但是哈布斯堡王朝已经大伤元气。

斐迪南生性多疑，立即对他的臣仆产生了怀疑。在他的唆使下，他的统帅沃伦斯坦遭到谋杀。统治法兰西的波旁王朝虽然信奉天主教，但是痛恨他们的竞争对手哈布斯堡王朝，于是便与瑞典的新教徒结为同盟。路易十三的军队入侵德意志的东部地区，图雷纳和孔泰不甘居于瑞典将军班奈和威玛之后，同样大肆杀戮、掠夺并焚毁哈布斯堡王室的财产。瑞典人名利双收，丹麦人不免萌生妒意。信奉新教的丹麦人于是向同样信奉新教的瑞典人宣战，因瑞典人与信奉天主教的法兰西人结盟，而法兰西的政治首领黎塞留主教置1598年颁布的《南特法令》不顾，刚刚剥夺了胡格诺派——法兰西新教徒公开礼拜的权利。

尽管这一场轰轰烈烈的战争以1648年订立《威斯特伐利亚和约》而结束，但是问题一个也没有解决。天主教国家仍然信奉天主教，新教国家继续信奉路德、加尔文和茨温利的教义。信奉新教的瑞士和荷兰成为独立的共和国。法兰西保留了梅斯、图尔和凡尔登等几个城市，以及阿尔萨斯的一部分。神圣罗马帝国名存实亡，既无人无钱，也没有希望和勇气。

1 　吕岑是德国萨克森—安哈尔特州的一个镇，三十年战争和拿破仑战争两次重要的战役在这里进行。

三十年战争的唯一好处是提供了一个反面教材，天主教徒和新教徒从此再也不愿打仗，双方只得和平相处。可是，这并不是说这个世界已经根除了不同的宗教情感，更不用说根除了教派之间的相互敌视。与之相反，虽然天主教与新教之间的争端已经结束，但是新教不同教派之间的纠纷却更加激烈。在荷兰，人们对于宿命论的实质意见不一。这个问题涉及晦涩难解的神学内容，但在你们的先辈看来却非常重要。由此而引起了一场争执，约翰·范·奥登巴恩维尔特惨遭斩首。约翰是荷兰的一位政治家，曾为荷兰共和国在独立建国的前20年所取得的成就做出了自己的贡献。此外，他以非凡的组织才能参与创建荷属东印度公司。在英格兰，类似的纠纷引发了一场内战。

这场内战的爆发导致欧洲第一位君主依照法律程序被处死。但在介绍事情的经过之前，我必须先讲一点英格兰以前的历史。我在本书中力求只给你们讲述那些有助于认识当今世界的历史事件。如果我没有提到某些国家，其原因并非是出于本人私下的好恶之分。我希望能够向你们介绍挪威、瑞典、塞尔维亚和中国的情况，但是这些国家对16世纪和17世纪欧洲的发展没有多大的影响。因此，让我鞠上一躬，表示我对于这些国家的礼貌和诚挚的敬意，谅解我忽略它们不谈。英格兰的情况则不同。这个小岛的人民在过去的500年的所作所为影响了世界各地的历史进程。如果对英格兰的历史背景没有正确的认识，你在读报时就会茫然不解。因此，你们必须要知道，在欧洲大陆的其他国家仍由专制君王统治之时，英格兰却已经出现了立宪政府。

《哈德逊之死》┃房龙

《1848 年的阿姆斯特丹》┃房龙

《英国民族》| 房龙

第45章　英国革命

"神授君权"与虽非神授却更为合理的"议会之权"相争导致查理国王大祸临头。

恺撒可谓是最早发现西北欧洲的探险家，他在公元前55年渡过海峡并征服了英格兰。在以后的400年里，这个国家一直是罗马帝国的一个行省。当蛮族人开始威胁罗马时，驻军奉命撤回，以便保卫自己的祖国，于是不列颠便没有了政府，也失去了保护。

德意志北方饥饿的撒克逊部落得悉此事以后，立即渡过北海，成了这个富饶海岛的主人。他们建立了多个独立的盎格鲁—撒克逊王国，以当初的入侵者盎格鲁人或撒克逊人命名。这些小国争执不断，没有一位强大的国王能够组成一个联合王国。在500多年间，默西亚、诺森伯里亚、威塞克斯、苏塞克斯、肯特和东英吉利等地，经常遭受斯堪的纳维亚海盗的袭击。到了11世纪，克努特大帝将英格兰、挪威和北德意志一起并入丹麦帝国，英格兰从而丧失了最后一丝独立的痕迹。

随着时间的推移，丹麦人被赶走了，但是未等英格兰获得自由，它就又第四次被征服了。新的敌人是北欧另一个部落的后裔，他们早在10世纪就侵入法兰西，建立了诺曼底公国。长期以来，诺曼底公爵威廉一直以嫉妒的目光眺望这个海岛，最终在1066年10月渡过了海峡。他在同年10月14日的黑斯廷斯一役大获全胜，最后一位盎格鲁—撒克逊的国王威塞克斯的哈罗德领导的部队根本不堪一击。威廉自立为英格兰国王。然而，无论是威廉本人，还是安茹的金雀花王朝的继承人，他们都没有将英格兰视为自己真正的家园。对于他们来说，他们庞大的基业在欧洲大陆，这个海岛仅是其中的一部分，像是一个殖民地，居民属于一个落后的民族，于是入侵者便将自己的语言和文化强加于他们。然而，英格兰这个"殖民地"的重要性却逐渐超过了他们的"祖国"诺曼底。

与此同时，法兰西的国王们急于摆脱强大的诺曼——英格兰邻居，他们其实只是法兰西国王不忠实的奴仆而已。经过了百年战争，在一个名叫贞德的姑娘的领导下，法兰西人从他们的土地上赶走了"外国人"。贞德本人却在1430年的贡此涅战役中被俘，俘获她的勃艮第人将她卖给了英格兰士兵，后来被当做女巫烧死。然而，英格兰人未能在大陆上稳固立足，他们的国王们最终将全部的时间用于治理他们的不列颠领地。由于岛上的封建贵族纠缠于离奇的世仇，这种现象在中世纪如同麻疹和天花一样普遍存在，因而大多数古老的土地贵族在所谓的"玫瑰战争"中死亡。在这种情况下，国王们不费多少力气就加强了他们的王权。到了15世纪末，英格兰已经成为一个强大的中央集权国家。都铎王朝的亨利七世设立了著名法院——星法院[1]，给人留下可怕的记忆。那些尚存的贵族企图恢复过去他们对政府的影响力，亨利七世则以极端严厉的手段将他们镇压。

1509年，亨利七世由他的儿子亨利八世继位。自此以后，英格兰在历史上不再是一个中世纪的岛国，而是一跃成为一个现代的国家。

亨利对宗教没有多大的兴趣。教皇私下对他多次离婚表示不赞同，亨利却欣然借机宣布脱离罗马天主教会，使英格兰教会成为第一个"国教"组织，世俗的统治者也充当臣民的精神领袖。1534年，都铎王朝进行了一场和平的宗教改革，从而获得了英格兰教士的支持，他们一直遭到许多路德教派宣传者的猛烈攻击。通过没收修道院以前的财产，都铎王朝也加强王权。亨利还受到

1　星法院（Star Chamber）为英国当时设于威斯敏斯特宫殿内的法庭，以滥刑专断闻名。

商人和手艺人的拥戴，他们自豪而又富裕，生活在一个岛国，又宽又深的海峡将欧洲的其他部分与之隔绝，因而非常厌恶一切"外来"的事物，根本不希望让意大利主教来统治英格兰人诚实的灵魂。

1547年亨利去世，王位传给了年仅10岁的幼子。这个小孩的监护人偏爱路德的教义，于是全力推动新教的传播，可是这个孩子不到16岁就死了，于是他的姐姐玛丽、西班牙的菲利普二世之妻继承了王位。玛丽女王不仅将新"国教"的主教们处以火刑，而且在其他方面也都效法她的西班牙丈夫。

所幸玛丽在1558年去世，亨利八世与安·博林所生的女儿伊丽莎白继承了王位。亨利八世一生娶了六位妻子，安·博林是他的第二任妻子，因失宠而被斩首。伊丽莎白曾一度被玛丽囚禁，神圣罗马皇帝为她求情才被释放，因而她仇视天主教和西班牙。她和父亲一样对宗教不感兴趣，但也继承了她父亲精明识人的判断力。她在执政45年期间加强了王朝的权力，这个欢乐的岛国不仅增加了财政收入，而且也扩大了海外的领地。她的身边聚焦了一批能干的男人，在他们的帮助之下，伊丽莎白时代成为英国历史上的一个重要时期。本书所附的参考书有一本专门介绍这一历史时期，你们应该认真加以研读。

尽管如此，伊丽莎白的王位并非完全安然无忧。她有一个敌人，而且是一个非常危险的对手。斯图亚特王朝的玛丽是一位法兰西公爵夫人的女儿，父亲是苏格兰人。她也是法兰西国王弗朗西斯二世的寡妻，她的婆婆是佛罗伦萨美第奇家族的凯瑟琳，即圣巴瑟洛缪大屠杀的策划者。她那年幼的儿子日后成为英格兰斯

亨利八世与安·博林

图亚特王朝的第一位国王[1]。玛丽是一个虔诚的天主教徒，热心结交伊丽莎白的仇人。她缺乏政治才干，竟然使用残暴的手段惩罚信仰加尔文教派的臣民，因而引发了苏格兰的革命，迫使玛丽不得不到英格兰境内避难。她在英格兰住了18年，却一直在密谋反对庇护她的伊丽莎白女王。伊丽莎白女王终于不得不听从亲信的劝告，"将苏格兰女王斩首"。

玛丽在1587年被如期"斩首"，这一事件导致了英格兰与西班牙之间的一场战争。但是我们在前面已经说过，英格兰和荷兰的联合海军击败了菲利普的"无敌舰队"。这场战争的目的原本是摧毁反天主教的两个大国，然而它却变成一桩有利可图的冒险事业。

在经过多年的犹豫以后，英格兰人和荷兰人终于认识到他们有权侵占西印度群岛和美洲，并为遭受西班牙迫害的新教徒报仇。英格兰人是哥伦布最早的继承人。英格兰的船只在威尼斯领航员乔万尼·卡波特的率领下，于1496年首先发现了北美大陆，并且对之进行了勘查。虽然拉布拉多和纽芬兰作为潜在的殖民地没有多少价值，但纽芬兰沿岸却为英格兰的渔业船队提供了丰富的资源。翌年，即1497年，卡波特又勘查了佛罗里达海岸。

亨利七世和亨利八世执政期间国事多艰，国家根本没有钱支持海外探险。可是，在伊丽莎白执政期间，天下太平，斯图亚特的玛丽被囚，水手出航不用担心家人的安危。伊丽莎白仍在幼年时期，威洛比[2]就冒险绕过了北角，他手下的一名船长理查德·钱

1　指詹姆斯一世（James I，1566—1625），英格兰和爱尔兰国王（1603—1625），同时也是苏格兰国王。

2　休·威洛比，英国探险家、航海家，1554年在北极地区探险时遇难。

《伊丽莎白女王肖像》

塞勒[1]为了探索通往西印度群岛的航线，继续往东行驶，结果抵达了俄罗斯的阿尔汉格尔，并与遥远的莫斯科帝国神秘的统治者建立了外交和商务关系。在伊丽莎白继位之初，许多人沿这条航线出行。冒险的商人为了"合股公司"的利益奠定了贸易公司的基础，这些贸易公司在几个世纪以后便形成了殖民地。这些商人半是海盗半是外交家，他们愿意孤注一掷，只求一次航行顺利。他们也是走私贩，不管是什么货物，只要能装上船就行。他们贩人贩货，只顾追逐利润，其他的一切都置之度外。伊丽莎白时代的水手举着英格兰的国旗，把女王陛下的威名传到七大洋[2]的各个角落。与此同时，威廉·莎士比亚在国内以其戏剧逗女王陛下开心。此外，英格兰最聪明的人才也在协助女王，旨在变革亨利八世遗留的封建传统，将英格兰建成一个现代化国家。

年老的女王在1603年去世，享年70岁。她的侄子、她的祖父亨利七世的曾孙同她的竞争对手和死敌——斯图亚特的玛丽所生的儿子继承了她的王位，号称詹姆斯一世。詹姆斯一世发现在上帝的保佑之下，作为一国之君，他逃脱了欧洲大陆的竞争对手所遭遇的命运。欧洲的新教徒和天主教徒正在互相厮杀，企图消灭对方的势力，确保自己的国家完全信奉新教或天主教，结果徒劳无获。与此同时，英格兰则处于和平时期，得以从容进行宗教改革，没有走入路德教派或洛约拉教派的极端，因此这个岛国在日后争夺殖民地的斗争中掌握了巨大的优势，确保英格兰在国际事务中占据主导的地位，这种情况至今没有改变。即便是斯图亚特

1　理查德·钱塞勒，英国探险家、航海家，曾经参加旨在寻找一条通往中国的东北航线，1556年在海上遇难。

2　七大洋最早来源于中世纪阿拉伯旅行家雅库比的说法，包括波斯湾、印度以西的肯帕德湾、孟加拉湾、马六甲海、新加坡海峡、泰国湾和南中国海。

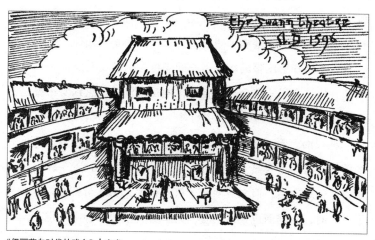

《伊丽莎白时代的戏台》| 房龙

王朝贸然行动，导致了灾难性的后果，也未能阻止英格兰的正常发展。

斯图亚特王朝继承了都铎王朝，但是斯图亚特王朝的君主在英格兰却是"外国人"，他们既不喜欢也不理解这一事实。本土的都铎王朝可以偷来一匹马，而"外国"的斯图亚特王朝的君主们连看一眼马缰绳都会引起公众的不满。贝斯老女王[1]治理她的国土可以随心所欲，但总起来说，她所执行的每一项政策都让英格兰商人的口袋里塞满了钱，不管这些商人是否诚信。因此，女王总能得到知恩图报的臣民衷心的支持。虽然议会掌握了一些权力和特权，有了一点小小的自由，但是人们乐于见到女王置之不理，因为女王陛下强硬而成功的对外政策能够带来日后的利益。

从表面上看，詹姆斯一世继续奉行同样的政策，但他缺乏他的前任特有的个人热情。对外贸易继续受到鼓励，天主教徒并未获得任何的自由。但是当西班牙笑脸相视，意欲与英格兰建立和平关系时，詹姆斯也报以笑脸。大多数英格兰人心中不悦，但是詹姆斯是他们的国王，于是他们保持沉默。

很快就出现了导致摩擦的其他原因。詹姆斯一世与1625年继位的儿子查理一世坚信"君权神授"的原则，他们不顾臣民们的意愿，按照他们认为合适的方式治理国家。这种观点并不新鲜。不管从哪一个方面来说，教皇都是罗马皇帝的继承人，或者说他们继承了罗马帝国是一个包括全部已知世界的统一国家这一概念，因而总认为自己是"基督的世俗代理摄政王"，而且得到了公开的承认。没有人对上帝以其认为合适的方式统治世界的神权

1　贝斯老女王指伊丽莎白女王。

提出质疑，因而对于神授的"代理摄政王"以其认为合适的方式进行统治并要求大众服从于他，自然没有人敢表示怀疑，因为教皇是宇宙绝对统治者的直接代表，仅对全能的上帝负责。

在路德的宗教改革成功以后，原先属于教皇的权力掌握在许多欧洲君主的手中，而他们已是新教徒。作为国教或王朝法定教会的首脑，这些君主们坚持主张他们是领土境内"基督的代理摄政王"。人们对于统治者的这种态度毫无异议，他们对此表示接受，如同现今我们接受代议制一样，这种制度在我们看来似乎是唯一合理而公正的政府形式。詹姆斯国王经常大声宣扬"君权神授"，如果说路德教派或加尔文教派对此特别恼火倒也有失公平。英格兰拒不相信君权神授必定有其他的原因。

荷兰率先断然否定"君权神授"的原则，三级会议于1581年废除了他们的合法君主，即西班牙的菲利普二世国王。他们宣称："国王破坏了他的契约，因而国王应像其他不忠的公仆一样予以免职。"从此以后，国王应对臣民负责这一特殊的观念开始传到北海沿岸的许多国家。这些国家处于非常有利的地位，它们都是富裕的国家。中欧的穷人遭受统治者侍卫的欺压，他们不敢讨论国家大事，否则立即会被投入最近的城堡最深的地牢。然而，荷兰和英格兰的商人没有这种恐惧，因为他们拥有的财富足以建立强大的陆军和海军，而且他们知道如何运用"信誉"这一强大武器，并且愿意以财富的"神圣权力"对抗哈布斯堡王朝、波旁王朝或斯图亚特王朝的"神授君权"。他们知道他们的荷兰盾和英格兰先令是能够打败国王的唯一武器，即笨拙的封建军队。他们敢于采取行动，而其他人则在沉默中遭受折磨，否则就会面临被推上绞刑架的危险。

斯图亚特王朝宣称有权为所欲为，无需在乎自己的责任，于是英格兰人开始感到恼火。英格兰的中产阶级利用下院作为反对王室滥用权力的第一道防线，国王拒绝作出让步，反而遣散了议会。查理一世独揽大权长达11年。他征收大多数人认为是不合法的税赋，把英格兰当做自家的乡村庄园来管理。他不乏得力的助手，我们必须承认他确实敢作敢为。

不幸的是，查理非但没有争取他那些忠诚的苏格兰臣民的支持，反而卷入一场与苏格兰长老会教派的争端。因为急需筹措经费，所以查理一世在无奈之下最终再次召集议会。议会在1640年4月开会，与会者义愤填膺，结果议会在数周之后被解散。新议会在11月开会，这一届议会比上一届议会更加强硬，议员们认为必须解决"君权主导政府"或"议会主导政府"这个问题。他们没有直接指责国王，而是指责国王的主要顾问，并且处死了其中六人。他们宣称未经他们同意不得解散议会。1641年12月1日，议会最终向国王递交了一份《大抗议书》，详述了人民对其统治者的种种不满。

查理希望自己的政策能在农村地区赢得某些支持，于是在1642年1月离开了伦敦。国王与议会两方均组成了自己的军队，准备为了保卫各自的绝对权力而战。在这场斗争中，英格兰势力最大的宗教人士即清教徒们迅速站到斗争的前列。清教徒是英格兰的国教徒，他们竭力在最大程度确保教义的纯洁性。奥利弗·克伦威尔[1]指挥一支"敬神者"组成的队伍，由于实行铁的纪律，

---

1 奥利弗·克伦威尔，英国政治家和军事家。在1642年至1648年的两次内战中，先后统率"铁骑军"和新模范军战胜了王党的军队。1649年下令处死国王查理一世，宣布成立共和国。1653年建立军事独裁统治，自任"护国主"。1658年因病去世。

树立完全能够完成神圣目标的信念，因而这种队伍立刻成为反对派的模范军。查理两次战败，在1645年的内斯比战役后逃往苏格兰。苏格兰人将他出卖给了英格兰人。

在随后的一段时间，苏格兰的长老会教徒和英格兰的清教徒明争暗斗。1648年8月，在苏格兰的普雷斯顿小镇经过三昼夜的激战，克伦威尔结束了第二次内战，占领了爱丁堡。他的士兵们当时不愿继续谈判，也无意进行旷日持久的宗教争论，于是自行决定按照他们的初衷行动。他们清除了议会当中反对清教徒观点的人，长期议会变成了残余议会。残余议会指控国王犯有叛国罪。虽然上院拒绝参与审判，但是残余议会仍然设立了特别法庭，并且判处国王死刑。1640年1月30日，查理国王从白厅从容走上断头台。那一天，主权人民通过他们所选的代表，有史以来第一次处死了一位统治者，究其原因是他未能认识到自己在现代国家中所处的地位。

查理死后迎来了通常据称的克伦威尔时代。克伦威尔起先是英格兰的非正式独裁者，1653年正式就任护国公。他执政5年，这一时期继续执行伊丽莎白的政策。西班牙再次成为英格兰的首要敌人，对西班牙开战成为全国的神圣大业。

英格兰的商业及商人的利益高于一切，而且坚决维护新教最严格的教义。克伦威尔在维持英格兰的国际地位方面是成功的，然而作为一个社会改革者却是失败的。全世界人口众多，思想难以一致。从长远来看，这种观念似乎是非常明智的。社会某一个阶层所有、所治和所享的政府根本无法持久。在纠正滥用王权的过程中，清教徒发挥了巨大的正确作用，但是作为英格兰的绝对统治者，他们的行为让人不能容忍。

克伦威尔在1658年去世，斯图亚特家族轻而易举地恢复了旧王朝，他们的确被人们当做"救世主"而受到欢迎，因为人们发现温顺的清教徒实行的统治与查理国王的专制同样让人难以忍受。只要斯图亚特王室的成员愿意放弃已故的父王坚持的"神授君权"的观点，承认议会拥有最高的权力，人们承诺效忠王室，甘心成为王室忠诚的臣民。

经过两代人的努力，这种新的安排取得了成功，可是斯图亚特王朝显然未能吸取以往的教训，陋习难改。1660年回国就位的查理二世尽管和蔼可亲，却是一个无用之辈。由于他生性懒散，遇事只求顺其自然，外加又是一个撒谎的能手，因而他与人民没有发生公开冲突。他颁布了1662年的《单一法》，规定教牧人员如不信奉国教就要被赶出所在的教区，从而摧毁了清教的势力。他又利用所谓的1664年《秘密集会法》，以流放西印度群岛为威胁，企图阻止非国教徒参加宗教集会。这种做法与早年的"神授君权"理念一脉相承。人们开始像往常那样表达自己的不满，议会突然变得难打交道，拖着不给国王提供所需的资金。

既然议会不愿给他提供资金，查理便向他的近邻和表亲——法兰西国王路易秘密借贷。他以每年20万英镑作为交换条件，背弃了他的新教徒盟友，并且嘲笑议会那帮笨蛋。

由于获得经济上的独立，国王对自己的实力信心十足。他在流亡期间曾与天主教亲戚相处多年，暗自心仪他们的宗教。他或许能带领英格兰回到罗马的怀中！就在据说查理的弟弟詹姆斯皈依了天主教时，他颁布了《宗教特赦宣言》，暂缓执行反对天主教徒及非国教徒的旧法。普通大众对此难免生疑，他们开始担心这是可怕的教皇阴谋，于是国家出现了新的动乱迹象。大多数人

《克伦威尔像》

希望阻止另一场内战的爆发。对于他们来说，君主的暴政和信奉天主教的国王，即使是宣扬"神授君权"的国王，都好于同族之间新的斗争。其他的人却没有如此宽厚。这些人就是令人生畏的非国教徒们，他们对于自己的信仰坚定不移。他们的领袖是几个大贵族，这些人不愿看到恢复以往的绝对王权。

　　将近10年的时间，辉格党和托利党这两大党派相互对立，但是双方均不愿引发危机。辉格党的成员多为中产阶级，之所以取这个可笑的名称，是因为在1640年，苏格兰的一批辉格莫人即马车夫，在长老会的教士带领下进军爱丁堡，以反对国王。托利党原是爱尔兰保皇分子的蔑称，现在特指国王的支持者。两党放过了查理二世，让他得以寿终正寝，而且准许他信奉天主教的弟弟詹姆斯二世在1685年继位。詹姆斯威胁他的国家，发誓要效法外国的做法，建立一支由信奉天主教的法兰西人统率的常备军。他在1688年颁布了第二份《宗教特赦宣言》，下令在国教所有的教堂宣读这份文件。他这样做有点超越了理智的权限，只有最受爱戴的统治者在极其特殊的情况下才会采取如此出格的行动。七位主教拒绝执行国王的旨意。他们被控犯有"煽动性的诽谤罪"，并且受到法庭的审判。陪审团宣告他们"无罪"，为此受到民众的热烈拥护。

　　在此不幸的时刻，詹姆斯的第二任妻子玛丽生了一个儿子。玛丽来自摩德纳家族[1]，信仰天主教。这意味着王位要归于一个天主教的男孩，而不会轮到他的两位姐姐，即信仰新教的玛丽和安妮。普通大众再次心存疑惑。摩德纳的玛丽年岁太大，根本就

1　摩德纳的玛丽（Maria of Modena，1658—1688），摩德纳公爵阿方索四世的女儿，1673年和寡居的约克公爵詹姆斯成婚。

不能生育孩子！这是一场阴谋！耶稣会的某个神父将一个陌生的婴儿带到宫中，好让英格兰日后有一位天主教的君主。一时间众说纷纭。另一场内战似乎一触即发。于是，辉格和托利两党的七位知名人士写了一封信，邀请詹姆斯的长女玛丽的丈夫、荷兰共和国的元首威廉三世前来英格兰，取代虽然合法却极不受欢迎的君主，以拯救这个国家。

1688年11月15日，威廉在托贝登岸。由于他无意让他的岳父成为殉道者，于是帮助他安全逃往法兰西。1689年1月22日，威廉召集议会。同年2月13日，他宣布和妻子玛丽共为英格兰的君主，英格兰得以继续保留新教。

议会不再只是国王的一个咨询机构，而是乘机大权在握。议会从档案中翻出了1628年的《权利请愿书》[1]，在此基础上制定了更加严厉的《权利法案》，要求英格兰君主必须是国教徒。此外，国王无权中止法律，也无权允许某些特权公民违背法律。该法案还规定"未经议会批准，不能任意征税，不准私自组建军队"。因此，英格兰在1689年获得了广泛的自由，欧洲其他国家对这种程度的自由前所未闻。

人们仍然记得威廉曾是英格兰的统治者，并非仅仅由于人民获得如此广泛的自由，而是在他执政期间首次出现了"责任"内阁。国王当然不能独自统治一个国家，他需要找几个信得过的顾问。都铎王朝的"大会议"由贵族和教士组成。[2]由于这一机

1　1628年的《权利请愿书》共有8条，列数了国王滥用权力的行为；重申了过去限制国王征税权利的法律；强调非经议会同意，国王不得强行征税和借债；重申了《大宪章》中有关保护公民自由和权利的内容，规定非经同级贵族的依法审判，任何人不得被逮捕、监禁、流放和剥夺财产以及受到其他损害；规定海陆军队不得驻扎居民住宅，不得根据戒严令任意逮捕出自由人等等。

2　都铎王朝设有御前会议，有"大会议"和"小会议"之分。"小会议"进而演变成"枢密院"。

构变得太大，因而经过精简，成为小"枢密院"。随着时间的推移，枢密院的成员通常在王宫的一间内室觐见国王，因而便被称之"内阁会议"。随后不久，人们称之为"内阁"。

威廉像以往其他的英格兰君主一样，从所有政党中挑选他的顾问。随着议会势力的增强，他发现如果辉格党在下院占据多数席位，仅是依靠托利党根本没有办法影响国家的政治生活。因此，他解散了托利党组成的内阁，完全由辉格党组成内阁。几年以后，辉格党在下院失势，国王为了便于工作，不得不向托利党的领袖寻求支持。威廉在1702年去世，他在生前一直忙着与法兰西的路易国王[1]交战，根本无暇顾及英格兰的政府事务，事实上所有重要的事务皆由内阁会议处理。威廉的妻妹安妮在1702年继位以后，这种状况没有改变。安妮于1714年去世，可怜她的17个孩子全部早亡，于是詹姆斯一世的外孙女索菲的儿子、汉诺威王朝的乔治一世继承了王位。

这位君主有些粗俗，对英语一窍不通，对英格兰复杂的政治制度完全不得要领。他将一切事务交给内阁处理，也不参加内阁会议。参加内阁会议只会让他心烦，因为他一句话也听不懂。如此便形成的惯例，由内阁统治英格兰和苏格兰，苏格兰议会已于1707年并入英格兰议会。国王乐于看到没有人烦他，他大部分时间住在欧洲大陆。

在乔治一世和乔治二世统治时期，一批杰出的辉格党人接连组阁，其中包括任职长达21年的罗勃特·沃波尔。政党的领袖不仅成为实际的内阁正式的领袖，而且也是议会多数党的领袖。乔

1　即路易十四（1638—1715），自称太阳王，波旁王朝的法兰西国王和纳瓦拉国王，1643年至1715年在位，长达72年。

治三世企图重揽大权，不让内阁处理实际政府事务，结果招致灾难性的后果，此后再无类似的事情发生。从18世纪初起，英格兰便有了代议制政府，处理国家的各种事务。

这种政府当然并不代表社会的所有阶层，不到十二分之一的人有选举权，但是却为现代的代议制政府打下了基础。它以平静而有序的方式夺走了国王的权力，然后交到人数日益增多的民选代表手中。虽然英格兰没有因此而迎来千年的盛世，但是却没有像欧洲大陆在18世纪和19世纪那样，接连遭遇灾难性的革命。

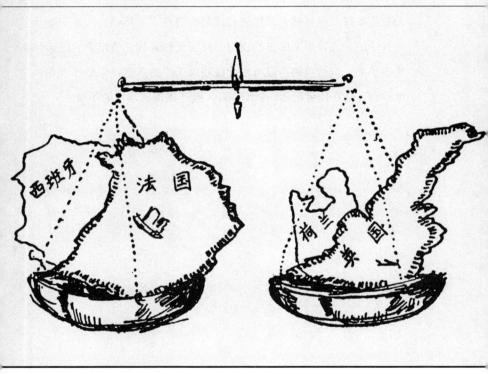

《势力均衡》| 房龙

第46章 势力均衡

另一方面，"君权神授"却在法兰西继续存在，较之以前更加浮华和辉煌，统治者的野心仅在出现"势力均衡"的法则之后才有所收敛。

在英格兰人为自由而斗争的年代，法兰西所发生的情况与上一章的内容正好形成了鲜明的对比。在恰当的时刻如在恰当的国家出现恰当的人物应是幸事，但是这样的巧合在历史上甚为罕见。对于法兰西来说，路易十四却使这一理想成为现实，可是对欧洲其他国家的人民来说，如果没有他的话，生活肯定会更加幸福。

这位年轻的国王统治的国家当时人口最多，繁华傲视天下。路易继位之时，两位伟大的红衣主教马札兰[1]和黎塞留刚把古老的法兰西王国打造成17世纪最强大的中央集权国家。他本人才华卓绝。我们这些20世纪的人仍然对"太阳王"的辉煌时代记忆犹新。我们的社交生活以路易的宫廷生活为基础，崇尚完美的礼节及优雅的谈吐。在国际关系或外交关系中，法语仍是外交和国际会议的正式语言，因为法语在两个世纪前已经趋于精致优雅，兼具表达准确的特点，其他的语言无法与之相比。路易十四时期的戏剧仍能让我们受益匪浅，只是我们脑子太笨，一时难以理解其中的哲理。他在统治期间，黎塞留创办的法兰西学院仍在全世界的学术界占有一席之地，其他的国家纷纷效仿之。这样的事例不胜枚举。现代的菜单仍使用法文决非出于偶然。烹饪美味佳肴是一门非常复杂的艺术，它是传扬文明的最高的一种表现方式，最初就是为了侍候这位伟大君主而在实践中得以完善的。路易十四时代是一个辉煌和优雅的时代，我们仍能从中学习很多东西。

不幸的是，这幅灿烂的图画另外的一面却让人感到沮丧。国外的显赫声名往往意味着国内的苦难，法兰西也不例外。路易十四在1643年继承父位，死于1715年，算起来法兰西由一个人独

1　即儒勒·马萨林（1602—1661），法国国王路易十四时期的宰相（1643—1661）。

揽大权长达72年，几乎是整整两代人的时间。

我们应当充分理解"独揽大权"这个概念。众多的君主在众多的国家建立了高效独裁这一特殊的统治模式，即我们所谓的"开明专制政治"，而在这些君主当中，路易十四是第一位。他不喜欢仅仅充当统治者的角色，把国家大事当做轻松的儿戏。启蒙时代的国王比他们的臣民更加努力工作。他们比常人起得早、睡得晚，不仅相信"神授君权"，而且也相信"神授天职"，他们统治国家无须与臣民商议。

国王当然无法事必躬亲，他的身边必须要有几位助手和顾问，比如一两位将领，一些外交政策专家，几个聪明的财政官员和经济学家。但是这些高官只能秉承君王的旨意行事，不能自作主张。对于民众来说，君主本人其实代表了一个国家的政府。他们共同的祖国竟为一个王朝所有，这种观念和我们美国人的观点完全是对立的。法兰西成了波旁王朝所有、所治和所享的国家。

这种制度的弊端显而易见。国王成为一切的主宰，其他的人则无足轻重。年老而有才的贵族逐渐被迫放弃了以前参与治理各省的权力。国王的一个下级官僚手指沾着墨迹，坐在遥远的巴黎政府大厦绿色的窗户旁边就座，履行100多年前原本属于封建领主的职责。封建领主已被剥夺了所有的工作，他们搬到了巴黎，在宫廷里尽情享乐。不久，他的庄园开始受到"遥领地主制"[1]的冲击，所谓的"遥领地主制"是一种极其危险的经济症。不消一代人的时间，原本勤恳能干的封建领主便变成了凡尔赛宫中举止文雅却游手好闲的无能之辈。

1　遥领地主指地主离开了自己的土地，以固定的价格出租土地。

路易在签订《威斯特伐利亚和约》时只有10岁，当时哈布斯堡王朝由于三十年战争而失去了其在欧洲的支配地位。像他这样一个胸怀大志的人必然会利用如此大好时机，为自己的王朝攫取原本属于哈布斯堡王朝的荣耀。1660年，路易迎娶了西班牙国王的女儿玛丽亚·特雷莎。随后不久，他的岳父——菲利普四世、哈布斯堡王朝西班牙旁支的傻瓜之一——去世。路易立刻宣称西属荷兰(比利时)是他妻子的部分嫁妆。如此攫取一国的领土会给欧洲的和平带来灾难性的后果，并会威胁新教派国家的安全。在荷兰联合七省的外交部长扬·德·维特的领导下，瑞典、英格兰与荷兰在1664年缔结了三国同盟，这是第一个国际大联盟。三国同盟没有持续多长时间。路易十四以金钱和承诺收买了查理国王和瑞典三级会议，结果荷兰被盟国出卖，陷于孤立无援的境地。1672年，法兰西入侵低地国家，直捣荷兰的心脏。堤防再次被挖开，法兰西的太阳王被困在荷兰的沼泽之中。1678年签订的《尼姆威根和约》非但没有解决任何问题，还导致了另一场战争。

从1689年至1697年，法兰西发动了第二次侵略战争，以签订《莱斯韦克和约》告终。路易十四未能获得渴望已久的欧洲霸主地位。虽然他的宿敌扬·德·维特被荷兰的乱民所杀，但是他的继承人，即上一章已提到的威廉三世，竭力挫败了路易妄想独霸欧洲的企图。

哈布斯堡王朝的西班牙旁支的最后一个君主查理二世刚刚去世，争夺西班牙王位的战争便开始了。战争虽因签订1713年的《乌得勒支和约》而结束，但是问题非但没有得到解决，而且掏空了路易的国库。虽然法兰西在陆上取得了胜利，但是英格兰和荷兰的海军却摧毁了法兰西取得最终胜利的希望。此外，长期的战争却促成了国际政治中一条新的基本准则，因而在一段时间里由一个国家统治全欧洲或全世界已经没有可能了。

这就是我们所称的"势力均衡"原则。它不是一条成文法，但是在3个世纪中，国际社会像对待自然法则一样遵守这一条原则。首创这一理念的人认为，在发展民族国家的过程中，欧洲整个大陆存在许多互相冲突的利益，必须绝对保持这些利益的均衡，否则欧洲就无法生存下去。任何一个列强或王朝都不许称霸。在三十年战争期间，哈布斯堡王朝是这一原则的牺牲品，而且是在无意之间成为牺牲品的。在这场斗争中，各种争端笼罩在宗教冲突的迷雾之中，让人看不清这场大规模的冲突背后的主因。但是从那时起，我们开始明白在一切重大国际事务中，经济因素是首要考虑的问题。我们发现有一种新型的政治家正在形成，这些政治家精于算计，以钱财来衡量一切。杨·德·维特是这种新的政治学派第一个成功的倡导者，威廉三世是第一个伟大的学生。路易十四尽管名声显赫，但却成为第一个自觉的受害者，此后还有许多人步他的后尘。

《俄罗斯的起源》┃房龙

第47章　俄罗斯的兴起

有关神秘的莫斯科帝国在欧洲巨大
的政治舞台上突然崛起的故事

众所周知，哥伦布在1492年发现了美洲。同年初，一个名叫施纳普斯的提洛尔人携带精心准备的介绍函件和信用证明，率领提洛尔主教组织的一支科学探险队，打算探索神秘的莫斯科城。他未获成功。人们对幅员辽阔的莫斯科帝国认识模糊，只知它在欧洲的最东部。当他抵达这个帝国的边境时，却被挡了回来，因为外国人不许入境。施纳普斯前往君士坦丁堡，探望了异教徒的土耳其人，以便在探险返回时对他的教士主人有所交代。

61年后，理查德·钱塞勒试图发现一条通往东印度群岛的东北航线，途中遭遇暴风而被刮到了白海，从而抵达了德维纳河的河口，发现了莫斯科帝国的霍尔莫戈里村，距离1584年建立阿尔汉格尔城的地点只有数小时的路程。这一次，外国客人被邀请到莫斯科城，并且受到莫斯科大公的接见。他们带着俄罗斯与西方国家签订的第一份商务条约返回了英格兰。其他的国家接踵而至，从而对这片神秘的土地开始有所了解。

从地理上讲，俄罗斯是一片辽阔的平原。低矮的乌拉尔山脉无法成为阻挡侵略者的屏障。这里河流宽广，河道通常较浅。这是游牧民族理想的土地。

在罗马帝国建立、强大和消亡之时，斯拉夫族的各个部落早已离开了位于中亚的老家，他们穿过森林和平原，在德涅斯特河和第聂伯河之间漫无目的地游荡。希腊人偶尔遇到过这些斯拉夫人，有几位旅行者曾在公元3世纪和4世纪提到过他们。否则，他们就像1800年的内华达印第安人一样鲜为人知。

不幸的是，一条极为便利的通商道路穿过他们的国家，从而搅乱了这些原始人的和平。这条从北欧通往君士坦丁堡的要道沿着波罗的海沿岸直达涅瓦河，越过拉多加湖往南，顺着沃尔霍夫河而下，穿越伊尔门湖，再进洛瓦季河，经过一条不长的陆路到达第聂伯河，然后进入黑海。

北欧人早就知道这条路线。他们在9世纪就开始在北俄罗斯定居，就像其他的北欧人在德意志和法兰西奠定独立建国的基础一样。862年，北欧人的三兄弟渡过了波罗的海，建立了3个小王朝。三兄弟中只有鲁立克一人长寿，于是占领了其他两位弟兄的领土。在第一批北欧人到达之后的20年，一个以基辅为首都的斯拉夫国家建立起来了。

基辅距离黑海的路程很近，因而君士坦丁堡很快就知道斯拉夫人建立了一个国家。对于热忱的基督教传教士来说，这意味着又多了一个传道的新天地。拜占庭的僧侣们沿着第聂伯河北上，不久就抵达了俄罗斯的腹地。他们发现那里的人民信奉奇怪的众神，有的住在森林里，有的住在河边，有的住在山洞里。拜占庭僧侣们给他们讲述耶稣的故事，他们没有罗马教会的传教士与之竞争，那些人正忙于教化异教的条顿人，无暇顾及远方的斯拉夫人。因此，俄罗斯从拜占庭僧侣那里接受了他们的宗教、字母表和有关艺术与建筑的最初理念。随着拜占庭帝国(东罗马帝国的残余)变得越来越东方化，并且失去了许多原有的欧洲特色，俄罗斯人也深受其影响。

从政治上讲，这些新兴的国家出现在辽阔的俄罗斯平原上，各自的发展并不顺利。北欧人习惯死后将自己的遗产平分给所有的儿子。一个小国建立不久，随后就分给了八九个继承人，而这些继承人依次又将他们的领地分给越来越多的子孙。这些相互竞争的小国不可避免地相互争吵，于是天下大乱。当东方的地平线上出现冲天的红光时，人们才知道他们正面临亚洲一支野蛮部落的入侵，这些小国过于分散且实力不济，因而无法抵御可怕之敌。

鞑靼人在1224年首次大举入侵，成吉思汗的大军已经征服了中国、布哈拉、塔什干和土耳其斯坦，现在首次出现在西方。斯拉夫军队在卡尔契克河附近被击败，于是俄罗斯为蒙古人所统治。鞑靼人来去匆匆，出没无常。13年以后，即1237年，他们又杀了回来。在不到5年的时间里，鞑靼人征服了辽阔的俄罗斯平原的每一个角落。直到1380年，莫斯科大公德米特里·顿斯科依才将他们赶出了库利科夫平原。

总而言之，俄罗斯人用了两个世纪才挣脱了鞑靼人的枷锁，让人难以忍受的枷锁。斯拉夫农民在这种枷锁的压迫下沦为悲惨的奴隶。俄罗斯人要想活命，不得不匍匐在地。在南俄罗斯草原中心的一顶帐篷中，一个肮脏而矮小的黄种人端坐其中，对他百般唾弃。广大的人民丧失了独立和荣誉，饱受饥饿、苦难、虐待和凌辱，直至每一个俄罗斯人，不论他是农民或贵族，在一再打击之下垂头丧气，犹如丧家之犬，甚至都不敢摇尾乞怜。

他们厄运难逃。鞑靼可汗的骑兵迅捷而无情，草原一望无垠，他们根本没有机会逃到安全的邻邦，在黄种的主人决定以酷刑惩戒他们时，他们只能默默忍受，否则就会性命不保。欧洲本应出面干涉，但是当时它们正忙于自己的事情，先是教皇与国王之间争执不断，后是镇压各处的异端邪说。因此，欧洲置身度外，斯拉夫人听任命运的摆布，被迫争取自我解脱。

俄罗斯的小国众多，其中一个由早期的北欧统治者建立的国家成为最终的救世主。这个小国位于俄罗斯平原的中心，首都莫斯科坐落在莫斯科河岸边一个陡峭的山坡上。这个小小的公国见机行事，必要时就讨好鞑靼人，如无危险则加以抵抗，从而在14世纪中叶脱颖而出，成为新的民族领袖。大家知道鞑靼人缺乏建设的政治才能，只会大肆破坏。他们征服新领土的主要目的是增加财政收入。为了以征税的方式来扩大财源，必须允许旧的政治体制保留某些残余的机构。因此，许多小镇蒙大汗之恩而保存下来，为了鞑靼人的财政收入而担当征税人，并掠夺他们的邻邦。

莫斯科公国以牺牲四邻的利益而逐渐富强起来，终于有了足够的实力公开反抗鞑靼主人。此举取得了成功，作为俄罗斯独立事业的领袖，莫斯科声誉日隆，仍然相信斯拉夫民族能够开创美好的未来的人视莫斯科为天然的中心。1453年，土耳其人占领了君士坦丁堡。10年后，在伊凡三世在位期间，莫斯科向西方国家通报，斯拉夫国家要继承已经灭亡的拜占庭帝国的世俗和宗教遗产，以及尚存于君士坦丁堡的罗马帝国的传统。又过了一代人的时间，莫斯科大公越发强盛，于是伊凡雷帝采用了恺撒的称号，即沙皇，并且要求欧洲列强予以承认。

1598年，随着费奥多尔一世的去世，北欧人鲁立克的后裔所建的古老的莫斯科王朝终告结束。在随后的7年里，一个叫做鲍里斯·戈东诺夫的鞑靼混血儿当上沙皇。正是在这一时期，广大的俄罗斯人民决定了未来的命运。尽管这个帝国幅员辽阔，但是极其贫困，既无贸易又无工厂，仅有的几座城市不过是肮脏的村落。这个国家拥有一个强大的中央政府，以及人数众多只字不识的农民。政府的体制是一个混合体，分别受到斯拉夫人、北欧人、拜占庭人和鞑靼人的影响，除了国家的利益毫无顾忌。要保卫国土，就得建立一支军队。为了支付军饷，就必须征税，于是需要文官。为了支付这些官员的薪金，就需要土地。从东到西一

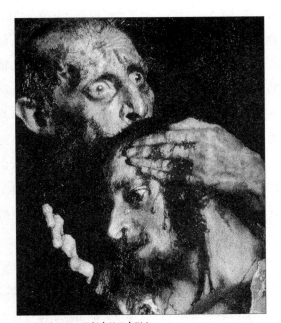

《伊凡雷帝杀子》局部 | 俄国 | 列宾

伊凡四世是俄罗斯第一任沙皇，是一位暴虐的专制君主。他17岁时便杀死了摄政王而自立为帝。他生性暴虐，屠杀政敌毫不留情，有「恐怖伊凡」之称。

在一次与儿子的争执中，他以权杖击打儿子致其毙命。本图表现的是伊凡抱住临死的儿子的那个瞬间：他的双眼充满了恐惧、绝望和悔恨。

望无边的荒原上，这种商品取之不尽。然而，倘若没有劳力耕种土地、饲养牲畜，土地便毫无价值。因此，古老的游牧民被剥夺了一项又一项权利，直到1500年才居有定所，成为土地的一部分。俄罗斯农民不再是自由民，而是沦为农奴或奴隶。到了1861年，由于命运变得苦不堪言，他们再也无法生存下去。

17世纪，这个新兴的国家不断扩张，版图不久就延伸到了西伯利亚，成为欧洲其他大国不得不刮目相看的一股势力。1613年，鲍里斯·戈东诺夫去世后，俄罗斯贵族推选了其中的一人担任沙皇，即费奥多尔的儿子米哈伊尔。米哈伊尔属于莫斯科的罗曼诺夫家族，这一家族住在克里姆林宫之外一座不大的房子里。

1672年，米哈伊尔的曾孙——另一个费奥多尔的儿子彼得出世。这个孩子长到10岁时，他的异母姐姐索菲娅登上了俄罗斯的王位。彼得被打发到首都的郊区，与外国的侨民住在一起。年幼的王子身边聚集了苏格兰的酒巴老板、荷兰的买卖人、瑞士的药剂师、意大利的理发师、法兰西的舞蹈教师和德意志的教师，他从他们的身上对遥远而神秘的欧洲有了最初的印象，这种印象非同寻常，使他了解到欧洲的情况不同于俄罗斯。

长到17岁时，他突然夺取了姐姐索菲娅的王位，成为俄罗斯的统治者。彼得不满足自己只是一个半野蛮半亚洲民族的沙皇。他必须成为一个文明国家的君主。但要想在一夜之间把一个拜占庭—鞑靼的国家改变成一个欧洲帝国绝非易事，肯定需要有力的双手和聪慧的头脑，而彼得两者具备。1698年，彼得进行了一场大手术，旨在将现代化的欧洲移植到古老的俄罗斯。虽然患者不致死去，但是却再也没有摆脱休克，此后5年发生的事情清楚地说明了这一点。

《彼得大帝建造他的新都》 | 房龙

第48章　俄罗斯与瑞典之争

俄罗斯与瑞典多次交战，以决定谁
是东北欧的霸主。

1698年，彼得大帝首次访问西欧。他途经柏林前往英格兰和荷兰。在童年时代，他曾在父亲乡间别墅的鸭塘里行驶一条自制的小船，几乎被水淹死。他终身对水都有感情，实际上他希望他的国家不应只是一个内陆国家，而应拥有通往公海的通道。

这位年轻的统治者不受欢迎，他生性冷酷无情。他在前往国外期间，莫斯科的那些热爱俄罗斯旧俗的朋友们开始破坏他的改革措施。他的卫队——近卫军突然叛变，迫使彼得全速赶回国内。他自任为首席执法官，将近卫军的成员全部绞死，然后碎尸万段，一个不剩。他的姐姐索菲娅是这起叛乱的首领，她被关进一座修道院。彼得随后加强了他的统治。1716年，叛乱再次爆发，当时彼得正在第二次访问西欧。这次叛乱的首领是他的笨蛋儿子阿列克谢。沙皇再次匆匆赶回。阿列克谢遭到毒打，死在囚禁的牢房中。古老的拜占庭传统的拥护者们被迫长途跋涉，他们最终的目的地是数千英里之外的西伯利亚铅矿。从此以后，再也没有爆发对其政策不满的暴动。直到去世之前，彼得一直在和平的环境下进行改革。

我们很难按年代的顺序给你列举他的改革措施。沙皇的改革大刀阔斧，完全没有章法可循。他接二连三地颁布各种法令，多得不计其数。彼得似乎认为以前的一切全是错的，因而俄罗斯必须在最短的时间里进行改革。他死时留下了一支训练有素的陆军，人数多达20万人，以及一个拥有多达50艘战船的海军。政府的旧制度在一夜之间遭到废除。"杜马"——贵族议会遭到解散。沙皇的身边聚集了一批顾问，成员为国家官员，取名参议院。

俄罗斯设立8大"管理机构"，或称行省。国家修筑道路，建造城市，兴办工厂。只要沙皇喜欢，办厂根本不管是否有原材料。东部山区挖河开矿。在这片遍地文盲的土地上，国家开始兴建中小学、高等学府、医院和职业学校。国家鼓励荷兰造船工程师，以及世界各地的商人和手工艺人到俄罗斯来定居。国家开办印刷厂，但是出版的所有书籍必须接受沙皇官员的审查。国家制定了新的法典，规定了社会每一个阶层的职责，全部的民法和刑法印刷成册。沙皇颁布了诏令，废除了传统的俄罗斯服饰。警察手持剪刀守卫所有的乡间道路，突然间强制蓄着长发的俄罗斯农民剪发修面，使他们看上去像欧洲人一样容光焕发。

沙皇在宗教上不能容忍别人与他争权，不许出现皇帝和教皇在欧洲互相对立的局面。1721年，彼得大帝自立为俄罗斯的宗教首领。他废除了莫斯科的主教，建立了神圣宗教会议，作为处理一切宗教事务的最高权力机构。

然而，只要俄罗斯的传统势力在莫斯科城仍然存在，改革就不能取得成效，于是彼得决定将政府迁往新首都。在波罗的海边无益于健康的沼泽地，沙皇建立了新城。1703年，沙皇开始平整土地，4万多名农民劳作多年才为帝国的都城奠定了基础。瑞典人攻打彼得，企图摧毁这座城市。此外，疾病和困苦导致数万农民丧生。尽管如此，工程继续进行，不顾冬日的严寒和夏日的火热。一座人造的城市很快就初具规模。1712年，"沙皇行宫"正式落成。12年以后，该城拥有7.5万居民。涅瓦河的洪水每年淹没全城两次，但是沙皇毅然决然地修建了堤坝和运河，确保洪水不再肆虐。彼得在1725年去世，当时他拥有北欧最大的城市。

这样一个危险的对手迅速崛起，当然让邻国忧心忡忡。另一方面，彼得也一直饶有兴趣地关注他的波罗的海对手瑞典王国的一举一动。1654年，三十年战争的英雄古斯塔夫·阿道夫的独生女克利斯蒂娜放弃了王位，前往罗马终生誓为虔诚的天主教徒。古斯塔夫·阿道夫一个信奉新教的侄子继承了瓦萨王朝最后一个女王的王位。在查理十世和查理十一世的统治下，新的王朝将瑞典推向发展的顶峰。但查理十一世在1697年突然去世，年仅15岁的查理十二世继位。

这正是许多北方国家等待已久的良机。在17世纪的宗教战争时期，瑞典以牺牲邻国的利益而获得发展的机遇。这一次邻国认为算总账的机会到了。战争立即开始，俄罗斯、波兰、丹麦和萨克森为一方，瑞典则单独应战。彼得组建的军队未经训练，1700年11月在著名的纳尔瓦一役中大败于查理。查理是18世纪最有意思的军事天才，他随即攻打其他的敌人。在9年之内，查理一路砍杀焚烧，所向披靡，直捣波兰、萨克森、丹麦和波罗的海各省的村庄和城市。在此同时，彼得则在遥远的俄罗斯加紧操练他的士兵。

终于，在1709年波尔塔瓦战役中，莫斯科人消灭了筋疲力尽的瑞典军队。查理仍是一个高度美化的人物，一个具有传奇色彩的英雄，不过他的复仇终归徒劳，而且毁了他的国家。1718年他死于意外事故或被刺杀，具体情况我们无法确定。1721年签订《尼斯塔特和约》[1]时，瑞典除了保留芬兰以外，丧失了波罗的海沿岸的所有领土。彼得缔造的俄罗斯帝国成了北欧的霸主，然而一个新的对手普鲁士王国正在形成。

1　1721年，俄罗斯和瑞典为结束北方战争（1700—1721）在芬兰的尼斯塔特城（今新考蓬基）缔结了《尼斯塔特和约》。

《彼得大帝在荷兰的造船厂》| 房龙

Zoo keert hy weer op Vaderlandschen grond.
En Duitschlands juichkreet klinkt in 't rond.
Lang leef „ Wilhelm de Ouwe!"

《皇帝进入柏林城总彩排》| 荷兰漫画，针对威廉一世皇帝

第49章　普鲁士的兴起

一个叫做普鲁士的小国在德意志北部一个荒凉的地区神奇崛起。

普鲁士的历史是一部边疆变迁史。9世纪，查理曼将原来的文化中心从地中海移到西北欧荒僻的地区。他的法兰克士兵将欧洲的边界不断向东推移，征服了异教徒的斯拉夫人和立陶宛人，夺取了波罗的海和喀尔巴阡山脉之间大片的土地。法兰克人管理这些边远的地区，犹如美国当年管理尚未正式兼并的领土一样。

边境国家勃兰登堡原由查理曼建立，旨在保卫他的东部领土，防范野蛮的撒克逊人入侵。斯拉夫族的一支文德人居住在这一地区，结果在10世纪被征服。文德人的集市叫做勃兰纳博，新建立的行省勃兰登堡以集市命名，并以集市为中心。

从11世纪到14世纪，一批贵族在这个边境行省接连担任帝国总督。最后，霍亨索伦家族[1]在15世纪脱颖而出，成为勃兰登堡的选帝侯，开始改造这片荒凉的沙质土地，使之成为现代世界实力最强的帝国之一。

刚被欧洲和美国联手赶出历史舞台的霍亨索伦家族源于南德意志，他们出身低微。12世纪，霍亨索伦家族一个叫弗雷德里克的人有幸通过联姻而被任命为纽伦堡城堡的守将，他的后代利用一切机会扩大实力，经过数个世纪的巧取豪夺，竟被任命为选帝侯。选帝侯指有权选举德意志神圣罗马帝国皇帝的诸侯。在宗教改革期间，霍亨索伦家族站在新教徒一边，到了17世纪初成为北德意志最有权势的诸侯。

三十年战争期间，新教和天主教同样热衷于掠夺勃兰登堡和普鲁士，但是大选帝侯弗雷德里克·威廉迅速恢复了战争的创

1　霍亨索伦（Hohenzollern）是勃兰登堡、普鲁士及德意志帝国的统治家族，始祖布尔夏德一世约在11世纪受封为索伦伯爵，第四代索伦伯爵腓特烈三世是皇帝腓特烈一世和亨利六世的忠实家臣。

伤。他为人精明而谨慎，物尽其用，人尽其才，全力进行国家的建设。

现代的普鲁士由弗雷德里克大帝的父亲弗雷德里克·威廉一世创建，这个国家将个人的抱负和愿望与社会的整体利益完全融为一体。威廉一世是一个勤奋而节俭的普鲁士军士，喜好酒吧的闲谈和浓烈的荷兰烟草，强烈厌恶一切华丽的服饰，尤其是法兰西人的服饰。他只有一个信念，即恪守职责。他严于律己，绝不宽容臣民的软弱，无论是将军还是普通的士兵。他和他的儿子弗雷德里克之间从没有好感，这么说至少不过分。温文尔雅的儿子厌恶父亲的粗鲁不羁。儿子热爱法兰西的礼节、文学、哲学和音乐，父亲则认为这是女性化的表现。两人性格迥异，最终导致可怕的分裂。弗雷德里克企图逃往英格兰，结果被捕，受到军事法庭的审判，并且被迫目睹设法帮助他出逃的好友惨遭斩首。作为惩罚的一部分，这位年轻的王子被送到外省的一个小堡垒中，学习日后担任国王应该如何治理国家。弗雷德里克可谓因祸得福，他在1740年登上王位时已经懂得如何治理国家，从贫民之子的出生证到纷繁复杂的年度财政方案都了如指掌。

弗雷德里克作为一个作者，尤其在他所著的《反马基雅维里》一书中，表达了他对那位古代的佛罗伦萨历史学家所持的政治观点不屑一顾的态度。马基雅维里[1]建议，君主为了国家的利益，必要时必须说谎和欺骗。弗雷德里克在书中强调，理想的统治者是臣民的第一公仆，应像路易十四那样成为一个开明的专制君主。可是，在实践中，弗雷德里克在为他的人民一天工作20小

1　尼可罗·马基亚维里（公元1469—1527年），意大利政治思想家和历史学家。他的名著《君主论》强调君主为了达到目的可以不择手段。

时，身边没有一位顾问，他的大臣们只是充当高级职员而已。普鲁士是他的个人财产，一切要按他的意志行事，不许任何人干扰国家的利益。

奥地利皇帝查理六世于1740年去世，他生前曾在一张大羊皮纸上庄重立下誓约，确定他的独生女玛丽亚·特雷莎继位。老皇帝刚被安放在哈布斯堡家族的祖墓之中，弗雷德里克就调动军队开赴奥地利的边境，占领了西里西亚¹。普鲁士宣称基于某些非常值得怀疑的历史权益，他们有权拥有西里西亚及欧洲中部的所有地区。经过多次战争，弗雷德里克征服了西里西亚的全部地区。尽管他多次面临战败的危险，但他仍然击退了奥地利的反攻，守住了刚刚攫取的领土。

欧洲密切关注着这个突然崛起的强国。由于德意志人在18世纪的宗教战争中遭到重创，因而没有人重视他们。弗雷德里克却像俄罗斯的彼得一样，采取迅捷而又果断的措施，改变了人们蔑视的态度，使他们转而感到恐惧。普鲁士国内的治理井然有序，臣民们没有多少抱怨的理由。财政收入每年都有盈余，没有出现赤字。由于废除了酷刑，改善了司法制度，修建了道路，兴办了中小学和大学，加上政府廉洁奉公，因而人们认为不管要求他们交纳任何的徭役，他们都觉得值得。

几百年间，德意志曾是法兰西人、奥地利人、瑞典人、丹麦人和波兰人的战场，而在普鲁士的示范作用鼓舞下，德意志现

1　西里西亚（Silesia）是中欧的一个历史地域名称，中世纪最先属于波兰皮亚斯特王朝，后来被波希米亚王国夺走，隶属神圣罗马帝国。1526年起随波希米亚王国归于奥地利哈布斯堡王朝，1742年，普鲁士的弗雷德里克大帝在奥地利王位继承战争中取胜，从奥地利获得西里西亚的大部分地区，单独组成了西里西亚省。1945年之后，西里西亚绝大部分被并入波兰，小部分划为德国的萨克森自由州，而奥匈帝国曾经统治的地区现在归于捷克。

在却恢复了自信。这一切要归功于那个小老头，此人鼻如鹰钩，破旧的军服沾着鼻烟的味道，他对邻国的评价虽然好笑但却令人不快。他玩弄18世纪的外交花招可谓诡计用尽，只要能从谎言中获取好处，他根本无视真理的存在，尽管他撰写了《反马基雅维里》一书。1786年，他的末日终于到来了。他的朋友们全都离他而去，他一生也没有生育一个孩子。他孤独而死，只有一位仆人和几条忠实的狗守在身旁。他爱狗甚于人类，正如他所说的那样，狗不会背信弃义，只会永远忠于朋友。

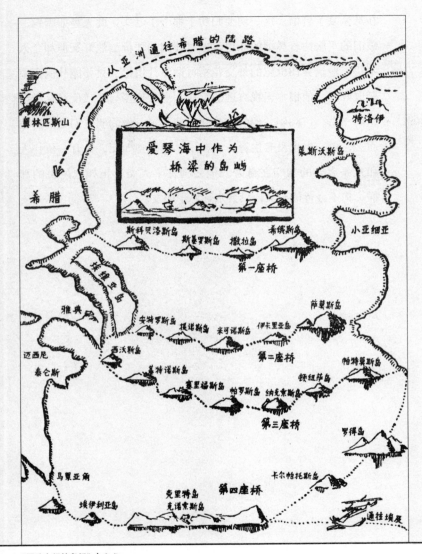

《亚欧之间的岛桥》│ 房龙

第50章 重商主义

欧洲新兴的民族国家或君主国家如何致富以及何谓重商主义

我们已经看到现代的国家在16世纪和17世纪开始形成，过程几乎各不相同。有的是国王励精图治的结果，有的纯属机遇使然，还有的占了地利的原因。不管怎么样，国家一旦建立以后，统治者全都努力加强内部治理，并在外交方面尽量发挥自己的作用。所有这一切当然需要耗费大量的钱财。中世纪的国家没有建立中央集权，并不依赖于强大的财力。国王从王室的领地获取财政收入，官吏自给自足。现代的中央集权国家则更为复杂。古老的骑士已经消失，聘用的政府官员或官僚取而代之。陆军、海军和内政的开支动辄以数百万计。那么钱从何而来就成了问题。

中世纪的金银是稀有商品。我告诉过你们，普通人一辈子都没见过一块金币。只有大城市的居民才熟悉银币。发现美洲大陆以及开发秘鲁的银矿改变了这一切。贸易中心由地中海转到大西洋两岸。古老的意大利"商业城市"失去了作为金融城市的地位，新兴的"商业国家"取而代之，金银不再是稀罕之物。

贵金属通过西班牙、葡萄牙、荷兰和英格兰进入欧洲。16世纪的政治经济学家著书立说，创立了一种国富论，他们似乎认为这种理论完全正确，能在最大程度上造福于各自的国家。他们论证金银都是实际的财富。因此，他们认为在一个国家的国库和银行拥有最多的实际现金储量，即为最富有的国家。因为金钱意味着军队，因而最富有的国家也是最强大的国家，可以统治全世界。

我们称这一思想体系为"重商主义"，视之为圭臬而深信不疑，犹如早期的基督徒相信神迹一样，或如今日的许多美国商人相信关税政策一样。在实践中，重商主义如此运作：若想获取数量最多的贵金属，一个国家必须争取贸易出超。如果你向邻国出口的商品多于进口的商品，邻国就欠债，从而被迫向你送来一些黄金抵债，因此有得有失。基于这样的理念，17世纪几乎每一个国家都采取下列的经济纲领：

1．尽量获取大量的贵金属。

2．重外贸轻内贸。

3．大力发展原材料加工和制成品出口的工业。

4．鼓励增加人口，因为工厂需要劳工，而农业社会无法提供足够的劳工。

5．国家监管贸易，必要时应加以干涉。

16世纪和17世纪的人民不把国际贸易看做是一种自然现象，不管人们是否干涉，总会遵守某些自然规律，而是借助正式的法令、君主的法律和政府的资助，竭力监管贸易。

查理五世在16世纪采纳了重商主义，这在当时完全是新生事物。查理五世将重商主义引入众多的属地。英格兰的伊丽莎白女王效仿他的做法。波旁王朝，尤其是路易十四，醉心于重商主义。路易十四的财政大臣柯尔贝尔成了重商主义的先知，全欧洲都希望得到他的指导。

克伦威尔全部的外交政策即为实际应用重商主义的产物，目的完全是针对英格兰富有的对手荷兰共和国。由于荷兰的船主作为欧洲商品的运输者，有些倾向于实行自由贸易，因此必须不惜代价予以消灭。

不难理解这种制度是如何影响殖民地的。一个殖民地实行重商主义，那就仅仅是一个黄金、白银和香料的仓库，为了宗主国的利益而加以利用。殖民列强垄断了亚洲、美洲和非洲的殖民地所产的贵金属，以及热带地区的殖民地所产的原料。外来者不许进入殖民地，本地人也不准许与挂着外国旗的船只的商人进行交易来往。

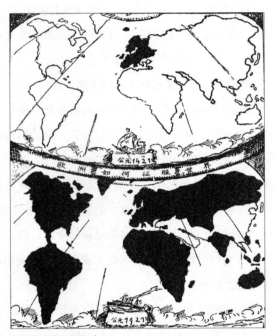

《欧洲如何征服世界》| 房龙

　　重商主义无疑推动了一些过去从未有过制造业的国家发展新兴工业。为了改善运输条件，人们修建道路、开掘运河。重商主义对工人的技术提出了更高的要求，提升了商人的社会地位，同时削弱了土地贵族的权力。

　　另一方面，重商主义也引起了巨大的苦难。殖民地的土著人受到无耻的剥削，宗主国的公民遭受的命运更加可怕。在很大程度上，每一寸土地都变成了军营，世界被分割成小块的领土。各国拼命追逐自己的直接利益，随时准备摧毁他国的实力，以便攫取他国的财富。重商主义强调占有财富的重要性，普通的公民逐渐把"致富"看做是唯一的美德。经济制度像外科手术和妇女时装一样变化匆匆。重商主义在19世纪遭到抛弃，转而流行了一种崇尚自由和公开竞争的经济制度。至少我听说是这样的。

《为自由而战》┃房龙

第51章 美国革命

欧洲在18世纪末听到一些奇怪的传闻，获悉北美洲大陆的荒原上发生的事情。对坚持"君权神授"的查理国王加以惩处的那些人的后裔，为争取自治而斗争的史话增添了新的篇章。

　　为了便于叙述，我们应追溯到几个世纪以前，重温一下各国大肆争夺殖民地的早期历史。

　　在三十年战争期间和战后不久，一批欧洲国家以民族利益或君主利益为重，在新的基础之上建立起来。这些国家的统治者依托商人的资本和贸易公司的船只，继续在亚洲、非洲和美洲抢夺更多的领土。

　　在荷兰和英格兰抛头露面之前，西班牙人和葡萄牙人已在印度洋和太平洋进行了一个多世纪的探险。这种情形对荷兰和英格兰实为有利，因为先期的艰巨工作已经完成。此外，由于早期的航海者经常招致亚洲、美洲和非洲的土著居民的忌恨，因而英格兰和荷兰人便被当做朋友和救星而受到欢迎。我们不能说这两个民族的道德多么高尚，但是他们首先是商人，他们不会出于宗教的考虑而忽视实际的常识。在与弱小的民族初次打交道时，所有的欧洲国家都行为残暴，简直骇人听闻，可是英格兰人和荷兰人却懂得适可而止。只要能够获得香料、金银和税金，他们愿意让土著居民按照自己的意愿生活。

　　因此，他们没有费多大的周折便在世界上最富有的地区立足。一旦达此目的，他们便开始相互交战，以争夺更多的领地。奇怪的是，殖民战争却从不在殖民地进行，而是由交战国的海军在3000英里之外一决胜负。无论是古代或是近代的战争，最有趣的原则之一便是"控制海洋的国家即能控制陆地的国家"。这条原则也是为数不多的历史规律之一，迄今尚未被打破过。现代的飞机也许能改变这一原则，但是18世纪没有能飞的机器，英格兰正是凭靠不列颠的海军夺取了美洲、印度和非洲辽阔的殖民地。

　　英格兰和荷兰在17世纪进行了多次战争，在此毋庸赘言。

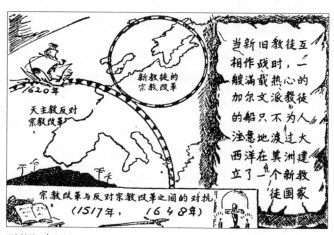

《清教徒》| 房龙

双方的力量相差过于悬殊，结果可想而知。倒是英格兰与另一个敌手法兰西的战争更重要，因为战争初期的许多战斗在美洲大陆进行，最终是实力更强的英格兰舰队击败了法兰西海军。在我们这片广袤的土地上，法兰西和英格兰宣称他们发现的一切都为自己所有，白种人从未见到过的许多东西也归属于他们。1497年卡波特在北美登陆，在那里升起英格兰的国旗。乔万尼·韦拉扎诺在27年后到访这些沿海地带，他的船只挂的是法兰西的国旗。因而，英法两国都宣称它们是整个北美大陆的主人。

17世纪，缅因与卡罗来纳之间建立了大约10个英格兰殖民地，它们大多是英格兰非国教徒的避难所，如1620年到达新英格兰的清教徒，或于1681年定居在宾夕法尼亚的贵格会教徒。这些殖民地组成不大的边远社区，靠近海边。人们在那里建立新家，在轻松愉快的环境中开始新的生活，远离国王的监管和干涉。

另一方面，法兰西的殖民地一直是王室的财产。胡格诺派教徒，即新教的教徒，不允许在这些殖民地居住，以防他们向印第安人传播危险的新教教义，说不定还会干扰天主教耶稣会神父的传教工作。因此，英格兰人建立的殖民地建立的基础比法兰西人建立的殖民地健康得多。英格兰的殖民地反映了英格兰中产阶级的商业实力，而法兰西殖民地的居民是远渡重洋的国王臣仆，他们希望一有机会就能返回巴黎。

然而，从政治上讲，英格兰殖民地的地位远不能让人感到满意。法兰西人在16世纪发现了圣劳伦斯河口。他们从大湖区一路往南扩张，沿密西西比河而下，在墨西哥湾沿岸建立了数个要塞。经过一个世纪的开发，一条建有60个要塞的防线把大西洋沿海的英格兰殖民地与内地隔开。

《"五月花号"上的船舱》|房龙

《法国人开发西部》┃房龙

英格兰给不同的殖民地公司颁发了土地特许状，准许它们拥有"海洋之间全部的土地"。虽然听上去挺好，但是土地特许状只是一纸空文，英格兰的领土实际上只到法兰西的防线为止。冲破这条防线并非没有可能，但是需要人力和物力，双方为此进行了一场可怕的边界战争，在印第安部落的相助下杀害对方的白人。

只要斯图亚特王朝仍统治着英格兰，与法兰西交战的危险就不复存在。斯图亚特王朝需要波旁王朝的支持，以建立专制统治并摧毁议会的权力。1689年，斯图亚特王朝的最后一代从英格兰土地上消失了，荷兰的威廉，即路易十四的大敌继承了王位。从那时起，直到1763年签订《巴黎条约》，法兰西和英格兰为了争夺印度和北美的领地进行了多年的战争。

如上所述，英格兰海军在这些战争中总是击败法兰西。由于被切断了与殖民地的联系，法兰西丧失了大部分的属地。在签订和约时，整个北美大陆都落入英格兰人之手，卡捷、尚普兰、喇沙站、马凯特和许多其他人建立的丰功伟绩全被法兰西丢失。

这片广阔的土地只有极小部分的地区有人居住，从北方的马萨诸塞到卡罗来纳和弗吉尼亚的狭窄地带人口稀少。清教徒不堪忍受英格兰的国教或荷兰的加尔文教派，于是在1620年来到了马萨诸塞这里。而建立卡罗来纳和弗吉尼亚则完全是为了商业利益。人们所在的这片新土地天空辽阔、空气清新，完全不同于他们的祖国。他们在这片荒原上学会了独立自主和自力更生。他们的祖辈吃苦耐劳、精力充沛。在那个年代，懒汉与胆怯之人是不会远涉重洋而来的。美洲的殖民者痛恨在祖国处处受到限制，无法呼吸自由的空气，无法过上幸福的生活。他们要做自己的主人，这一点英格兰的统治阶级似乎难以理解。政府惹恼了殖民

《新英格兰的第一个冬天》│房龙

者，而殖民者也不愿受到政府的打扰，但是他们却开始惹恼了英格兰政府。

恶感引起更多的恶感。我们不必重复实际发生的情况，也不必讨论如有一个比乔治三世更英明的国王，或者假如他不那么轻信昏聩无能的大臣诺斯勋爵，也许这一切都能避免。英格兰的殖民者一旦明白和平谈判不能解决问题，便拿起了武器。他们不再是忠实的臣民，而是变成了叛匪。假如被德意志士兵俘获，他们会被处以死刑。乔治三世雇佣了德意志士兵为他打仗，雇人当兵是当时的风俗，条顿族的君王出卖整团的建制，出价最高者可以组建军队。

英格兰与其美洲殖民地的战争持续了7年。在绝大部分的时间里，反抗者似乎难以取得最后的胜利。大多数人，尤其是生活在城市的人，仍然效忠于国王。他们赞成妥协，甚至宁愿求和，但是华盛顿这位伟人对殖民者的事业毫不动摇。

他有几位勇敢的人倾力相助，他指挥他那支装备虽差但却意志坚定的军队，以消灭英王军队为目的。往往在败局似乎不可避免的情况下，他的战略改变了战局的发展。他的士兵经常断粮，冬季缺乏外衣和靴子，不得不躲在有损健康的战壕内，但是他们绝对信任他们的伟大领袖，一直坚持到最后的胜利时刻。

在华盛顿领兵打仗的同时，本杰明·富兰克林则周游欧洲，从法兰西政府和阿姆斯特丹的银行家那里筹来借款。与此相比，在独立斗争初期发生的一件事更有意义。来自各殖民地的代表们在费城共商大事，此时正是美国革命的第一年。沿海的大城市仍在英格兰控制之下，援兵和补给从英格兰用船源源不断运来。只有对自己的正义事业深信不疑的人才有勇气在1776年的6月和7月

《乔治·华盛顿》┃房龙

作出如此重大的决定。

6月，弗吉尼亚的代表理查德·亨利·李向大陆会议提出一项议案："这些联合一致的殖民地从此成为，而且按其权利必须成为自由独立的国家；它们已经解除一切效忠于英王室的义务，从此完全断绝并必须断绝与大不列颠王国之间的一切政治联系。"

马萨诸塞的约翰·亚当斯附议这一提案并在7月2日获得通过，于7月4日公布了托马斯·杰弗逊起草的《独立宣言》。杰弗逊为人严肃，精通政治学和行政管理，注定是美国最著名的总统之一。

欧洲听说了这一事件，随后又听说殖民者取得了最终的胜利，以及1787年通过了那部著名的宪法（史上第一部成文的宪法），于是引起极大的兴趣。在17世纪的宗教战争之后出现的王朝制度高度集权，此时已经达到了权力的顶峰。各国的宫殿建得恢宏无比，城市周围的贫民区急剧扩大。这些贫民区中的居民焦虑不安，绝望无助。而上层阶级，包括贵族和专业人员在内，也开始对他们所处的经济和政治状况产生了某些怀疑。美国殖民者的胜利向他们表明，不久之前曾被认为毫无可能的许多事情，这时已经成为可能。

借用一位诗人的诗句，打响列克星敦战役的第一枪"响彻了全世界"。这种说法有些夸张。中国人、日本人和俄罗斯人就没有听到过。更不用说澳大利亚人，库克船长刚刚发现了他们，他因惹是生非而被他们杀死。然而，那一枪却越过了大西洋，击中了欧洲不满的火药库，在法兰西引起了爆炸，从而震撼了从西班牙到彼得堡的整个欧洲大陆，重达数吨的民主的砖块埋葬了旧式的治国之道和旧式的外交政策。

第52章　法兰西革命
法兰西大革命向全世界的人民宣告了自由、博爱和平等的原则在我们谈论革命之前，不妨先对革命一词的含义加以解释。不妨借用一位伟大的俄罗斯作家的话，因为俄罗斯人在这一方面应有发言权，革命"在短短几年内，迅速推翻了几百年来扎根于土壤之中的旧制度。这种制度似乎固定不变，甚至连最激烈的改革家也不敢提笔加以抨击。革命在短期内即颠覆了一国之根本，涉及社会、宗教、政治和经济。"[1]

这样一场革命发生在18世纪的法兰西，当时法兰西的古老文明已经变得腐朽。在路易十四的年代，国王即为一切，"朕即国家"。原为国家公仆的贵族发现他们变得无职无权，沦为宫廷社交的点缀。

然而，18世纪的法兰西开支庞大，所需的钱财多得难以估计，必须通过征税才能筹集这些钱。不幸的是，法兰西的历代国王软弱无能，无法强迫贵族和教士缴纳应付的赋税，结果税赋只能全部落实到农民的头上。农民生活在破烂的茅屋里，他们与过去的地主再也不像以前那样关系密切，他们成为残忍而无能的土地代理盘剥的对象，生活越来越艰难。他们为什么要辛苦操劳？土地增产仅仅意味着缴纳更多的赋税，他们毫无所得，因此他们斗胆抛荒农田。

国王[2]穿行于宫中恢宏的殿堂，尽享奢侈浮华的生活。他的身后通常跟随着一群只想升官发财的弄臣，他们全都靠强征农民的赋税来养活自己，尽管农民连田野的野兽都不如。虽然这一情景令人不快，但是绝非夸张。这一切正是所谓的"旧制度"的另

---

1 这段话引自俄罗斯无政府主义者彼得·阿历克塞维奇·克鲁泡特金（Pyotr Alexeye-vich Kropotkin，1842—1921）的《法兰西大革命》第一章。

2 指路易十六（Louis XVI，1754—1793），法兰西波旁王朝的国王（1774—1792），1793年1月21日被送上断头台。

《专政王国时代的法兰西人们》

一面，我们必须谨记在心。

富裕的中产阶级与贵族关系密切，通常是一位有钱的银行家将自己的女儿嫁给一位穷男爵的儿子。中产阶级与法兰西最有名的娱乐艺人充斥在其中的宫廷一道，开创了优雅闲适的生活方式，并且使之达到极致的发展高度。由于不允许国家最具才识的人探讨政治经济问题，结果他们虚度时光，大谈抽象的概念。

由于流行的思潮和个人的行为像时装一样完全可能从一个极端走向另一个极端，因而当时最矫揉造作的社会自然对所谓的"平凡的生活"产生了极大的兴趣。国王和王后——法兰西及其殖民地和属地至高无上而又毋庸置疑的主宰——带着侍臣前往乡下，住在滑稽可笑的小房子里，装扮成挤奶的女工和马童，醉心于古希腊快乐谷中牧羊人的游戏。在他们的周围，弄臣跳舞逗乐，宫廷乐师演奏美妙的音乐，宫廷理发师设计越发精致的昂贵头饰，直到众人百无聊赖，实在没有任何正事可做。路易十四在远离城市的喧嚣之地修建了凡尔赛宫，这里简直就是一个浩大的娱乐场。在这个人造的世界中，人们奢谈完全脱离生活的话题，犹如一个挨饿的人只会谈论食物一样。

伏尔泰是一位勇敢的哲学家、剧作家、历史学家和小说家，他反对一切宗教和政治暴政。他开始掷出自己的炸弹，抨击一切与现存的体制有关的事物。整个法兰西为他赞叹，他的剧作上演场场爆满。让·雅克·卢梭[1]对原始人产生了感情，他饶有兴趣地向他的同时代人描述了这个星球原始居民的幸福，其实他对原

---

1 让·雅克·卢梭（1712年6月28日—1778年7月2日）是瑞士裔的法兰西思想家、哲学家、作家、政治理论家和作曲家。主要著作有《论科学与艺术》、《论人类不平等的起源和基础》、《社会契约论》、《爱弥儿》、《新爱洛伊斯》、《忏悔录》等。

始居民像对儿童一样知之甚少，但他却被公认为是儿童教育的权威。全法兰西都在阅读他的《社会契约论》，听到卢梭呼吁人们重返幸福的时光，那时人民掌握真正的主权，国王仅是臣民的公仆，这个国王与国家即为一体的社会不禁为之哭泣。

孟德斯鸠[1]出版了他的《波斯人信札》，书中两个杰出的波斯旅行家描述了整个法兰西社会混乱的景象，嘲弄上至国王、下至国王手下600多位厨师的行径。此书立即连出4版，为他著名的论著《论法的精神》赢得了成千上万的读者。在《论法的精神》中，一位高贵的男爵对比优秀的英格兰制度和落后的法兰西政体，鼓吹国家应该确定立法、司法、行政三权分立，独立行使各自职权，以取代绝对君主专制。当巴黎的书商勒布雷东宣称狄德罗、德·达朗贝尔、杜尔戈及其他20多位著名的作者将要出版一部囊括"一切新思想、新科学和新知识"的百科全书时，公众的反映让人十分欣慰。经过22年的努力，多达28卷的《百科全书》完成了最后一卷。此书的出版对当时的讨论做出了非常重要却又极为危险的贡献。法兰西社会对于此书的出版表现出极大的热忱，虽然警方出面干涉，但为时已晚，根本压制不下去。

我在这里不妨向你们提出小小的忠告。当你们阅读一本有关法兰西革命的小说，观看一出有关的戏剧或一部有关的电影时，你会很容易得到一个印象，以为巴黎贫民窟的乌合之众发动了这场革命。事实并非如此。暴民往往出现在革命的舞台上，但是煽动并领导暴民的人必定是中产阶级的职业人士，他们与饥饿的民众结成强大的联盟，利用民众攻击国王和宫廷。然而引发革命的

1　查理·路易·孟德斯鸠（1689—1755），法兰西启蒙思想家、社会学家和法学家，西方国家学说和法学理论的奠基人。

基本思想由少数几个杰出的人物创立，最初在"旧制度"迷人的客厅出现，为国王陛下宫廷中百无聊赖的绅士和贵妇提供轻松的消遣。那些快乐而漫不经心的人们不知危险，玩弄社会评论的焰火，直到火花从地板的缝隙落下，地板如同楼房一样古老而破旧。火花不幸落到堆放陈年垃圾的地下室。有人呼喊救火。楼房的主人虽然对一切都感兴趣，但是却不懂得如何管理他的财产，不知如何扑灭小小的火苗。火焰迅速蔓延，整个楼房被大火吞没，这就是我们所说的法兰西大革命。

为了便于说明，我们不妨将法兰西革命分为两个阶段。从1789年到1791年，革命或多或少是有序进行的，旨在建立君主立宪制。这一举措以失败告终，部分原因是国王背信弃义、愚不可及，另一部分原因是出现了无人能控制的局面。

从1792至1799年，法兰西成为一个共和国。这是首次尝试建立一个民主形式的政府。可是，社会已经动荡多年，多次诚心进行改革却又不见成效，结果却最终导致暴力的发生。

法兰西当时欠债40亿法郎，国库一直亏空，并且再也没有办法设立课税的新名目。国王路易虽是能干的锁匠和打猎的高手，却是无能的政治家。即使如此，他也朦胧地感到应当采取某种措施，于是任命杜尔戈出任财政总监。奥恩男爵安—罗伯特—雅克·杜尔戈60岁出头，他是正在迅速消失的地主乡绅阶级杰出的代表。他曾经出任一个行省的省长，虽是业余的政治经济学家，但是才华出众，政绩显著。不幸的是，他无法创造奇迹。由于无法再从贫困的农民身上榨取更多的税收，因而必须向贵族和教士征税，而这些人以往未曾缴纳过一分钱的税。在这种情况下，杜尔戈成为凡尔赛宫最招人忌恨的人。此外，他不得不面对王后玛丽·安托瓦内特的敌意。谁敢向她提起"节约"一词，就会遭到她的反对。不久，杜尔戈被称为"不切实际的空想家"和"空谈理论的教授"，于是官职难保。1776年，他被迫辞职。

一位讲求实际的买卖人接替了"教授"一职，他是一个勤奋的瑞士人，名叫内克尔，靠投机粮食而发财，担任一家国际银行的合伙人。他的妻子颇有一番抱负，敦促他进入政界，以便她的女儿能有机会出人头地，果然她女儿后来成为瑞典驻巴黎公使德施特尔男爵的夫人，是19世纪初文化界的名人。

内克尔也和蒂尔戈一样，以满腔热忱投入到工作中。1781年，他公布了一份详细的法兰西财政审计报告。国王对呈交的报告一窍不通，他刚向美洲派出部队，以帮助殖民者抗击他们的共同敌人，即英格兰人。这次远征耗费之大出乎意料，内克尔被责成筹措必需的经费。内克尔没有设法增加税收，只能进行各种统计，公布更多的数据，开始不厌其烦地提出"必须厉行节约"的警告。在这种情况下，他的日子就屈指可数了。1781年，国王以无能之名将他撤职。

继"教授"和"买卖人"之后来了一个讨喜的财政专家，他保证每个人的钱每个月都会翻番，只要他们相信他那一套绝对可靠的理财方式。他就是夏尔·亚历山大·德·卡洛纳[1]，一个工于心计的政府官员。他一方面勤奋苦干，另一方面则弄虚作假、不择手段，从而谋取了高位。他发现国家债台高筑，但他是一个乐于助人的聪明人，于是想出了一条借新债还旧债的妙计。这种方法并不新颖，自古以来都会带来灾难。不到3年的时间，这位迷人

1　夏尔·亚历山大·德·卡洛纳（1734—1802），法兰西政治家，现在的历史学家一般认为历史上对他的评价有失公允。

的财政总监又给法兰西增加了8亿法郎的债务。他从不愁眉苦脸，而是笑容可掬，对于国王陛下及其可爱的王后提出的各种要求一律照办。王后年轻时在维也纳就养成了挥霍无度的习惯。

巴黎议会尽管一心效忠国王，最后也决定必须要采取某种措施。巴黎议会是高等法院，并非立法机构。卡洛纳打算另外再借8000万法朗。那一年粮食歉收，农村地区闹饥荒，情况惨不忍睹，如不采取理智的措施，法兰西就会破产。国王照常毫不清楚事态的严重性。咨询人民的代表岂不是一个好主意吗？自1614年以来从没有召开过三级会议。鉴于恐慌的局面随时可能会出现，于是大家普遍要求召开三级会议。可是，路易十六却是一个毫无主见的人，他拒绝一下子就采取这样的措施。

为了平息民众的喧闹，他在1787年召开了名人会议，仅由最显贵家族的代表讨论可以采取什么措施，以及应该采取什么措施，并不触及封建主和教会免税的特权。指望社会的某一个阶级为了另一个阶级的利益而采用政治和经济自杀的方法显然是不合理的，127位名人代表态度坚决，拒不放弃任何一项他们自古以来就拥有的权利。街上的民众此时已经饥饿难忍，他们要求重新任命他们信任的内克尔，而知名人士却不同意。街上的民众开始砸窗户，并且做了其他一些出格的事情。名人们赶紧逃开。卡洛纳被撤职。

平庸的洛梅尼·德·布里耶纳主教被任命为新的财政总监。由于饥饿的臣民发出暴力的威胁，路易十六只得同意尽快召开原有的三级会议。这一含糊的许诺当然不能让人感到满意。

将近一个世纪以来，法兰西未曾遇到如此的严冬。庄稼不是被洪水冲毁，就是在地里冻死。普罗旺斯的橄榄树全都死了。虽有私人慈善活动参与救济，但却救不了1800万的饥民。到处都有因争夺面包而引发骚乱的事件发生。要是一代人以前发生这样的骚乱，军队早就会镇压下去，但是新的哲学思潮开始结果。人们开始明白对付辘辘饥肠，动枪绝不是有效的办法，何况士兵们就来自人民当中，他们再也靠不住了。国王应该当机立断，采取必需的措施以挽回民心，然而他却再一次犹豫不决。

在外省的多个地区，新思潮的追随者建立了独立的共和国。忠诚的中产阶级也听到了"无代表不纳税"的口号，美洲的反抗者在25年前曾经高呼过这样的口号。法兰西面临了全国陷入无政府状态的危险。为了安抚人民并加强王室的威望，政府出人意料地中止了极其严格的书刊审查制度。一时间，大量的印刷品充斥法兰西。无论地位高低，每个人都在批评他人，或者受到他人的批评。小册子竟有2000多种。洛梅尼·德·布里耶纳在一片辱骂声中被匆匆召了回来，他的职责是尽可能平息全国的骚动。股票市场价格立即上涨了30%。法兰西上下一致同意，暂时不再议论国家大事。1789年5月将会召开三级会议，届时全国的有识之士会加速解决各种困难，重建法兰西王国，使之成为一个健康而幸福的国度。

当时大家普遍认为集体的智慧能够解决所有的问题，这种思想却招致灾难性的后果，在形势最严峻的几个月里阻碍了所有的个人努力。内克尔在紧要关头非但没有亲手掌握政权，反而放任一切。围绕什么才是改革旧王国的最佳方案，又爆发了一场激烈的辩论。各地警察的权力遭到削弱。在一些职业宣传家的蛊惑下，巴黎郊区的人民逐渐发现了自己的力量，于是开始扮演在那个极具动荡的年代属于他们的角色，革命的真正领袖利用他们作为施暴的工具，以便掌握无法通过合法的手段获得的东西。

为了讨好农民和中产阶级，内克尔决定将他们参加三级会议的代表人数增加一倍。有关这个问题，西耶斯神父写了一本著名的小册子《第三等级是什么？》，他所得出的结论是第三等级(指中产阶级)应该是一切，过去他们什么都不是，现在则希望有所作为。他表达了关心国家利益的绝大多数人的愿望。

最后，选举在难以想象的最差条件下进行。选举一结束，教士代表308人、贵族代表285人和平民代表621人收拾行装前往凡尔赛宫。第三等级的代表被迫携带额外的行李，包括厚厚的各种报告，里面记载了各自选区的人民反映的投诉和冤屈。拯救法兰西最后一幕的舞台已经搭好。

三级会议于1789年5月5日召开。国王心情沉重。教士和贵族扬言他们不愿放弃任何特权。国王命令三个等级的代表在不同的会议室开会，分别讨论各自的意见。第三等级拒绝执行国王的旨意。1789年6月20日，他们在一个壁球场仓促布置了会场，然后非法集会，并且庄严宣誓。他们坚持所有的三个等级一起开会，包括贵族、教士和第三等级在内，并将这一决定呈报国王。国王让步了。

三级会议作为"国民议会"开始讨论法兰西王国的现状。国王先是怒不可遏，随即又迟疑不决。他声称绝不放弃他的绝对权力，随后干脆打猎去了，将国家事务抛在一边。等他打猎回来，却又做出了让步。国王习惯于以错误的方式在错误的时间做正确的事情。在人们吵着提出某一项要求时，国王会责骂他们，什么都不给他们。等到怒吼的贫民将王宫团团围住，国王赶紧认输，答应臣民的请求，可是人们又增加了一项要求。这样的闹剧一再重演。等到国王陛下在诏书上签字，准许可爱的臣民提出的前一项要求，民众又提出了第三项要求，并且威胁要处死王室成员。民众的要求不断加码，直到国王被送上断头台。

不幸的是，国王总是慢一拍，他始终不明白这一点。甚至当他的脑袋被摁在断头台上时，他都觉得自己是一个受尽凌辱的人，竟然遭到人民如此不合理的待遇。虽然他能力有限，但他却尽力爱护人民。

我经常告诫你们，历史的"假设"一向毫无任何的意义。"假如"路易十六是一个精力充沛、心狠手辣的人，那么也许可以保留君主制。如此的断言对我们来说过于随便，但是国王并非孤立一人。即使"假如"他像拿破仑那样残忍无情，在那些艰难的日子里，他的前途也许会轻易断送在他的妻子手中。他的妻子出生于奥地利的王室，母亲是玛丽亚·特雷莎，作为在那个时代最专制的中世纪朝廷中长大的年轻姑娘，她具备一切特有的品德和恶习。

她决定必须有所作为，于是策划了一场反革命阴谋。内克尔突然被撤职，国王的军队被调往巴黎。人们听到这一消息，便立即攻打巴士底监狱，并在1789年7月14日摧毁了这所监狱。这所监狱作为独裁专政的象征，人们对它既熟悉又憎恨，尽管它早就不是关押政治犯的监狱，只是作为囚禁小偷和窃贼的城市拘留所。许多贵族看形势不对，赶紧离开这个国家，而国王却像以前一样无动于衷。在攻克巴士底监狱的那一天，他竟去打猎，因为射杀了几头鹿而欢喜不已。

国民议会在8月4日行使权力，在巴黎人的欢呼声中废除了所有特权。8月27日，国民议会发表了《人权宣言》，即法兰西第一部宪法的著名序言。虽然至此一切顺利，但是宫廷显然没有吸

《断头台》｜房龙

取教训。人们普遍怀疑国王又要设法干涉这些改革措施，结果巴黎在10月5日爆发第二次暴动。消息传到凡尔赛，人们把国王带回他在巴黎的王宫才平静下来。他们不放心把他留在凡尔赛，他们要把他放在能够监视的地方，从而可以控制他与维也纳、马德里和欧洲其他宫廷的亲戚来往的书信。

与此同时，一个名叫米拉波的贵族在国民议会中成为第三等级的领袖，并且开始拨乱反正。没等他保住国王的宝座，他便于1791年4月2日去世了。国王现在担心自己性命难保，于是在6月21日企图逃跑。国民卫队的成员根据金币上的头像认出了他，在瓦雷纳村附近将他截住，并把他送回了巴黎。

国民议会在1791年9月通过了法兰西的第一部宪法，议会的成员随后各自回家。立法会1791年10月召开，继续处理国民议会的工作。在新组成的立法会中，许多平民代表是激进的革命分子，最著名的当数雅各宾派，因在古老的雅各宾修道院举行政治会议而得名。这批年轻人大多属于自由职业者，他们言辞激烈。他们的演说通过报纸传到了柏林和维也纳，普鲁士国王与奥地利皇帝决定采取行动，以拯救他们的兄弟姐妹。他们正忙于瓜分波兰的国土，当时波兰敌对的政治派系相互倾轧，国家处于动荡之中，各派都割据一两个省。尽管如此，普鲁士和奥地利还是设法派出了一支部队入侵法兰西，以解救法兰西国王。

法兰西各地惊恐万分。多年的饥饿和苦难积压下来的仇恨达到了可怕的高潮。巴黎的暴民冲击杜伊勒里宫。忠于王室的瑞士卫队设法保护他们的主人，但是路易优柔寡断，他在人群正要撤退之时下令"停火"。人们借着酒劲，在呐喊声中大开杀戒，杀死了全部的瑞士卫队，抓住了逃到议会大厅的路易。路易立即被

《巴士底狱》｜房龙

勒令退位，然后被关在圣殿塔古老的城堡中。

可是，随着普奥两国的军队继续向法兰西挺进，惊恐变成歇斯底里的疯狂，男男女女都变成了野兽。1792年9月的第一个星期，民众闯入了监狱，杀死了所有的囚徒。政府未加干涉。以丹东为首的雅各宾派认为这场危机决定革命的成败，只有无所畏惧的暴力才能拯救他们。立法议会于1792年9月21日闭幕，随后又召集了新的国民公会。国民公会的成员几乎全是激进的革命分子。国王被带到了国民公会，以叛国罪遭到正式起诉。国民公会以361票对360票判处国王死刑，额外的一票是国王的表兄弟奥尔良公爵所投。1793年1月21日，国王表情安详，不失尊严，任人把他推上断头台。他至死都不明白所有的射杀和骚乱是何原因。他是一个高傲的人，羞于提出自己的疑问。

雅各宾派随后攻击国民公会中的温和分子，即吉伦特派，他们以南部的吉伦特地区命名。国民议会成立了特别革命法庭，吉伦特派21名首要分子被判处死刑，其他人相继自杀。他们是一些诚实能干的人，只是过于明理、过于温和，因而在那个可怕的年代无法生存下去。

1793年10月，雅各宾派下令在"宣告和平以前"暂时中止宪法。以丹东和罗伯斯庇尔为首的公安委员会虽然不大，但却掌握所有的权力。基督教及旧历遭到废除。托马斯·潘恩[1]在美国革命时期曾经大加宣扬"理性的时代"已经来临，而在实行"恐怖"统治的一年多里，平均每天都有七八十人被杀，既有好人，也有坏人，甚至还有不问世事的人。

1　托马斯·潘恩（1737—1736），出生于英国，美国独立战争时期著名的政治理论家和活动家，他的《常识》一书率先鼓吹美国独立，强调美国在独立之后应该建立共和政体。

《法国革命侵入荷兰》｜房龙

在摧毁了国王的独裁统治之后，少数人实行暴政，这些人虽然酷爱民主，但是感到必须杀死那些与其意见相左的人。法兰西成了屠宰场。人人互相猜忌，个个惶恐不安。旧国民公会的几位成员自知他们会被送上断头台，在惊恐之下终于愤而反击。罗伯斯庇尔孤立无援，因为他已经把以前的大部分同事斩首。罗伯斯庇尔这位"唯一纯正的民主者"自杀未遂。他的下颚被击碎，匆匆包扎以后，他就被拖上了断头台。1794年7月27日，根据奇怪的革命历法是纪元第二年的热月9日，恐怖统治宣告结束，全巴黎欣喜若狂。

由于法兰西仍然处于危险之中，因而政权必须掌握在少数几个实力人物的手中，直到众多的革命之敌被赶出法兰西的国土。那些衣衫褴褛、半饥半饱的革命军队在莱茵河流域、意大利、比利时和埃及顽强奋战，打败了法兰西大革命的所有敌人。法兰西随后任命了由5位成员组成的督政府，统治法兰西4年之久。随后，政权交给了一个名叫拿破仑·波拿巴的常胜将军，他于1799年成为法兰西的"第一执政"。在其后的15年中，古老的欧洲大陆成为一系列史无前例的政治试验的实验室。

《在阿尔科勒桥的拿破仑》（局部） | 法国 | 安东尼·格罗

第53章　拿破仑

拿破仑生于1769年，是家中的第三个儿子。他的父亲卡洛·马里亚·波拿巴是科西嘉岛阿雅克肖城一位诚实的公证员，母亲是莱蒂西亚·拉莫利诺。拿破仑不是法兰西人，而是一个意大利人。他的家乡是地中海的一个海岛，历史上曾是古希腊、迦太基和罗马的殖民地，多年来一直争取重获独立，最初要想摆脱热那亚的统治，18世纪中叶以后又要摆脱法兰西人的统治。法兰西人曾经出于好心，帮助科西嘉人为自由而战，随后却出于私利占领了该岛。

在前20年里，年轻的拿破仑是一位职业的科西嘉爱国者，一个科西嘉的新芬党人[1]，希望能够解救他所热爱的国家，不再任由让人憎恨的法兰西敌人统治。法兰西革命出乎意外地接受了科西嘉人的要求，于是拿破仑进入布列讷军校。他养成了良好的军事素质，进而报效他所入籍的国家。尽管他从未学会正确拼写法语，说话带有浓重的意大利口音，但他却成了一个法兰西人。他逐渐成为法兰西所有品德的最高代表。时至今日，他被视为法兰西天才的象征。

拿破仑称得上是一个飞黄腾达的人。他在20年之内就达到了事业的巅峰。在这么短暂的时间里，包括亚历山大大帝和成吉思汗在内，没有一个人比他参战次数更多、取胜次数更多、行军的里程更长、征服的土地更多、杀戮的人数更多、实行改革的措施更多，更没有人像他那样把整个欧洲搅得天翻地覆。

他个子矮小，早年的健康状况不佳。他貌不惊人，如果迫不

1　新芬党，北爱尔兰社会主义政党，由爱尔兰共和国前总统亚瑟·格里菲思在1905年创立。新芬党是爱尔兰共和军的官方政治组织，曾经主张用武力的手段去建立一个全爱尔兰共和国。2007年1月28日，新芬党在党内特别大会上通过投票，决定承认北爱尔兰的警察和司法体系。他们现在参加英国议会选举，但该党议员不向英国君主宣誓效忠。

得已需要参加社交活动，他总是显得非常笨拙，这种情况一直到老都没有改变。他没有受过良好的教育，也没有显贵的门第，更没有财富可以炫耀。在青年时代，他大多数的时候穷困潦倒，经常忍饥挨饿，为了弄到几块钱而不得不动歪脑筋。

他倒是有一点文学天分。有一次他参加里昂学院组织的一次有奖竞赛，他的文章得了倒数第二，在16名参赛者中他排在第15位。但是他克服了重重的困难，对自己的命运抱有绝对不可动摇的信心，相信自己会有辉煌的前途。野心是他一生的主要动力。他相信自我，崇拜他在所有的信件上签署的大写字母"N"，这个字母在他匆匆修建的宫殿中一再出现在各种装饰物上。他决心要使拿破仑成为这个世界上重要性仅次于上帝的名字。这些欲望将拿破仑推到无人到达的荣誉巅峰。

当他还是一个领取半薪的中尉时，年轻的波拿巴就对罗马历史学家普鲁塔克的《名人传》爱不释手，但他从未努力按照那些古代英雄树立的崇高品德要求自己。拿破仑似乎缺乏体贴他人、勤于思考的情感，而正是这些情感才使人有别于野兽。至于他除了自己是否爱过别人，我们很难作出准确的判断。他跟母亲说话彬彬有礼，但是莱蒂西亚具有贵夫人的气质和风度，他效仿意大利母亲们的做法，知道如何管教那一帮孩子，并且深受他们的尊敬。他有几年钟情于他的妻子约瑟芬[1]。约瑟芬是克里奥尔人，父亲是来自马提尼克岛的一位法兰西军官。她曾嫁给博阿尔内子爵，但是她的丈夫在一次战役中被普鲁士人打败，结果被罗伯斯

---

1 约瑟芬·德·博阿尔纳（Joséphine de Beauharnais，1763—1814）），先是嫁给博阿尔内子爵亚历山大·德·博阿尔内，1796年3月9日嫁给拿破仑，在拿破仑称帝后成为法兰西第一帝国的皇后，1810年与拿破仑离婚。

《约瑟芬皇后》┃法国┃普吕东

庇尔下令处死。由于她未能生子，所以拿破仑与她离婚，出于政治需要而娶了奥地利皇帝的女儿[1]。

　　拿破仑指挥一个炮兵连围攻土伦而一举成名。他曾悉心研究马基雅维里的著作，恪守这位佛罗伦萨政治家的忠告，只要对他有利从不信守诺言。在他个人的词典中没有"感恩"这个词汇。说句公道话，他也不指望别人对他"感恩"。他对世人的疾苦漠不关心。1798年，他在埃及曾经答应保留战俘的性命，结果却将他们全部处死。当他发现无法用他的战船运送在叙利亚负伤的士兵时，他竟然默许手下用氯气将他们杀死。他指示判案不公的军事法庭判处昂基安公爵[2]死刑，这样做违反了所有的法律，唯一的依据是"需要警告波旁家族"。他下令就地枪决为国家的独立而战的德意志被俘军官。提洛尔人的英雄安德烈斯·霍费尔英勇抗击法军，等他落入拿破仑的手中，竟被当做一个普通的叛徒处死。

　　总之，当我们研究这位皇帝的性格时，我们就开始理解那些担惊受怕的英格兰母亲哄孩子睡觉时曾经这么吓唬他们："波拿巴把小孩当早点吃，不管是男孩还是女孩，只要不乖他就过来抓。"这位古怪的暴君检查部队的各个部门都非常细致，对医疗服务却不重视。因为他忍受不了可怜的士兵身上的汗臭，他使劲往自己身上洒香水，不惜毁了他的军装。尽管说了他这么多的不是之处，而且准备补充更多的不是之处，但我必须承认私下里我对此有些怀疑。

1　即奥地利的玛丽·路易莎（Maria Luise of Austria，1791—1847），1830年3月11日嫁给了拿破仑一世，成为法兰西皇后，她是罗马王拿破仑二世的母亲。

2　昂基安公爵指路易·安东·德·波旁（1772—1804），法兰西波旁国王的亲戚，拿破仑以莫须有的罪名将他处死。

我舒舒服服坐在书桌前，书桌上堆满了书。我正向你们讲述拿破仑皇帝是怎样的卑鄙，同时我的一只眼看着打字机，另一只眼则瞅着莉柯里丝，一只十分喜欢复写纸的猫。我也许会碰巧眺望窗外，目光落在第七大道上，也许川流不息的卡车和马车会突然停顿下来，也许我会听到隆隆的鼓声，看到那个矮小的男子骑着一匹白马，他的绿色制服已经磨损。我不知道是怎么一回事，但我恐怕会丢下我的书、我的猫、我的家和我的一切，跟着那个人走，不管他会把我带到什么地方去。我的祖父就是这样一走了之，上天知道他生来并非是什么英雄。千百万人的祖父们也是这样一走了之。他们没有任何的报酬，也并不指望会得到报酬。他们兴高采烈，为了那个外国人甘愿奉献自己的生命。那个人带领他们前往远离家乡千里之外的地方，迎着俄罗斯、英格兰、西班牙、意大利或奥地利的炮火前进，即便在死亡的痛苦中挣扎仍安详地凝视着天空。

如果你要我作出解释，我必须说我无以作答。我只能猜测其中的一个理由。拿破仑是最伟大的演员，整个欧洲都是他的舞台。无论在何时，也无论在何种情况下，他都知道哪一种态度最能取悦于观众，他也明白什么样的言辞最能打动别人。不管是在埃及的沙漠中背对庄严的狮身人面像和金字塔演说，还是在浸透露水的意大利平原上面对颤抖的士兵们讲话，他都泰然自若。即便在最后，当他拖着病体在大西洋上一个岩石嶙峋的岛上流亡时，尽管听任昏庸讨厌的英格兰总督摆布，他仍然是舞台上的主角。

在滑铁卢战败以后，除了少数几个可靠的朋友之外，再没有人见过这位伟大的皇帝。欧洲人都知道他在圣赫勒拿岛：皇帝住在朗伍德农庄，英格兰的一支警卫部队日夜看守他，而英格兰舰队则负责保护警卫部队。他的朋友和敌人一直惦记着他。尽管绝望和疾病夺去了他的生命，全世界都忘不了他那一双沉默的眼睛。时至今日，他在法兰西人的生活中仍有很大的影响，这种情形犹如100多年前，当时那个面色蜡黄的人曾在俄罗斯克里姆林宫最神圣的神殿拴马喂养，对待教皇和这个世界上最有权势的人物如同他的侍从，人们只要一见到他就会被吓晕过去。

仅是向你们概述他的生平就需要写上一两卷书。要向你们介绍他在法兰西实行的政治大改革，他所制定并为欧洲大多数国家采纳的新法典以及他的各种公开活动，那就得书写数千页的文稿。但是我可以用寥寥数语，解释他为什么会在事业的前半期取得如此的成功，而在最后10年为什么又会一败涂地。从1789年至1804年，拿破仑是法兰西革命的伟大领袖，他不仅仅是为个人的荣誉而战。他打败了奥地利、意大利、英格兰和俄罗斯，因为他本人及其士兵信奉"自由、博爱、平等"的新信条，他们与封建王朝为敌，与人民为友。

然而，拿破仑却在1804年自封为法兰西的世袭皇帝，并且派人叫来教皇庇护七世为他加冕。拿破仑的眼前老是闪现查理曼的形象，教皇利奥三世曾在800年给法兰克人的这位伟大的国王加冕。

这位革命的元老一旦登上了皇帝的宝座，便效法哈布斯堡王朝的君主，但是极不成功。他背弃了雅各宾派的政治理念。他不再是被压迫者的保护者，而是一切压迫者的首领，谁敢违抗他的御旨就会立即遭到枪决。1806年，残存的神圣罗马帝国被扔进了历史的垃圾箱，古罗马荣耀的遗迹竟被意大利一位农民的孙子摧毁，当时没有人为之抛洒一滴眼泪。但是在拿破仑的军队入侵西

《关于一座纪念碑的建议》 | 讽刺拿破仑的漫画

班牙以后，公众舆论却转而反对这位曾在马伦哥会战[1]、奥斯特里茨战役和上百次革命战役中取胜的昔日英雄，因为拿破仑强迫西班牙人接受一个他们所憎恶的国王，并且屠杀仍然效忠原统治者的马德里人。拿破仑不再是革命的英雄，而是成为旧制度所有恶习的化身，英格兰只是在这个时候才有可能引导迅速扩散的憎恨情绪，致使一切正直的人们都成为法兰西皇帝的敌人。

当英格兰的报纸披露恐怖统治骇人听闻的详情时，英格兰人从一开始就对此深恶痛绝。一个世纪前，他们在查理一世统治时期就发动过一场大革命。与巴黎的动乱相比，这场革命显得过于单纯。在一般的英格兰人看来，雅各宾派是一个人人见而诛之的恶魔，而拿破仑则是群魔之首。英格兰舰队从1798年起封锁法兰西，摧毁了拿破仑打算通过埃及入侵印度的计划，迫使他在尼罗河畔取得一系列胜利之后遭受屈辱的失败。英格兰最终在1805年等到了盼望已久的时机。

在西班牙西南岸的特拉法尔加角附近，纳尔逊[2]歼灭了拿破仑的舰队，使之再也无法重整旗鼓。从那时起，拿破仑一直被困于陆地。即便如此，如果他能当机立断，接受列强体面的和谈条件，他仍能继续成为欧洲大陆公认的统治者，但是拿破仑被自己取得的荣耀冲昏了头脑。他要独霸天下，不能容忍任何敌手的存在。他将怒火转向了俄罗斯，那片神秘的土地一望无际，拥有取之不竭的炮灰。

只要俄罗斯仍由凯瑟琳女皇的笨蛋儿子保罗一世统治，拿

---

1 马伦哥位于北意大利西部城市亚历山大德里亚附近。1800年6月14日，拿破仑在著名的马伦哥会战中以少胜多，大败奥军，创造了军事史上的一个奇迹。

2 霍雷肖·纳尔逊（1758—1805），英国海军上将，在1805年的特拉法加战役中击溃了法兰西和西班牙组成的联合舰队，但他本人则不幸中弹阵亡。

破仑就知道如何对付他。保罗越发胡作非为，恼怒的臣民被迫将他杀害，否则他们都会被流放到西伯利亚的铅矿上。保罗的儿子——沙皇亚历山大却不像他父亲那样对拿破仑这位篡位者怀有好感，而是视其为人类的公敌、和平的破坏者。他是一个虔诚的人，自信上帝选中他来拯救世界，以摆脱科西嘉人所带来的灾祸。他与普鲁士、英格兰和奥地利联盟，结果仍被打败。他5次出征作战，均告失败。1812年，他再次辱骂拿破仑。法兰西皇帝怒不可遏，发誓要打到莫斯科，迫使俄罗斯求饶。西班牙、德意志、荷兰、意大利和葡萄牙虽然不情不愿，但是仍然派遣部队开往北方，打算严惩俄罗斯，以抚慰伟大的法兰西皇帝遭受的羞辱。这场战争的结果人所共知。经过两个月的长途行军，拿破仑抵达了俄罗斯首都，在神圣的克里姆林宫搭建了他的司令部。1812年9月15日夜，莫斯科燃起一场大火，烧了4天4夜。到了第5天的晚上，拿破仑下令部队撤退。两星期之后，天开始降雪。军队冒着大雪在泥泞中跋涉，直到11月26日才到达别列津纳河。正在此时，俄罗斯人开始发动猛烈的进攻。哥萨克人围住了溃不成军的法兰西大军。12月中旬，第一批幸存者才开始出现在德意志的东部城市。

接着，各地纷纷谣传即将发生叛乱。欧洲人说："我们挣脱难以忍受的枷锁而重获自由的时机已到。"他们开始搜寻无处不在的法兰西间谍未曾发现的猎枪。但是不等他们获悉战事的真相，拿破仑已经率领一支新的部队返回。拿破仑丢弃了战败的部队，乘坐小雪橇匆匆赶回巴黎。他发出了最后的号令，要求征召更多的部队，以抵御外国入侵神圣的法兰西国土。

十六七岁的孩子跟着他向东迎战联军。1813年10月16日、18

《波拿巴登陆英国 48 小时后》｜英国｜吉尔瑞

在作于1803年的漫画中，约翰牛（英国佬代称）用粪叉举着拿破仑的头颅，说道：『怎么样，还想掠夺古老的英格兰吗？还想把英国人变成法国的奴隶吗？啊，多么令人憎恶的头颅！』

日和19日3天，莱比锡爆发了一场恶战。身穿绿色军服和蓝色军服的少年相互厮杀，流血染红了易北河。10月17日下午，俄罗斯大批的步兵预备队突破了法兰西人的防线，拿破仑逃之夭夭。

拿破仑返回巴黎，让位于他的幼子，但是联军坚持应由已故的国王路易十六的弟弟路易十八继承法兰西王位。在哥萨克人和德意志枪骑兵的簇拥下，那位目光呆滞的波旁王子趾高气扬地进入了巴黎。

拿破仑沦为地中海厄尔巴小岛的最高统治者，他在那里将看管马厩的少年组成一支小型部队，安排他们在棋盘上厮杀。

他一离开法兰西，人们便开始意识到他们遭受的损失。尽管他们付出了沉重的代价，但是过去的20年却是一个荣耀辉煌的时期，巴黎曾是世界的首都。那个肥胖的波旁国王在流放期间什么本事都没有学会，但却什么东西都没有忘记，每个人都对他的懒惰望而生厌。

1815年3月1日，盟国的代表正准备开始厘清纷乱的欧洲版图，拿破仑却突然在戛纳附近登陆了。不到一个星期的时间，法兰西军队便背弃了波旁王室，赶赴南方效忠那个"小军曹"。拿破仑直奔巴黎，在3月20日到达。他这一次谨慎行事，主动提出媾和，但是盟国坚持与之作战。全欧洲都起来反对这个"背信弃义的科西嘉人"。拿破仑迅速向北进军，打算赶在敌军会合之前予以歼灭。然而，拿破仑再也没有了往日的雄风。他疾病缠身，极易疲劳，竟在应当指挥先头部队进攻时沉睡不醒。此外，他也失去了许多忠于他的老将，他们已经先后去世了。

6月初，拿破仑的部队开进比利时。同月16日，他击败了布吕歇尔指挥的普鲁士军队，可是属下的一名指挥官没有遵照命令

《两位令人恐惧的国王》 | 英国 | 托马斯·罗兰森

本漫画作于1813年，讽刺拿破仑兵败莱比锡。

歼灭败退的部队。

两天以后，即6月18日，拿破仑与惠灵顿在滑铁卢附近相遇。这一天是星期日，到了下午2点，法兰西人似乎快要取胜。3点时分，东方的地平线上扬起一阵尘土。拿破仑以为他的骑兵部队即将到来，英格兰人现在肯定会被击败。他到了4点才明白过来。老布吕歇尔诅咒谩骂，驱赶属下疲惫不堪的部队投入激战之中，这一意外的举动打乱了拿破仑部队的阵线。拿破仑再也没有预备队可以调动。他告诉部下尽力保护自己，自己却一逃了之。

拿破仑第二次让位于他的儿子，这一天正好是他从厄尔巴岛脱逃的第100天。他赶往海边，打算前往美国。1803年，法兰西的殖民地路易斯安那面临被英格兰人占领的危险，于是他低价将它卖给了年轻的美利坚合众国。他说："美国人会感激我，他们会给我一小块土地和一所住宅，我可以在那里安度我的晚年。"可是，英格兰舰队当时监控着法兰西所有的港口。拿破仑置身于盟国的陆军和英格兰的战舰之间，无路可逃。普鲁士人打算将他枪决，英格兰人也许较为大度。他在罗什福尔等候，希望形势能有转机。在滑铁卢之战的一个月以后，他接到法兰西新政府的命令，要求他在24小时内离开法兰西本土。他总是扮演悲剧的角色，他在致英格兰摄政王(国王乔治三世住在疯人院)的信中，向殿下汇报了他的打算，即"听凭敌人的摆布，希望像提米斯托克利[1]那样在敌人的火炉旁受到礼遇"。

7月15日，拿破仑登上"贝勒罗丰号"军舰，将佩剑交给霍

1　提米斯托克利（Themistocles，公元前525—公元前460），又译地米斯托克利，古希腊杰出的政治家和军事家，主张雅典建立一支强大的海军，曾在萨拉米湾海战中打败波斯舰队。因被诬陷叛国，被迫流亡波斯。

瑟姆海军上将。他在普利茅斯被转移到"诺森伯兰"号军舰上，然后被送往圣赫勒拿岛。他在岛上度过了人生最后的6年。他尝试撰写回忆录，常常与他的看守争吵，追忆过去的时光。奇怪的是，他又回到了人生的起点，至少在他的幻觉中是如此。他回忆自己曾为革命而征战。他试图说服自己，他一直是"自由、博爱、平等"这一伟大信条忠实的朋友，国民公会中那些衣衫褴褛的士兵曾将这一信条传播到世界各地。他喜欢大谈自己担任总司令和执政官的岁月，很少会谈及帝国。有的时候，他也思念他的儿子莱希斯塔德公爵，他的"小鹰"住在维也纳，年轻的哈布斯堡家族的表亲们视其为"穷亲戚"，而他们的父辈曾经一听到拿破仑的名字就会吓得浑身发抖。在弥留之际，拿破仑幻想他正率领他的部队取得胜利。他命令内伊[1]带领卫队出击。接着，他与世长辞了。

　　如果你们想了解他奇特的一生，如果你真的希望了解一个人只是凭借意志的力量怎么能够统治那么多的人，而且长达那么多年，那就不要阅读有关他的著述。这些书的作者对这位皇帝非恨即爱。你们会了解众多的史实，但是"感觉历史"比了解历史更为重要。不要看书，有机会听一位优秀的艺术家演唱那首名叫《两个掷弹兵》的歌曲，然后再去看书。歌词的作者是伟大的德国诗人海涅[2]，他就生活在拿破仑时代。作曲是德国人舒曼[3]。每

1　米歇尔·内伊（1769—1815），法兰西元帅，拿破仑的名将之一，波旁王朝第二次复辟后被处死。

2　海因里希·海涅（1797—1856），出生在德国杜塞尔多夫一个破落的犹太商人家庭，著有《诗歌集》、《哈尔茨游记》、《德国，一个冬天的童话》、《论浪漫派》、《西里西亚织工之歌》和《罗曼采罗》等。

3　罗伯特·亚历山大·舒曼（1810—1856），德国作曲家和音乐评论家，代表作有钢琴曲《蝴蝶》、《狂欢节》、《交响练习曲》和《幻想曲集》等，协奏曲有《a小调钢琴与乐队协奏曲》、《a小调大提琴与乐队协奏曲》和《d小调小提琴与乐队协奏曲》等，此外还有4部交响曲。

《我抽烟，为我的罪孽哭泣》| 拿破仑在圣赫勒拉岛上

当拿破仑拜会他的岳父[1]时，舒曼都有机会目睹与他的祖国为敌的拿破仑。因此，这首歌曲的创作者是两位完全有理由憎恨这个暴君的人。

去听听这首歌曲！然后你们就会理解从成千册的书中无法获悉的东西。

1　即玛丽·路易斯的父亲弗朗茨二世（1768—1835），神圣罗马帝国的末代皇帝（1792—1806）、奥地利帝国的第一任皇帝（1804—1835），因而又称弗朗茨一世。他还是匈牙利与克罗地亚国王（1792—1835）和波希米亚国王（1792—1835）。弗朗茨发起了5次反拿破仑的神圣同盟，在拿破仑倒台后主持了维也纳会议，成立了维也纳体系和神圣同盟，以恢复欧洲的旧秩序。

《威胁神圣同盟的幽灵》| 房龙

第54章　神圣同盟

拿破仑被送到圣赫勒拿岛以后，在可恶的"科西嘉人"手下屡战屡败的统治者们立即在维也纳开会，力争消除法兰西大革命带来的诸多变化。

欧洲各国的君主、王公、特命全权大臣和普通的高官带着众多的秘书、仆从和听差继续他们的工作，可怕的科西嘉人突如其来的复辟粗暴地打断了他们的努力，现在他已经在圣赫勒拿岛的烈日下度日如年。为了隆重庆祝胜利，宴会、花园晚会和舞会接连不断地举行。舞会上兴起新奇而惊人的"华尔兹舞"，那些怀念旧制度小步舞的女士们和先生们对此极为反感。

在将近一代人的时间里，他们一直过着引退的生活。危险终于解除了。他们巧舌如簧，大谈他们曾经度过怎样的艰苦生活，他们指望赔偿在雅各宾派统治时期损失的全部钱财。可恶的雅各宾派竟然杀害他们的加冕国王，废除了假发，以巴黎贫民窟的破马裤取代凡尔赛宫的短裤。

你们也许会认为我提及这些琐事有些荒唐，但是你们要知道，在维也纳会议上，这类荒唐的事件不胜枚举，诸如"长裤与短裤"这样的问题就讨论了数月之久，与会代表对这些问题的兴趣甚于有关撒克逊或西班牙的问题。普鲁士国王陛下竟然订制了一条短裤，以公开表示他蔑视一切革命事物。

另一位德意志的君主对革命表现出更大的憎恶，他下令假如他的臣民在那个科西嘉魔鬼统治期间曾向法兰西的篡位者交纳赋税，那么他们应该向热爱他们的合法统治者交纳同等的赋税，如此等等。这样的失误不断发生，直到有人惊讶之余疾呼："看在老天爷的份上，为什么没有人表示反对呢？"的确，为什么没有人表示反对呢？因为人民完全疲惫不堪，他们处于完全绝望之中，只要能够过上和平的生活，他们对什么都不在乎，不管以怎样的方式统治他们，或从何处统治他们，或由谁人统治他们。他们对战争、革命和改革已经感到厌倦。

在上世纪的80年代[1]，他们曾围着自由之树跳舞。王公们拥抱他们的厨师，公爵夫人与仆从们一起跳着卡曼纽拉舞，他们真诚相信平等和博爱的千年盛世终于降临到了这个罪恶的世界。千年盛世没有到来，革命委员却不期而至，他安排了十几个肮脏的士兵住在他们的客厅。等到这位革命委员返回巴黎，向他的政府报告"被解放的国家"热忱接受法兰西人民对友邻呈交的宪法，那些士兵却在这时偷走他们家中的餐具。

听说一个名叫波拿巴或布拿巴的青年军官调转枪口对准暴民，镇压了革命引发的最后一次骚乱，他们松了一口气。少了一点"自由、博爱、平等"似乎倒是一件好事。随后不久，这个名叫波拿巴或布拿巴的青年军官却成了法兰西共和国的三位执政官之一，继而成了唯一的执政官，最后又成了皇帝。他比以往的统治者更能干，对可怜的臣民实施铁腕统治，毫无怜悯之心。他强迫他们打发自己的儿子们入伍，打发自己的女儿嫁给他的将军。他夺走他们的字画和塑像以丰富个人的私藏。他将整个欧洲变成一座军营，致使几乎整整一代男人战死沙场。

现在他已经走了。除了少数的职业军人以外，人们只有一个愿望，希望没有人打扰他们。在一段时间内，他们准许实行自治，投票选举市长、市政官员和法官。这种制度遭到彻底的失败。新的统治者没有经验，他们穷奢极欲。人们在绝望之下求助于旧制度的代表人物。他们说："你们像以前那样统治我们。告诉我们欠下多少赋税，只要不打扰我们就行。我们忙着修复自由时期遭受的损失。"

1　文中指18世纪80年代，即法兰西大革命时期。

在著名的维也纳会议召开期间，操控一切的幕后人物当然尽量满足人们休养生息的愿望。维也纳会议的主要成果是缔结了"神圣同盟"，由此警察成为国家最主要的强势机构，胆敢对官方的法令提出批评的人会遭到最严厉的处罚。

欧洲有了和平，然而这种和平犹如墓地般的宁静。

维也纳会议三大重要人物是俄罗斯沙皇亚历山大、代表奥地利哈布斯堡王朝的梅特涅[1]和曾任奥顿主教的塔列朗[2]。任凭法兰西政府的风云变化，塔列朗以狡黠和精明而独善其身，他现在前往奥地利首都，尽他之所能挽救遭受拿破仑摧残的法兰西。如同打油诗中无忧无虑的小伙子一样，他对别人的轻视浑然不知。这位不速之客参加宴会大吃大喝，仿佛他真的是被人邀请的贵宾。的确，他没过多久便坐在餐桌的主位，以风趣的故事逗众人开心，以迷人的风度博得了大家的好感。

他到达维也纳不到24小时，便知道盟国分为两个敌对的阵营，一方是俄罗斯和普鲁士，另一方是奥地利和英格兰。俄罗斯想要获取波兰，普鲁士想要吞并萨克森。奥地利和英格兰竭力阻止兼并他国的领土，因为普鲁士或俄罗斯如果称霸欧洲会损害他们的利益。塔列朗以高超的技巧挑拨双方。由于他的努力，法兰西人民没有像欧洲其他国家那样遭受帝国官员长达10年的压迫。他申辩法兰西人民在这件事上别无选择，拿破仑强迫他们奉旨行事，但是拿破仑已经走了，路易十八登上了王座。塔列朗请求说："给他一次机会。"盟国乐于见到一位合法的君主统治一个曾经爆发革命的国

1　即克莱门斯·温策穆克·奈波穆克·洛塔尔（1773—1859），又称梅特涅—温内堡公爵，奥地利政治家，曾任奥地利外交大臣和首相，神圣同盟的组织者之一。

2　夏尔·莫里斯·德·塔列朗—佩里戈尔（1754—1838），法兰西大革命时期著名的外交家，在连续6届的法兰西政府中担任外交部长、外交大臣和总理大臣。

家，于是被迫作出让步，给了波旁王朝一次机会，而波旁王朝却浪费了这次机会，结果在15年后又被赶下了台。

维也纳三巨头的第二位人物是奥地利首相梅特涅，他担任奥地利首相，负责制定哈布斯堡王朝的外交政策。梅特涅—温内堡亲王温采尔·洛塔尔人如其名。他是一个封建大领主，一位风度翩翩的英俊绅士，非常有钱，极其能干，可是他所生活的世界远离城市和农庄上挥汗劳作的大众千里之外。法兰西革命爆发时，梅特涅正值青春年少，正在斯特拉斯堡大学求学。斯特拉斯堡曾是《马赛曲》的诞生地，这里一直是雅各宾派的活动中心。梅特涅记得愉快的社交生活戛然中止，自己黯然神伤。突然之间，大批无能的公民竟被召去执行并不适合于他们的任务，结果暴民杀害了完全无辜的民众，以庆祝他们迎来新自由的曙光。他未能看到广大群众诚挚的热忱，以及妇女和儿童眼中闪现希望的光芒。那些妇女和儿童给国民公会衣衫褴褛的军队送去面包和水，目送他们大步穿过市区而开赴前线，为法兰西祖国光荣献身。

这一切让这个年轻的奥地利人陡生厌恶。这是不文明之举。如果要进行战斗，参加战斗的人必须是精神抖擞的青年，他们身穿漂亮军服，骑着精心照料的马匹冲过绿色的田野。把整个国家变成一个散发恶臭的军营，而且竟在一夜之间把流浪汉提升为将军，这种做法简直是邪恶而愚蠢的行为。"看看你们那些美好的想法竟有这般结果，"如果参加奥地利不计其数的大公之一举行的一次安静的小型餐会，他会对法兰西外交官说，"你们要自由、博爱、平等，却得到了拿破仑。如果你们满足于现状，形势会好得多。"他随即会解释他那一套"稳定"的制度，鼓吹应该恢复战前美好的正常秩序，人人过着幸福的生活，没有人奢谈

《每个体制都需要运动》 ┃ 讽刺梅特涅的漫画 ┃ 卡尔·扎皮斯

"人人平等"的废话。他的态度情真意切。由于他是一个能干的人，具有坚强的意志和出色的口才，因而他是法兰西革命思想最危险的敌人之一。他一直活到1859年，所以亲眼看到他的所有政策遭到彻底的失败，1848年的革命将之一扫而光。他接着发现自己成为欧洲最痛恨的人，不止一次有被愤怒的群众处以私刑的危险。直到末日来临，他仍然坚信他的所作所为正确无误。

他始终相信人民宁要和平而非自由，他竭力给予他们最好的东西。公正地说，他建立世界和平的努力相当成功。直到1854年俄罗斯与英格兰、法兰西、意大利和土耳其之间爆发克里米亚战争[1]，大国之间在长达40年的时间里没有互相残杀。这在欧洲大陆创下了一项纪录。

这次华尔兹式的会议的第三位主角是亚历山大沙皇，他由他的祖母、著名的叶卡捷琳娜女皇在宫中抚养长大。他接受了两种教育，他那精明的祖母教导他应把俄罗斯的荣誉视为生命中最重要的东西，而他的私人教师是崇拜伏尔泰和卢梭的瑞士人，给他灌输的知识是普爱人类。这个孩子长大以后便成为一个奇怪的混合体，他既是一个自私的暴君，又是一个感情用事的革命者。在他发疯的父亲保罗一世活着的时候，他曾经历了莫大的屈辱，不得不目睹了拿破仑在战场上的大屠杀。随后却物换星移，他的军队为盟国赢得了胜利，俄罗斯成为欧洲的救世主，于是领导一个强大民族的沙皇被奉为半人半神，能够医治人世间众多的创伤。

但是亚历山大并不十分聪明。他不像塔列朗和梅特涅那样识人有术，不管是男人还是女人。他不理解外交这种奇特的游戏。

《真正的维也纳会议》 | 房龙

虽然虚荣之心人皆有之，但他尤其虚荣，乐于听到众人的欢呼，因而很快便成为维也纳会议主要的"热点人物"，而梅特涅、塔列朗和极其能干的英格兰代表卡斯尔雷[1]则围桌而坐，就着一瓶托考伊甜酒，决定采取什么行动。他们需要俄罗斯，因而对亚历山大非常客气，然而他个人参与会议的实际工作越少，他们就越高兴。他们甚至鼓励他提出的"神圣同盟"的计划，以便在他们忙于手头的工作时，他也没有片刻的空闲时间。

亚历山大善于社交，喜欢参加宴会，结交各种各样的人。虽然他在这些场合兴高采烈，但是他的性格却有一种极其异样的气质。他尽量忘却某种难以忘怀的东西。1801年3月23日晚，他坐在彼得堡圣·米迦勒宫[2]的一个房间里，等待父亲逊位的消息。喝得酩酊大醉的军官们把文件放在桌上，但是保罗拒绝签名。军官们盛怒之下，用一条围巾缠住他的脖子，将他勒死。接着他们走下楼，告知亚历山大，他已成为全俄的沙皇。

沙皇是一个非常敏感的人，那个可怕的夜晚一直铭刻在他的心中。他曾学习过伟大的法兰西哲学家们的著作，这些哲学家并不相信上帝，而是崇尚人类的理性。然而，仅有理性无法满足处于困境的沙皇。他开始幻听幻视。他试图寻求一个能够使他的良心得到安宁的方法。他变得非常虔诚，对神秘主义开始产生兴趣，对于神秘而未知事物的奇特爱好如同底比斯和巴比伦的神庙一样古老。

大革命时代激变的情感以一种奇怪的方式影响了当时人们

1　即罗伯特·斯图尔特（1769年—1822年），卡斯尔雷子爵，英国政治家，曾任外务大臣，协助领导反拿破仑的大联盟，在1815年的维也纳会议上发挥了主要的作用。

2　西方人所说的圣·米迦勒宫即米哈伊洛夫城堡，为沙皇保罗一世下令建造，位于圣彼得堡中心的文化广场。

的性格。经历了20年的焦虑和恐惧，男男女女都不大正常。只要一听见门铃响，他们就吓得跳起来，因为这也许意味着他们的独生子"光荣牺牲"的噩耗。在痛不欲生的农民听来，有关"兄弟之情"和"自由"之类的革命术语只是空洞的词汇。只要能给他们带来新的安慰，帮助他们应对生活的困苦，他们就抓住不放。在悲痛和苦难之中，他们轻易受骗上当，大批的骗子扮成先知，从《启示录》中挖掘出一些晦涩的章节，宣扬某种奇特而新颖的教义。

亚历山大咨询过大批的江湖术士，他在1814年听说冯·克吕德纳男爵夫人，这位新的女巫预言世界末日即将到来，规劝人们尽早悔过。她是俄罗斯人，曾是沙皇保罗时代俄罗斯一名外交官的妻子，年龄不详，声名不佳。她挥霍了丈夫的金钱，以种种奇怪的桃色绯闻使他颜面尽失。她过着极为放荡的生活，一度精神失常。在见到一个朋友突然死亡以后，她皈依了宗教，摈弃了浮华的享乐。她向她的鞋匠忏悔她过去的罪孽，这位鞋匠是摩拉维亚的一名教友，追随过康斯坦茨宗教会议在1415年以异端邪说之罪被处以火刑的宗教改革者约翰·胡斯。

在随后的10多年，男爵夫人在德意志专门从事王公贵族"皈依"宗教的工作。促使欧洲的救世主亚历山大认识自己所犯的错误是她平生最大的抱负。亚历山大由于苦于难以自拔，因而愿意倾听能给他带来一线希望的人，于是安排会见男爵夫人。1815年6月4日傍晚，她被带入沙皇的营帐，她发现他正在阅读《圣经》。我们不知道她对亚历山大说了些什么，但是她在3个小时后离去之时，亚历山大泪流满面，发誓说"他的灵魂终于得到安宁"。自那以后，男爵夫人便成为他忠实的伴侣，充当他的宗教导师。她跟随他到了巴黎，然后又去了维也纳。除了出席各种舞会以外，亚历山大便参加男爵夫人的祈祷会。

你们也许会问，我为什么对你们详细介绍这一故事。这个精神失常的女人最好被人遗忘，她的所做难道比19世纪的社会变革更重要吗？社会变革当然更重要，但是这一方面的图书不胜枚举，讲述的史实极其准确而详尽。我希望你们在学习这一段历史时不仅要了解接连发生的史实，而且对待所有的历史事件都不要抱有先入之见的态度。不要满足于"某时某地发生了某某事件"这种简单的表述而是要尽量发现每一个行动背后隐藏的动机，只有这样才能更好地理解周围的世界，更有机会帮助别人，如此才是真正令人满意的生活方式。

我不希望你们把神圣同盟当做1815年签订的一纸文件，藏在国家档案馆中的某个地方，无人查阅，早已被人遗忘。也许它已经被人遗忘，但是绝没有被废弃。神圣同盟直接影响了门罗主义的颁布，门罗主义所谓美洲属于美洲人的主张对你们的生活关系重大。因此，我希望你们确切理解神圣同盟的文件是如何产生的，以及表面上宣扬虔诚信教和恪守基督教职责，真实的动机又是怎样。

神圣同盟是一个男人和一个女人共同努力的结果。那个男人生而不幸，遭受了可怕的精神创伤，竭力安抚自己惶恐不安的灵魂。那个女人则野心勃勃，虚度了一生，失去了她的美貌和魅力，为了满足自己的虚荣并挽回狼藉的声名，创立了一个新奇的教派，自命为弥赛亚。我告诉你们这些细节，并未泄露任何的秘密。像卡斯尔雷、梅特涅和塔列朗这样头脑冷静的人完全理解喜怒无常的男爵夫人能力有限。梅特涅轻易可以将她送回她在德意志的庄园，给帝国警察首领写个便条就能解决这一问题。

法兰西、英格兰和奥地利需要与俄罗斯保持友善的关系，它们不敢得罪亚历山大。它们只得容忍这个愚蠢的男爵老夫人。虽然它们认为神圣同盟完全是一堆垃圾，没有一点价值可言，但是仍然耐心听着沙皇向他们宣读盟约的初稿。盟约以《圣经》为基础，旨在缔造普天之下人人皆兄弟的世界。这正是神圣同盟的宗旨，这一庄重文件的签署者宣称他们"在治理各自的国家和处理与他国政府的政治关系方面，以神圣宗教的训诫，即正义、基督教慈善与和平作为唯一的指导原则，不仅适用于个人，而且应该直接影响君主的议政会议，必须以此作为唯一的手段加强人世的机构并弥补其缺陷的每一步行动。"他们接着承诺一定要团结一致，"结成真正不可分割的相助关系，视彼此为同胞，任何情况和任何地点都应相互援助。"如此等等。

奥地利皇帝最终签署了《神圣同盟条约》，尽管他对此一个字也看不懂。波旁王朝也签了字，他们需要拿破仑的宿敌的友谊。普鲁士国王签了字，他希望争取亚历山大支持他的"大普鲁士"计划。听凭俄罗斯摆布的所有欧洲小国也签了字。但英格兰始终没有签字，因为卡斯尔雷认为这一切全是废话。教皇没有签字，他对一个希腊东正教徒和一个新教徒干涉他的事务感到愤懑。土耳其苏丹没有签字，因为他对此一无所闻。

欧洲的大众不久便被迫对此加以注意。在《神圣同盟条约》空洞的词句背后是梅特涅拢几个大国组建的五国同盟军队。军队不是闹着玩的。他们要让世人知道，欧洲的和平不能任由一帮所谓的自由党人破坏，这些人其实就是乔装打扮的雅各宾派分子，希望重回到革命的年代。人们对于1812年、1813年、1814年和1815年的解放战争曾经充满了热情，现在却平静下来，转而真诚相信幸福的生活即将来临。曾经经历战争考验的士兵向往和平，他们也宣扬和平。

但是他们并不需要神圣同盟与欧洲列强会议强加于他们的和平。他们高呼他们被出卖了。他们小心谨慎，以防被秘密警察的暗探听到。神圣同盟的反动是成功的。之所以采取如此的反对政策，是因为有些人真诚地相信他们为了人类的福利必须这样做。但是，如果他们的意图不是出于这样的好心，他们的反动同样令人难以接受。这种反动引起了许多不必要的苦难，极大地延缓了政治发展的有序进程。

《黑暗势力》｜西班牙｜戈雅

本漫画针砭的是虚伪、耶稣会和宗教裁判所。

第55章 强大的反动势力

他们企图压制所有的新思想，以确保世界迎来不受扰乱的和平时代。他们使秘密警察成为国家最高的职能部门，所有国家的监狱不久就住满了声称有权按照民意实行自治的人们。

清除拿破仑的狂飙时代所造成的损失几乎是不可能的。多年的禁锢一扫而光。40多个王朝的宫殿遭到严重的破坏，根本无法居住。王室的其他府邸大肆扩建，悍然祸害周边不幸的邻居。革命潮流虽然消退，但是清除遗留的各种奇怪的思想残余却会给整个社会带来危险。维也纳会议的政治工程师们尽其所能，取得了如下的成就。

由于法兰西多年来屡次破坏世界和平，因而人们对这个国家不免怀有恐惧之心。虽然波旁王朝通过塔列朗的嘴巴答应行为检点，但是"百日政变"却让欧洲接受了教训，以防拿破仑再次逃亡。荷兰共和国改为王国。比利时在16世纪未参与荷兰人的独立斗争，此后一直属于哈布斯堡家族，先是归于西班牙统治，后又划归奥地利统治，现在又成为荷兰新王国的一部分。虽然信仰新教的北方和信仰天主教的南方均不赞成这种联合，但是没有人提出质疑。这样做似乎对欧洲和平有利，而这正是当时主要的考虑。

波兰曾经抱有很大的希望，因为一个名叫亚当·查多依斯基[1]亲王的波兰人是沙皇亚历山大的知交之一，在战争期间和维也纳会议期间长期担任沙皇的顾问，可是波兰却作为一个半独立的国家被划入俄罗斯，亚历山大兼任波兰国王。这个解决办法引起波兰人的普遍不满，从而导致了三次革命。

丹麦始终是拿破仑的忠实盟友，因而受到了严惩。7年前，英格兰的一支舰队驶到了卡特加特海峡，轰炸了哥本哈根，既没有宣战也没有提出警告，而且还掳走了丹麦舰队，以防它变成拿

---

1 即亚当·耶日·恰尔托雷斯基（1770—1861），波兰贵族、政治家和作家。恰尔托雷斯基曾任沙皇亚历山大一世的外交部长和总理大臣，1830年11月的波兰起义之后被推举为波兰临时政府总统。

破仑的财产。维也纳会议更进一步，将1397年与丹麦结成卡尔马联盟[1]的挪威分裂出去，交给了瑞典国王查理十四世，以奖励他背叛拿破仑。令人称奇的是，这位瑞典国王曾是法兰西将军，名叫贝纳多特。他以拿破仑副官的身份前往瑞典，由于荷尔斯泰因—戈托普王朝最后一位统治者死时身后无嗣，于是他便应邀登上该国的王座。从1815到1844年，他以卓绝的才能统治他所入籍的国家，尽管他从未学会该国的语言。他是一个精明能干的人，深受瑞典和挪威臣民们的爱戴，但他未能将这两个在秉性和历史上截然不同的国家统一起来。这个合二为一的斯堪的纳维亚国家终究未获成功，挪威在1905年以非常和平而有序的方式成为一个独立的王国，瑞典人反而祝愿挪威"一切顺利"，极其明智地让它走自己的道路。

自文艺复兴时代起，意大利人长期遭受侵略，他们曾对波拿巴将军寄予莫大的希望，可是拿破仑皇帝却使他们大失所望。意大利人希望建立一个统一的国家，但是国家却被分为若干个小的公国、侯国、共和国和教皇国。除了那不勒斯以外，教皇国在整个意大利半岛是治理最差、生活最苦的地区。维也纳会议废除了拿破仑时期建立的几个共和国，恢复了几个旧的公国，交给哈布斯堡家族中几个理应受封的男女成员。

不幸的西班牙人最先发动反抗拿破仑的伟大的民族起义，他们为了维护本国的国王而做出莫大的牺牲，但是维也纳会议却对他们做出严厉的处罚，容许国王陛下重返国土。这个邪恶的家伙

1　1397年6月17日，丹麦、挪威和瑞典三国在瑞典东南沿海的卡尔马城堡签署了《卡尔马条约》，三个国家组成卡尔马联盟。

即是斐迪南七世[1]，他曾被拿破仑关押了4年。为了打发日子，他
给心爱的守护神像编织衣服。重登王位以后，他恢复了大革命期
间废除的宗教法庭和刑讯房。他是一个令人讨厌的家伙，遭到他
的臣民和4位妻子的唾弃，神圣同盟却维护他的合法王位。为了
摆脱这个祸根并在西班牙建立一个君主立宪国家，正直的西班牙
人进行了不懈的努力，结果均以流血和死刑而告终。

1807年，葡萄牙的王室成员逃到巴西的葡属殖民地，葡萄牙此
后一直没有国王。在1808年至1814年的半岛战争期间，该国曾被当
做基地，为惠灵顿军队提供给养。1815年以后，葡萄牙仍然相当于
英国的一个行省，直至布拉干萨王朝[2]恢复王位为止。布拉干萨家
庭的一名成员留在里约热内卢担任皇帝，领导美洲唯一的帝国，直
到这个国家在几年以后，即在1889年，成为一个共和国。

虽然东方的斯拉夫人和希腊人仍是土耳其苏丹的臣民，但
却没有采取行动改善他们的境况。1804年，一个叫黑乔治的塞
尔维亚养猪人，即卡拉乔治维奇王朝的创始人，带头反抗土耳其
人，但他被敌人打败，然后被一个他误以为是朋友的人所害，那
个人即是米洛什·奥布雷诺维奇，另一位塞尔维亚人的领袖，奥
布雷诺维奇王朝的创始人。土耳其人继续成为巴尔干人无可争议
的主人。

希腊人早在2000年前就失去了独立，先后接受马其顿人、罗
马人，威尼斯人和土耳其人的统治，他们盼望他们的同胞科孚人

1　斐迪南七世（1784—1833），两次任西班牙国王，一次在1808年，另一次从1813年至
　　1833年。
2　布拉干萨王朝或家族从1640年至1910年一直统治葡萄牙，其支系从1822年至1889年曾
　　经统治过巴西王国。

《为什么（一场绝望的斗争）》｜西班牙｜戈雅

本画是一幅控诉之作。1808年，拿破仑的雇佣军入侵西班牙，首都马德里近郊的农民奋起抗击侵略者，可不幸斗争失败。法国人在5月3日的晚间和次日凌晨，逮捕并屠杀了上千名起义者。

卡波·迪斯特里亚[1]和亚历山大最亲密的朋友之一恰尔托雷斯基能为他们做点什么。但是，维也纳会议对希腊人没有兴趣，倒是对维护所有"合法"君主的宝座非常关心，不管他们信仰基督教、伊斯兰教或别的宗教。因此，维也纳会议没有采取任何行动。

维也纳会议所犯的最后一个错误是处理德意志问题，这也许是最大的错误。宗教改革和三十年战争不但摧毁了这个国家的繁荣，而且使之在政治上成为一个烂摊子。德意志包括两三个王国、几个大公国、众多的小公国和几百个侯国、公侯领地、男爵领地、选帝侯领地、自由城市和自由乡村，当权者形形色色，这种情形只在喜剧的舞台上才能见到。弗雷德里克大帝改变了这一切，他创建了一个强大的普鲁士，但是这个国家在他死后不久即行瓦解。

拿破仑大笔一挥，否决了大多数小国的独立要求，300多小国到了1806年只剩下了52个。在争取独立的伟大斗争中，许多青年士兵梦想建立一个强大而统一的祖国，但是没有坚强的领袖就无法统一国家，而这位领袖是谁？

德语地区有5个王国，其中奥地利与普鲁士的统治者为教皇加冕，而巴伐利亚、萨克森和维滕贝格的统治者为拿破仑所封，他们原是皇帝的忠实亲信，他们的爱国之心与其他德意志人相比并不突出。

维也纳会议成立了一个新的德意志邦联国家，这是一个包括38个主权国家的联盟，由奥地利国王领导，现在又称奥地利皇帝。对于这种临时措施，没有人感到不满。的确，在举行加冕典

1　卡波·迪斯特里亚（1776—1831），即扬尼斯·安东尼奥斯·卡波迪斯特里亚斯公爵，曾任俄罗斯帝国的外交官，希腊独立以后第一任总统。

礼的古城法兰克福，德意志议会宣告成立，讨论了有关"共同政策"的重大问题。但是议会的38名代表各自为政，代表了38个国家的利益，在投票时无法取得一致的意见。议会曾有一条规定，即任何决策都要获得一致的投票，这一规定曾在几个世纪以前摧毁了强大的波兰王国。著名的德意志邦联很快成为欧洲的笑柄，这个古老帝国的政治开始变得如同上世纪40年代和50年代的中美洲国家一样。

对于为了民族理想而牺牲一切的人们来说，这简直是奇耻大辱，但是维也纳会议对臣民个人的情感毫无兴趣，因而中止了这场辩论。

有人表示反对吗？当然有人反对。针对拿破仑的仇恨一旦平息下去，进行大战的热情也随之减退，人们也完全理解了以"和平与稳定"的名义犯下的罪行。于是，他们立即开始窃窃私语，甚至威胁说要公开暴动，可是他们又能怎么样？他们并不掌握实权，受到历史上最残暴、最高效的警察体制的控制。

出席维也纳会议的成员们真诚地相信"革命原则导致前皇帝拿破仑犯下了篡位的罪行"，因而他们认为有责任消除忠于所谓的"法兰西思想"的信徒，正如菲利普二世仅是根据自己良心的呼唤，竟然焚烧新教徒或绞死摩尔人。16世纪初，凡是有人不相信教皇拥有以自认为合适的方式统治人民的神权即被视为异端，所有忠实的信徒都有责任将他杀死。19世纪初，在欧洲大陆上，凡是有人不相信国王或其首相拥有以自认为合适的方式统治人民的神权即被视为异端，所有忠诚的公民都有责任向警察举报，务必使他受到惩罚。

然而，1815年的统治者们却从拿破仑的思想中学会高效的统治手段，他们处理事务的能力比1517年好得多。1815至1860年是政治间谍大显身手的伟大年代。间谍到处都有，他们既住在宫中，也会出现在最低档的酒店。他们通过钥匙孔窥视内阁部长的密室，他们偷听坐在市政公园长椅上呼吸新鲜空气的人们相互之间的谈话。他们警卫边境，防止护照没有正式签证的人们离境。他们检查所有的行李包裹，决不允许带有危险的"法兰西思想"的书籍进入国王的领土境内。他们在讲堂里与学生们坐在一起，教授如有一句话针砭现状的言论即会遭殃。他们跟在男女学童的后面，防止他们逃学。

许多任务是在神职人员的协助下完成的。教会在革命期间蒙受了极大的损失。教会的财产被没收，多名教士遭到杀害。1793年10月，公安委员会宣布废除礼拜上帝的习俗，曾经学习伏尔泰、卢梭及其他法兰西哲学家的教义问答的那一代人竟然载歌载舞，庆祝理性的胜利。教士们跟随移民远走他乡，他们现在随着反法同盟的军队返回故土，并且着手进行报复。

连耶稣会的信徒们也在1814年回来了，并且恢复了以前教育青年的工作。在与教会的敌人作战时，耶稣会取得了不小的成就。耶稣会在世界各地都设立了分支机构，向当地人宣讲基督教的教义，但是很快便发展成正规的贸易公司，不断干涉市政当局的工作。在推行改革的葡萄牙首相蓬巴尔侯爵[1]统治时期，耶稣会教士被逐出了葡萄牙土地。在欧洲大多数天主教国家的请求下，教皇克莱门特十四世曾经在1773年取缔了耶稣会。现在耶稣会教士们恢复了工作，向孩子们宣讲"顺从"和热爱合法王朝的

1　蓬巴尔侯爵（1699—1782），葡萄牙政治家，曾任驻英国和维也纳大使，后为若泽一世国王的首相，1750年至1777年为葡萄牙的实际统治者。

原则，而孩子们的父母曾经租赁商店的橱窗，嘲笑过玛丽·安托瓦内特被推上断头台而结束她的苦难。

在像普鲁士那样的新教国家里，形势一点也未见好转。1812年间伟大的爱国领袖，以及鼓吹对篡位者发动一场圣战的诗人和作家们，现在都被划为危险的"煽动分子"。他们的房子遭到搜查，信件遭到检查，他们需要定期向警察报告自己的行踪。普鲁士的军训教官在纵容下肆意体罚年轻的一代。一群学生在古老的瓦特堡庆祝宗教改革300周年纪念，他们虽然吵吵嚷嚷，其实并无恶意，普鲁士的官僚们却认为一场革命迫在眉睫。一名神学院的大学生过于诚实却不大聪明，他杀死了在德意志活动的一名俄罗斯政府间谍，各个大学立即遭到警察的监管，教授们不经任何形式的审讯即被监禁或解职。

当然，俄罗斯在反革命活动中的表现甚至更为荒谬。亚历山大已从虔诚的宗教狂热中恢复过来，逐渐变得忧郁。他深知自己的能力有限，并且认识到他在维也纳被梅特涅和那个叫克吕德纳女人耍弄了。他越来越背弃西方，开始成为一个真正的俄罗斯统治者。俄罗斯统治者的利益在君士坦丁堡，那个古老的圣城曾是斯拉夫人的第一位导师。随着年纪的增大，他工作愈加努力，但却成就有限。当他坐在书房室时，他的大臣们将整个俄罗斯变为军营林立的土地。

这决不是一幅美妙的画面。也许我应该缩短对强大的反动势力所作的描述，但是你们应该对这个时代有个彻底的了解。企图扭转历史的时钟已经不是第一次了，但结果通常都是一样。

《反对派砍伐自由之树》 | 朔尔茨

本画作于 1850 年，针砭的是反革命，原载于《哗啦啦报》。

第56章 民族独立

民族独立的热情过于强烈，无法予以熄灭。南美洲人首先反抗维也纳会议的反动措施，希腊、比利时、西班牙和欧洲大陆大批的国家纷纷效仿，19世纪充满了独立战争的传闻。

有人会说如果维也纳会议做了这样或那样的事情，而没有采取这样或那样的方针，那么19世纪的欧洲历史就会截然不同。这种说法毫无意义。维也纳会议的与会者刚刚经历了一场大革命，可怖的战争在20年间几乎从不中断。他们相聚开会的目的是给欧洲带来"和平与稳定"，他们以为欧洲人民需要并希望得到这种"和平与稳定"。他们即是我们据称的反动派。他们真诚地相信广大人民没有统治自己的能力。他们重新规划了欧洲的版图，仿佛这样最有把握取得持久的成功。虽然他们以失败告终，但是并非是因为他们蓄意作恶。他们在很大程度上是旧派人物，仍然怀念平静的青年时代幸福的时光，因而热切地希望恢复过去的美好生活。他们未能看到许多革命原则已经在欧洲大陆深入人心。虽然这是一件不幸的事情，但却难以算是罪行。法国大革命的成果之一既教育了欧洲，也教育了美洲，使人们明白他们有权组成自己的"民族"。

拿破仑目空一切，对待民族感情和爱国热忱极端粗暴，但是早期的革命将领们宣扬一种新的思想，即"民族不是政治问题，无关圆脑袋和大鼻子，而是事关心灵"。在教导法兰西的孩子们时，他们称颂法兰西民族如何伟大。这样的做法鼓励了西班牙人、荷兰人和意大利人，他们纷纷加以效仿。这些国家的人民不久全都接受了卢梭的学说，相信原始人具有超常的道德，于是他们开始追溯过去，发现埋在封建制度废墟下的遗骨，他们认为这些遗骨曾属于一个强大的种族，而他们就是这些种族无能的后裔。

19世纪的上半叶是历史大发现时代。各国的历史学家们忙于发表中世纪的宪章和中世纪早期的编年史，结果每个国家都对古老的祖国产生了新的自豪感。这种情感主要是基于对历史事实的误读。但在现实的政治中，真实性无关紧要，关键在于人民是否相信这是真实的。在绝大多数国家中，国王和臣民对祖先的荣耀和声望深信不疑。

维也纳会议没有打算感情用事。那些权贵根据六七个王朝的最大利益划分了欧洲的版图，"民族的自决"被列在附录当中，与所有危险的"法国思想"一起被编入禁书目录。

然而，历史不会尊重什么会议。出于这样或那样的原因，"民族"对于人类社会的有序发展似乎是不可缺少的。这一点或许是历史的法则，至今尚未引起学者们的关注。阻止这一潮流的企图注定不会成功，梅特涅阻止人民思考的努力就以失败告终。

奇怪的是，麻烦率先起于极其遥远的南美洲。在拿破仑战争进行的许多年间，西班牙在那块大陆的殖民地获得了一段相对独立的时期。西班牙国王被法国皇帝俘获以后，这些殖民地仍然效忠于国王。1808年，约瑟夫·波拿巴[1]被他的弟弟任命为西班牙国王，殖民地对他拒不承认。

的确，美洲唯一深受革命影响的是哥伦布首次航行到达的海地岛。1791年，法兰西国民公会一时冲动，出于博爱之情，准予黑人兄弟享受白人主子的所有权利。突然之间，他们又后悔采取了这一行动。收回先前承诺的企图导致了一场持续多年的恶战，一方是拿破仑的内弟勒克莱尔[2]将军，另一方是黑人首领杜桑·卢维杜尔。1801年，杜桑应邀与勒克莱尔会面，商讨和平协议。在杜桑行前，对方郑重承诺绝不加害于他。杜桑相信了他的白人

---

1 约瑟夫·波拿巴（1768—1844），法国皇帝拿破仑一世的哥哥，受封为那不勒斯和西西里国王（1806—1808）及西班牙国王（1808—1813）。

2 夏尔·勒克莱尔（1772—1802），法国大革命战争时期的主要将领，他于1802年率远征军前往海地，杀害了杜桑·卢维杜尔，后因黄热病死在海地。

对手。他被装上了一条船，不久之后便死在法国人的监狱。尽管如此，黑人终究获得了独立，建立了共和国。另外，在第一位伟大的南美爱国者领导他的国家摆脱西班牙的统治时，这些黑人对他提供了极大的支持。

西蒙·玻利瓦尔[1]于1783年出生在委内瑞拉的加拉加斯，曾在西班牙接受教育，在巴黎看过革命政府如何运作，又在美国住过一段时间，然后返回了故乡。当地的人民对宗主国西班牙普遍不满，并且开始采取反抗行动。委内瑞拉于1811年宣布独立，玻利瓦尔成为一名革命将领。不到两个月，起义失败了，玻利瓦尔出逃。

在随后的5年里，他所领导的独立事业显然没有成功的希望。他拿出了自己的全部财产，如果没有海地总统的援助，他最后的征战不会取得胜利。在此之后，暴动席卷整个西属南美洲，西班牙在没有援助的情况下显然无法镇压这场暴动，于是便求助于神圣同盟。

这一行动让英国深为担忧。不列颠的船主在荷兰之后称霸全世界的海运业，他们期望在南美洲所有宣布独立的国家获得丰厚的暴利。他们希望美利坚合众国加以干涉，但是美国参议院没有这样的计划，众议院中也有许多人主张应该让西班牙放手一搏。

恰在此时，英国内阁更迭。辉格党下台，托利党当政。乔治·坎宁出任外交大臣，他暗示如果美国政府宣布不赞成神圣同盟镇压南美大陆殖民地反叛的计划，那么英国乐于出动舰队全

1　西蒙·玻利瓦尔（1783—1830），19世纪初拉丁美洲独立运动最杰出的领袖，他所领导的独立战争建立了玻利维亚、哥伦比亚、秘鲁、厄瓜多尔、巴拿马和委内瑞拉等国。

《西蒙·玻利瓦尔像》

力支持。因此，1823年12月2日，门罗[1]总统对国会发表讲话，宣称："美国认为同盟国将其制度向西半球扩展的企图危及我们和平与安全。"他警告："美国政府认为神圣同盟这样的行动是对美国不友好的具体表现。"4个星期之后，"门罗主义"的全文在英国报纸上刊载，神圣同盟的成员要被迫做出抉择。

梅特涅犹豫了，他本人倒是愿意承担得罪美国人的风险，因为美国在1812年的英美战争之后忽视陆海军建设，然而坎宁的威胁性态度和欧洲大陆的麻烦迫使他谨慎行事。因此，远征军未能成行，南美洲和墨西哥获得了独立。

欧洲大陆的麻烦来势迅捷而凶猛。1820年，神圣同盟派出法国军队前往西班牙，充当和平卫士。奥地利军队被派往意大利，承担类似的职责，当时"烧炭党"[2]——烧炭工人的秘密组织——正在宣传建立统一的意大利，反抗民愤极大的那不勒斯王费迪南多。

从俄罗斯也传来了坏消息，亚历山大一世的去世便是圣彼得堡爆发革命的预兆。所谓的十二月党人的起义——因为发生在12月——是一场短暂的流血暴动，大批优秀的爱国者被绞死，这些人对亚历山大晚年的反动行动深恶痛绝，他们试图在俄罗斯建立立宪政府。

更糟糕的事情还在后面。梅特涅先后在埃克斯—拉—夏佩累、特罗保、莱巴赫和维罗纳召开了一系列的会议，试图争取欧

1　詹姆斯·门罗（1758—1831），美国第五任总统，1823年发表了"门罗主义"的政策，即欧洲列强应该撤出美洲的殖民地，也不应干涉美国与墨西哥等美洲国家的主权纷争。

2　烧炭党是一个秘密的民族主义政党，19世纪初在那不勒斯王国成立，因成员最初为了躲避搜捕而在山区烧炭而得名。19世纪后期，该党在意大利统一的过程中发挥了至关重要的作用。

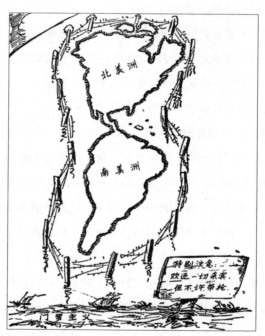

《门罗主义》| 房龙

洲各国君主的支持。各国代表准时到会，地点都是宜人的滨水之地，奥地利首相常常到此避暑。他们总是答应要竭尽全力镇压暴乱，但是却没有成功的把握。人民的情绪开始变得激进，尤其是在法国，国王的处境非常不妙。

真正的麻烦始于巴尔干半岛各国，这一地区有史以来就是入侵者进入西欧的必经之路。暴动首先发生在摩尔达维亚，即古罗马的行省达契亚，公元3世纪从罗马帝国的版图划出。自那以后，这个地方有点像亚特兰蒂斯，成为一片失落的土地，那里的人民继续讲古罗马语，他们自称罗马人，管他们的国家叫罗马尼亚。1821年，一位年轻的希腊人，即亚历山大·伊普西兰蒂王子[1]，发动了反抗土耳其人的斗争。他告诉他的追随者，他们肯定会得到俄罗斯的支持。梅特涅的快速信使不久便赶到了圣彼得堡，沙皇完全接受了奥地利维护"和平与稳定"的观点，因而拒绝给予支持。伊普西兰蒂被迫逃往奥地利，结果被投入监狱长达7年。

同一年，即1821年，希腊开始有了麻烦。自1815年起，一个希腊爱国者的秘密组织一直准备发动一场暴动。他们突然在摩里亚半岛——即古代的伯罗奔尼撒半岛——升起了独立的旗帜，赶走了土耳其驻军。土耳其人采取惯用的手段进行报复。他们逮捕了君士坦丁堡的希腊大主教，希腊人和许多俄罗斯人视其为他们的教皇。他们在1821年的复活节绞死了大主教和他的一批主教，而希腊人则屠杀了在摩里亚半岛首府特里波利斯城所有的穆斯林。土耳其人以袭击希俄斯岛作为报复，他们屠杀了2.5万名基

1　亚历山大·伊普西兰蒂（1792—1828），出生于希腊一个贵族家庭，拿破仑战争期间曾在俄罗斯军队中担任高级军官，曾是以解放希腊为目标的秘密组织友谊社的领袖之一。

督教徒，并把其他的4.5万人作为奴隶卖到亚洲和埃及。

希腊人随后向欧洲各国君主求援，但是梅特涅却说了一大通话，告诉他们这是"自作自受"。我不是想使用双关语，而是直接引用那位尊贵的亲王殿下通报沙皇的讲话，即这场"暴动的烈火应在文明的范围之外任其熄灭"。边界关闭，不让希望营救希腊爱国人士的志愿者出境。希腊人的事业似乎要以失败告终。在土耳其的请求下，埃及军队在摩里亚半岛登陆，土耳其的旗帜很快又在雅典卫城这一古老的堡垒上空飘扬。埃及军队随后以"土耳其方式"实行安民措施。梅特涅默默关注事态的发展，等待威胁欧洲和平的企图终将成为历史遗迹的那一天到来。

英国再一次打乱了他的计划。英国最大的辉煌不是庞大的殖民领地，也不是财富或海军，而是每一个普通公民都有坚定不移的英雄主义精神和独立个性。英国人遵纪守法，因为他们知道尊重他人的权利体现了狗窝与文明社会的差别，但是他们却不喜欢别人干涉自己的思想自由。如果他们认为政府的行为是错误的，他们会站起来表明自己的观点，受到他们批评的政府会尊重他们，并且全力保护他们免遭暴民的攻击。当今的暴民如同在苏格拉底时代一样，常常喜欢摧毁那些在勇气或智力上胜过他们的人。正义的事业，无论多么不受人欢迎，也无论在多么遥远的地方，坚定的追随者中总会有大批的英国人。英国大众与其他国家的大众没有什么区别。他们忙着手头的实事，无暇从事不切实际的"冒险行为"，但是他们相当欣赏行为怪异的邻居，这些人会抛下一切而为亚洲或非洲某些鲜为人知的人民战斗。邻居如果战死，他们会为他举行风光的公开葬礼，并且告诫自己的孩子学习他的过人勇气和骑士精神。

　　甚至连神圣同盟的警探都对这种民族特性无可奈何。拜伦勋爵是一个年轻的英国富家子弟，他写的诗歌让全欧洲为之落泪。1824年，他扯起了风帆，驾驶他的游艇前往南方帮助希腊人。过了3个月，消息传遍欧洲，他们的英雄在希腊的最后一个据点迈索隆吉翁阵亡。他的孤单离世激发了人们的斗志，世界各国纷纷成立各种组织以帮助希腊人。拉法耶特这位参加过美国革命的老人在法国呼吁支持希腊人的独立事业。巴伐利亚国王派去数百名军官。金钱和物资源源不断，救助迈索隆吉正在挨饿的人们。

　　曾经挫败神圣同盟南美洲计划的乔治·坎宁在英格兰当上了首相，他看到有机会再次击败梅特涅。英格兰和俄罗斯的舰队已经到达了地中海，两国政府之所以派出舰队，是因为它们再不敢压制国内民众支持希腊独立事业的激情。法兰西也派来了舰队，因为在十字军东征结束之后，法兰西一直担当保卫伊斯兰国家中基督教徒的角色。1827年10月20日，这三个国家的军舰在纳瓦里诺湾攻击并歼灭了土耳其舰队。很少会有一场战斗的捷报引发如此众多的民众欢庆胜利。西欧各国与俄罗斯的人民在本国并没有获得自由，但是他们心系受压迫的希腊人，以想象自己参与一场争取自由的战斗而聊以自慰。1829年，他们终于如愿以偿。希腊成为一个独立的国家，反动派维护和平的政策又一次遭到失败。

　　如果我在这么简短的篇幅中，向你们详细介绍其他国家的民族独立斗争，那么必定是荒唐可笑的，因为已有大批的杰作探讨过这些话题。我之所以描述希腊人民的独立斗争，是因为这场斗争率先攻击维也纳会议旨在"维持欧洲稳定"而建立的反动堡垒，并且取得了胜利。镇压人民的势力仍然强大无比，而且梅特涅继续发号施令，但是维也纳会议体系的末日即将来临。

波旁王朝在法兰西完全不顾文明战争的条例和法律，建立了一套几乎令人无法忍受的警察制度，企图消除法国革命的影响。路易十八于1824年去世，当时人民经历了9年的"和平"生活，这种"和平"甚至比法兰西帝国10年的战争更加不幸。路易十八的弟弟继承了王位，号称查理十世。

波旁家族向来什么本事都不学，什么东西都不忘。路易十八就是这样一个人。他无法忘记在哈姆城听到兄长惨遭砍首的那天早晨，因而经常提醒自己，国王如果误判形势或许会遭到同样的下场。另一方面，查理不到20岁，个人欠债竟然高达5000万法郎。他其实什么都不懂，什么记性都没长，也决意什么本事都不学。他一旦继承哥哥的王位，立即就组建了一个"教士所有、教士所治和教士所享"的政府。威灵顿公爵[1]作出如此的评论，我们不能称他为激进的自由主义者，因为查理十世的统治方式无视法律和秩序。查理十世企图镇压敢于批评政府的报纸，甚至解散了支持报界的议会。在这种情况下，他的末日就为期不远了。

1830年7月27日夜，巴黎爆发了革命。7月30日，国王逃往海边，乘船去了英格兰。这一出"著名的15年闹剧"就这样宣告结束，人们终于把波旁王朝赶下了法兰西王位。波旁家族的成员实在是无能之极。虽然法兰西也许可以恢复共和制，然而梅特涅却不会容忍这一举措。

形势实在太危险了。暴动的火星越过了法兰西的国境，点燃了民怨鼎沸的另一个火药库。荷兰新王国未获成功。比利时人

1　威灵顿公爵（约1769—1852），又译惠灵顿，英国军事家和政治家，因在拿破仑战争中表现出色而获连番擢升，最终获英国陆军元帅军衔，并被法兰西、俄罗斯、普鲁士、西班牙、葡萄牙和荷兰六个国家授予元帅军衔，为世界历史上唯一获得七国元帅军衔者。

和荷兰人毫无共同之处，他们的国王奥兰治的威廉——沉默者威廉的一个叔叔的后裔——尽管努力工作，而且经商有道，但他缺乏机智灵活的应变能力，难以维系两个不同民族之间的和睦。此外，逃离法兰西的大批教士立即涌入比利时。不管信奉新教的威廉一世想做什么，群情激发的大批民众都会发动新一轮的抗议活动，高呼"天主教要自由"。8月25日，布鲁塞尔爆发了反对荷兰统治的民众抗议活动。两个月以后，比利时人宣布独立，他们推选英格兰维多利亚女王的舅舅——科堡的利奥波德担任国王。如此良策解决了困扰荷兰与比利时的难题。两个本来就不应合并的国家分道扬镳，此后倒也和睦相处。

虽然那个时代只有几条不长的铁路线，火车运行缓慢，但是得知法兰西和比利时的革命者取得胜利的消息传到波兰以后，波兰人与他们的俄罗斯统治者之间立即爆发了一场冲突。双方鏖战了一年，结果俄罗斯人取得了彻底的胜利。俄罗斯人以著名的俄罗斯方式"在维斯杜拉河两岸建立了秩序"。1825年，尼古拉一世继承哥哥亚历山大的皇位，他坚信他的家族拥有神授王权。在西欧避难的波兰人成千上万，他们亲身体会了神圣同盟的原则在神圣的俄罗斯只是一纸空文而已。

意大利也经历了一段动荡的时期。帕尔马的女公爵玛丽·路易莎被赶出了自己的国家，她曾是法兰西皇后，拿破仑兵败滑铁卢之后将她离弃。教皇国的人们群情激昂，他们竭力建立一个独立的共和国，但是奥地利军队开进了罗马，很快就恢复了往日的秩序。梅特涅继续住在哈布斯堡王朝外交大臣的普拉茨官邸。秘密警察重操旧业，和平重于一切。又过了18年，人们再次努力将欧洲从维也纳会议可怕的统治下解救出来，这一次取得了更大的成功。

　　作为欧洲革命的风向标，法兰西再次显现出暴动的迹象。路易·菲利普继查理十世成为法兰西国王，他的父亲是著名的奥尔良公爵，参加过雅各宾派，投票支持处死他的表亲，在革命初期以"平等菲利普"为名发挥过一定的作用。罗伯斯庇尔借口清剿全国所有的"叛徒"，实为清除与他意见不一的人，结果奥尔良公爵被杀，他的儿子被迫脱离革命队伍而逃亡。年轻的路易·菲利普游走四方，他曾在瑞士教过书，然后又在美国不为人知的"大西部"探险数年。拿破仑垮台以后，他返回了巴黎。他比波旁王朝的表亲聪明得多。他生活简朴，经常腋下夹着一把红布伞在公园里溜达，后面跟着一群孩子，活像是一位慈祥的父亲。然而，法兰西已经不再需要国王，路易却对此一无所知。1848年2月24日上午，一群人拥进了杜伊勒里宫，赶走了国王陛下，宣布成立共和国。

　　这一消息传到维也纳以后，梅特涅漫不经心地表示，这不过是1793年的旧戏重演。同盟国的军队会再次被迫进军巴黎，以结束这一场完全不合乎民主的骚动。可是两个星期过后，他所在的奥地利首都也爆发了公开的骚乱。梅特涅从他的官邸后门逃走，躲过了暴民的搜捕。斐迪南皇帝在臣民的逼迫之下颁布了一部宪法，接受了首相在过去的33年一直企图压制的大多数革命原则。

　　这一次全欧洲都深为震动。匈牙利宣布独立，在路易斯·科苏特的领导下开始与哈布斯堡王朝交战[1]。这场实力对比悬殊的

1　1849年4月匈牙利正式宣布独立，科苏特当选为国家元首。同年5月，哈布斯堡王朝联合沙皇俄国出兵匈牙利，科苏特随后逃往土耳其。1867年，奥地利被迫妥协，同意匈牙利实行内部自治。

本画讽刺的是法国国王路易·菲利普。

《欧洲最伟大的走钢丝演员》｜法国｜杜米埃

斗争持续了一年，最后被率领军队越过喀尔巴阡山脉的沙皇尼古拉所镇压。匈牙利再次恢复了君主专制。哈布斯堡王朝设立了特别军事法庭，绞杀了在战场上未被打败的大多数匈牙利爱国者。

至于意大利，西西里岛赶走了波旁王朝的国王，宣布脱离那不勒斯而独立。教皇国的首相罗西[1]被刺身亡，教皇被迫出逃。法国军队在第二年护送教皇回国。为了保护教皇陛下免遭臣民的侵袭，法国一直在罗马派驻军队。直到1870年，为了抵御普鲁士人入侵法兰西，法兰西军队才被调回。在这种情况下，罗马成为意大利的首都。北方的米兰和威尼斯奋起反抗奥地利的统治者，虽然得到撒丁国王阿尔伯特的支持，但是拉德斯基[2]率领一支强大的奥地利军队进入波河流域，在库斯托扎和诺瓦拉附近打败了撒丁人，迫使阿尔伯特让位于他的儿子维克托·伊曼纽尔，后者在几年以后成为统一的意大利第一位国王。

1848年的动荡也波及德意志，人民广泛要求实现政治统一，并且建立代议制政府。巴伐利亚国王[3]迷上了一个爱尔兰女人，在她的身上花费了大量的时间和金钱，结果被愤怒的大学生们赶下了台。这个女人名叫洛拉·蒙蒂茨，当时冒充西班牙的舞女，她死后葬在纽约的波特墓地。普鲁士国王[4]被迫站在巷战中遇难者的棺材前脱帽致哀，并且答应组成立宪政府。1849年3月，德意志议会在法兰克福开幕，来自全国各地的550名代表提议由普鲁士国王弗雷德里克·威廉担任统一的德意志皇帝。

1　佩雷里诺·罗西（1787—1848），意大利经济学家、政治家和司法学家，曾任教皇国驻法国大使和庇护九世的司法大臣，1848年被刺身亡，未曾担任过教皇国的首相。

2　拉德斯基伯爵，捷克贵族，著名的奥地利将领，从军70多年，1836年晋升陆军元帅。拉德斯基德高望重，奥地利作曲家老约翰·施特劳斯专门为他谱写了《拉德斯基进行曲》。

3　巴伐利亚国王指路德维希一世。

4　指弗雷德里克·威廉四世。

　　然而，时代潮流却在这时开始转变。无能的斐迪南让位于他的侄儿弗朗茨·约瑟夫。训练有素的奥地利军队仍然忠于他们的军阀。刽子手接受了很多的工作。哈布斯堡王朝有一个奇怪的特点，经常能够化险为夷，这次又是稳住了阵地，然后以东西欧霸主的身份，迅速加强了自己的地位。他们以极其娴熟的手段玩弄政治游戏，利用德意志其他几个王国的嫉妒心理阻止普鲁士国王称帝。他们接受过承受失败的长期训练，懂得忍耐的重要性，而且知道怎样等待。在他们等待时机之时，其他人却侃侃而谈，陶醉于自己美妙的辞藻。奥地利人悄悄集结了他们的军队，解散了法兰克福议会，重新建立了难以实现的德意志旧联盟。维也纳会议曾经希望在全世界未加提防之际，推行德意志联盟这种体制。

　　这次奇怪会议的与会者都是不切实际的激进分子，其中包括一个叫俾斯麦的普鲁士乡绅，他善于观察，极其厌恶夸夸其谈，知道空谈将会一事无成，其实每个讲究行动的人都是一样。他是一个真挚的爱国者，只是自行其是。他的外交理念深受旧式思想的影响，他不仅在散步、喝酒和骑马方面胜人一筹，欺骗对手同样棋高一着。

　　俾斯麦深信小国组成的松散联邦必须加以改变，使之成为一个强大的统一国家，否则无法抵御其他的欧洲强国。由于接受了效忠君主的封建思想教育，他认为自己一向对之效忠的霍亨索伦家族应该统治这个新的国家，而绝不是无能的哈布斯堡王族。为了达到这一目的，他必须首先清除奥地利的影响，于是开始进行必要的准备，以实施这一痛苦的外科手术。

　　与此同时，意大利已经解决了自身的问题，摆脱了为之憎恨的奥地利统治者。意大利的统一是加富尔¹、马志尼²和加里波第³三个人的功劳。三人之中，戴着钢丝边近视眼镜的加富尔是土木工程师，他的作用是在政治上谨慎把握方向。马志尼是大众鼓动家，为了躲避奥地利警察的追捕在欧洲东躲西藏。加里波第率领一群粗犷的骑兵，他们身穿红上衣，让广大民众心驰神往。

马志尼和加里波第都希望建立共和政府，而加富尔则赞成君主制。大家都认可加富尔在处理国家政务方面才能超人，所以就接受了他的意见，为了挚爱的祖国能有更好的前途而放弃了自己的理想。

加富尔对待撒丁家族的态度如同俾斯麦对待霍亨索伦家族一样。他以非凡的谨慎和过人的精明，引导撒丁国王担任全意大利的领袖。欧洲其他地区动荡不安，这种形势对他实现自己的计谋极为有利。作为意大利所信任（常常也不信任）的近邻，法兰西对意大利的独立所做的贡献超过了任何一个国家。

在那个动荡的国家里，虽然共和国在1852年11月突然垮台，但是并不出乎人们的意料之外。拿破仑三世——前荷兰国王路易·波拿巴的儿子、拿破仑一世的侄子——重建了帝国，遵照"上帝的旨意和人民的意愿"自任皇帝。

这位年轻人曾在德意志接受过教育，他的法语夹杂着刺耳的条顿语喉音，如同第一位拿破仑在讲他所入籍国家的语言时带有浓重的意大利口音。为了自己的利益，他竭力利用拿破仑家族的

---

1 即米米洛·奔索·加富尔（1810—1861），撒丁王国的首相，力促撒丁国王伊曼纽尔二世统一意大利，亲任意大利王国第一任首相。

2 即朱塞佩·马志尼（1805—1872），意大利作家和政治家，参加过烧炭党，创建了青年意大利党，为意大利统一运动的重要人物。

3 即朱塞佩·加里波第（1807—1882），意大利政治家和军事家，参加过烧炭党，率领意大利军团在南美洲作战，在意大利独立战争中发挥了重要的作用。

这幅奥地利漫画原载于维也纳《喔喔啼报》，针砭的是拿破仑三世和普鲁士威廉一世。

《拿破仑三世与普鲁士威廉一世》

传统，但是他树敌太多，对于自己能否坐稳现成的皇帝宝座把握不大。他争取到维多利亚女王的友谊，做到这一点并非难事，因为女王陛下并非特别精明，非常喜欢听信别人的阿谀奉承。欧洲其他国家的君主却对这位法国皇帝抱有羞辱性的傲慢态度，他们日思夜想，策划新的计谋对付他们打心里鄙视的这位自命不凡的"好兄弟"。

拿破仑被迫寻找一条消除这种敌视态度的办法，要么让人爱慕，要么令人生畏。他非常清楚他的臣民仍然迷恋"辉煌"一词。为了皇位不得不赌一把，因而他决定加大赌注。他以俄罗斯进攻土耳其为借口发动了克里米亚战争，挑动英格兰与法兰西联手站在土耳其苏丹一边对抗沙皇。这场战争代价昂贵，却没有一点收益。不管是法兰西，还是英格兰或俄罗斯，都没有辉煌可言。

然而，克里米亚战争却做了一件好事，撒丁有机会主动站在获胜一方。在和平来临时，加富尔乘机要求英格兰和法兰西以行动表示谢意。

这位聪明的意大利人先是利用国际形势使撒丁成为欧洲公认的重要列强之一，然后又在1859年6月挑起了撒丁与奥地利之间的战争。他以萨伏依和原属意大利的尼斯城作为交换的条件，从而取得了拿破仑的支持。法意联军在马真塔和索尔费里诺打败了奥地利人，随后原属奥地利的几个省和公爵领地被并入统一的意大利王国。佛罗伦萨成为新意大利的首都，直到1870年，法兰西为了抵御德意志人的入侵而召回自己的军队。法兰西军队一撤走，意大利军队就进驻罗马这座不朽的城市。撒丁王室搬进了古代的一位教皇在君士坦丁大帝浴室的废墟上建立的旧奎里纳莱宫[1]。

教皇搬到了台伯河的对岸，躲进了梵蒂冈的高墙深院之内。教皇格里高利十一世在1377年从亚维农流放归来以后，他的继任者大多住在梵蒂冈。教皇大声抗议强夺其领地的专横行为，并且发出呼吁书，寻求同情他蒙受如此损失的忠实天主教徒的支持。可是忠实的信徒太少，而且人数在不断减少。由于摆脱了国事的纠缠，教皇倒是能以全部时间处理宗教方面的问题。教皇置身于欧洲政客的琐碎争执之上，从而获得了一种新的尊严，这给教会带来了极大的好处，使之成为推动社会和宗教进步的一股国际势力，比新教的大多数教派更能理智地看待现代的经济问题。

在解决意大利问题时，维也纳会议曾打算把这个半岛划为奥地利的一个省，这种企图最终未能得逞。

德意志问题仍然未能解决，而且这个问题似乎最棘手。1848年的革命失败之后，大批富有朝气、思想活跃的德意志人移居国外。这些年轻人移居到美利坚合众国、巴西及亚洲和美洲的新殖民地。他们的工作由一批不同的德意志人所接替。

在德意志议会失败之后，自由派未能建立一个统一的国家。在法兰克福召开的新议会上，奥托·冯·俾斯麦代表普鲁士王国出席了会议。我们在前面曾经提到俾斯麦，他在此时已经获得了普鲁士国王的全面信任，而这正是他所追求的目标。他对普鲁士议会或普鲁士人民的意见丝毫不感兴趣。他亲眼目睹了自由派的失败。他知道除非通过战争，否则无法摆脱奥地利，于是他开始加强普鲁士军队。议会被他专横的手段所激怒，拒绝向他提供必

1　奎里纳莱宫坐落于罗马的奎利纳莱山，原本是教皇的宫殿，1871年罗马并入意大利王国后改为意大利国王的王宫，1946年以后成为意大利共和国的总统府。

需的信贷。俾斯麦甚至不屑讨论这一问题。他继续独断独行，利用普鲁士上议院和国王获得了扩军所需的资金。接着，他伺机寻找一个关系民族大业的事端，以此在全德意志人民之间激起一股爱国主义的巨浪。

德意志北部的石勒苏益格和荷尔施泰因公国从中世纪起一直麻烦不断。这两个国家的居民既有丹麦人，也有德意志人。尽管两个国家由丹麦国王统治，但是却不属于丹麦，由此棘手的事情接连不断。老天在上，我在此无意重提这个早已被忘却的问题，因为这一问题似乎在近来召开的凡尔赛会议上得到了解决。荷尔施泰因的德意志人大声疾呼他们受到丹麦人的虐待，而石勒苏益格的丹麦人尽力维护丹麦人的传统。全欧洲都参与讨论这一问题。德意志人满怀伤感，谈论他们的"离散兄弟"，连德意志的男声合唱队和体操协会都组织聆听有关的演说。没等各国使节明白过来这到底是怎么回事，普鲁士已经动员了军队，准备"收复失去的领土"。作为德意志邦联的正式首领，奥地利决不允许普鲁士在如此重大的问题上独自行动，哈布斯堡王朝也动员了军队。两个大国的联军越过了丹麦边界，尽管遭到丹麦方面的英勇抵抗，他们还是占领了这两个公国。丹麦向欧洲各国求援，但是欧洲正忙于别的事情，可怜的丹麦只好听任命运的摆布了。

俾斯麦接着准备实施建立帝国计划的第二次行动。他借口分赃不均，与奥地利发生了争执。哈布斯堡王朝落入了圈套。俾斯麦及其忠诚的将领共创的新普鲁士军队入侵波希米亚，不到6个星期便在柯尼格拉茨和萨多夫歼灭了奥地利的全军，从而打开了通向维也纳的大道，可是俾斯麦并不想走得太远，他知道在欧洲还是需要几个朋友的。他对战败的哈布斯堡王朝提出了非常体面的和平条件，即只要他们放弃对德意志邦联的领导权。他对站在奥地利一边的许多德意志小国就没有那么客气了，他把它们统统并入普鲁士。于是，北方的大多数小国成立一个新的组织，即所谓的北德意志联邦，而获胜的普鲁士便成为德意志人民非正式的统治者。

欧洲对如此迅速的强国之举目瞪口呆。英格兰倒是漠不关心，而法兰西却表现出不赞成的态度。拿破仑对法国人民的控制正在逐渐削弱，因为克里米亚战争耗资巨大，而且没有带来任何的实效。

第二次冒险发生在1863年，当时法兰西军队强迫墨西哥人民接受一个名叫马克西米利安的奥地利大公担任他们的皇帝。在美国北方取得了南北战争的胜利之后，这一行动立即遭遇彻底的失败。美国政府迫使法兰西撤军，墨西哥人民从而有机会肃清敌人，枪决了不受欢迎的皇帝。

我们应该给拿破仑的皇座涂上一层荣耀的新色彩。又过了几年，北德意志联邦成为法兰西强劲的竞争对手。拿破仑决定与德意志开战对他的王朝是一件好事。他寻机挑衅，革命不断的西班牙给他提供了一个借口。

恰在此时，西班牙王位出现了空缺。王位本来应由信奉天主教的霍亨索伦家族继承，但是法兰西对此表示反对，于是霍亨索伦家族客客气气地拒绝接受王位。拿破仑此时已经出现了患病的迹象，他对美丽的妻子欧仁妮·德·蒙蒂霍言听计从。皇后的父亲是西班牙绅士，母亲是美国派驻盛产葡萄的马拉加的领事威廉·柯克帕特里克的孙女。欧仁妮尽管精明能干，但她和当时大多数的西班牙妇女一样没有受过良好的教育。她深受她的宗教顾问的影响，而这些可敬的先生们对信奉新教的普鲁士国王没有好感。皇后建议她的丈夫"胆子要大"，可是她却省略了那句著名的普鲁士谚语的后一半，即"胆子要大，但不能太大"。拿破仑对他的军事实力信心十足，他致书普鲁士国王，要求国王向他保证"决不允许霍亨索伦家族另一位成员戴上西班牙王冠"。俾斯麦通知法兰西政府，由于霍亨索伦家族已经拒绝接受王位，提出这样的要求显然多余，但拿破仑仍不满足。

1870年的一天，威廉国王[1]正在埃姆斯河游泳，法兰西公使前来拜会，想和他重新讨论这一问题。国王和颜悦色，回答说天气很好，西班牙问题现在已经得到解决，关于这个话题无需再谈了。作为例行公事，这次会见的报告以电报的形式传给了处理所有外交事务的俾斯麦。俾斯麦为普鲁士和法兰西的报纸编写了新闻通稿。虽然许多人骂他不该这么做，可是俾斯麦却借口说自古以来编写官方消息是所有文明政府的特权。在这则"编写"的电讯发表后，柏林善良的民众认为那位傲慢而矮小的法兰西人侮辱了他们的国王——那位白发髯须的可敬老人，而巴黎同样善良的民众则勃然大怒，因为他们那位彬彬有礼的公使竟被普鲁士国王的仆役打发走。

于是双方开战，不出两个月，拿破仑及其大部分的部队被德意志人俘虏。第二帝国宣告结束，第三共和国正准备抗击德意志侵略者以保卫巴黎。巴黎坚持了5个多月。在这座城市投降前10天，在德意志人视为危险之敌的国王路易十四建造的凡尔赛宫附近，普鲁士国王公开宣布就任德意志皇帝。一阵轰隆隆的炮声告

1　即威廉一世（1797—1888），出生于霍亨索伦家族，普鲁士国王（1861—1888），第一位德意志皇帝（1871—1888）。

这幅漫画原载于《潘趣酒报》，讽刺的是拿破仑三世及其皇后欧仁妮。

《恋爱的鹰》｜英国｜约翰·坦尼尔

诉饥饿的巴黎人，一个新的德意志帝国取代了众多的条顿国家所组成的邦联国家，再不会像以前那样对邻国毫无威胁。

德意志问题就这样最终得到解决。1871年底，即在难忘的维也纳会议56周年之际，这次会议的成果得到彻底的清算。梅特涅、亚历山大和塔列朗曾经力图给欧洲人民带来持久的和平，他们采用的手段却导致连续不断的战争与革命。18世纪曾经洋溢四海皆兄弟的情怀，而在此之后却迎来了激荡的民族主义时代，这一时代至今尚未结束。

蒸汽带来的梦想

第57章　机器时代

正在欧洲人民为民族独立而战时，接连不断的发明改变了他们所生活的世界，18世纪笨拙的老式蒸汽机成为人类最忠实、最高效的奴隶。

人类最伟大的祖先早在50多万年前就已死去。他是一个多毛的生物，眉骨低，眼睛凹，下巴大，牙齿像虎牙一样坚硬。在现代科学家的集会上，他的模样不会让人觉得好看，但是大家尊他为主人。因为他曾用石头砸开过坚果，用木棒撬起过巨石，他是锤子和撬棍的发明者，这些都是我们最早的工具。他做的事情多于他的后代，从而使人类掌握了胜于这个星球其他动物的巨大优势。

自此以后，人设法通过使用大量的工具来改善自己的生活。第一个轮子，即用老树制成的圆盘，在公元前10万年的社会引起了轰动，如同几年以前飞机上天一样。

华盛顿曾经流传这样一个故事，在上世纪30年代初，一位专利局局长建议取消专利局，因为"一切皆能发明的东西都已发明了"。在史前世界，第一面船帆在木筏上升起以后，不用划桨、撑篙或拉纤，人们就能从一个地方到另一个地方，当时的人们肯定也有同样的想法。

的确，历史中最有趣的篇章是人们竭力让别的人或别的东西为其工作，而他们却悠然自得地晒着阳光，或在岩石上作画，或驯养小狼崽和小虎仔，使它们变得像家畜一样温顺。

当然，在远古的时代，总是能够奴役一个羸弱的邻居，逼迫他从事生活中令人不快的工作。希腊人和罗马人像我们一样聪明，但是却未能发明出更有趣的机器，原因之一是当时盛行奴隶制度。如果一位伟大的数学家只需极少的钱，便能在集市上购买需要的全部奴隶，他又何必浪费宝贵的时间钻研铁丝、滑轮和齿轮，让空中充满噪声和烟雾呢？

中世纪虽然废除了奴隶制，只是保留了一种较为宽容的农奴制，但是行会并不主张使用机器，因为行会认为那样会导致大批的工友失业。此外，中世纪对生产大量的产品毫无兴趣，当时的裁缝、屠夫、木匠工作是保障他们所在社区基本的需求，他们无意与邻居竞争，只会生产必不可少的产品。

在文艺复兴时期，当教会反对科学研究的偏见再也不可能像以前那样强加于人时，一大批人毕其终生的精力专心钻研数学、天文学、物理学和化学。在三十年战争爆发的前两年，一个名叫约翰·内皮尔[1]的苏格兰人出版了一本薄薄的专著，描述了对数的新发现。在战争期间，莱比锡的戈特弗里德·莱布尼茨[2]完善了微积分学。在《威斯特伐利亚和约》签订的前8年，英国伟大的自然科学家牛顿出生，同年意大利天文学家伽利略去世。与此同时，三十年战争摧毁了中欧的繁荣，人们突然普遍对炼金术产生了兴趣。炼金术是中世纪的一种伪科学，人们希望借普通的金属炼成黄金。虽然事实证明行不通，但是炼金术士在实验室里却萌发了许多新的想法，对继承其工作的化学家给予了极大的帮助。

所有这些人的工作为全世界奠定了一个坚实的科学基础，一批讲究实际的人充分利用了这一基础，从而制造出最复杂的机器。中世纪用木头造出了机器必需的少许部件，但是木头很不耐用。铁是更好的材料，但是当时铁十分稀少，只有英国才有，因此冶铁业大多集中在英国。冶铁需要在高温下进行。最初用木头生火，但是森林所能提供的木材逐渐被耗尽，随后使用"石煤"，即史前时代的树化石。但是众所周知，煤必须从地下挖

1　约翰·内皮尔（1550—1617），苏格兰数学家，对数发明人。

2　戈特弗里德·威廉·莱布尼茨（1646—1716），德国哲学家和数学家，在多个领域都有建树，和牛顿先后独立发明了微积分，被誉为17世纪的亚里士多德。

取，然后运至冶铁炉，而且煤矿不能进水。

这些是必须立即解决的两大难题。当时仍然用马拉车运煤，但是抽水必须要使用特殊的机器。有几位发明家忙着解决这一难题。他们知道新机器必须使用蒸汽。使用蒸汽的想法由来已久。早在公元前1世纪，亚历山大港的希伦[1]就为我们描绘了多个蒸汽驱动的机器。在文艺复兴时期，人们曾有制造蒸汽战车的构想。牛顿的同时代人伍斯特侯爵[2]在他那本介绍各种发明的书中谈到了一种蒸汽机。稍后不久，伦敦的托马斯·萨弗里在1698年申请了抽水机的专利。与此同时，一名叫克里斯蒂安·惠更斯[3]的荷兰人试图完善一种发动机，使用火药定时起爆以驱动机器，工作原理很像我们使用汽油来驱动内燃机一样。

在欧洲各地，人们都在忙于研究这一方面的试验。惠更斯的一位法国朋友和助手丹尼斯·帕潘[4]曾在几个国家试验蒸汽机。他发明了蒸汽驱动的小货车和明轮船。当他打算乘坐他的小船时，船员协会担心这种船会剥夺他们的生计，于是向政府投诉，结果船被政府没收。帕潘为了发明花光了所有的钱，因而陷入极度的贫困，最终死于伦敦。在他去世之时，另一个名叫托马斯·纽科门[5]的机械迷正在研制一种新型的气泵。50年以后，格拉斯

---

1 亚历山大港的希伦指希腊数学家和工程师希伦（约10—70），出生于埃及的亚历山大港，并一直生活在这个城市，为古希腊科学成就的代表人物。

2 伍斯特侯爵指爱德华·萨默塞特（约1601—1667），1628年至1644年号称拉格兰的赫伯特勋爵，英国贵族，曾在1655年出版了一本书，介绍了100多项发明，其中包括一个类似蒸汽机的机器。

3 克里斯蒂安·惠更斯（1629—1695），荷兰物理学家、天文学家、数学家，近代自然科学的开拓者之一，提出了向心力定律和动量守恒原理，改进了计时器。

4 丹尼斯·帕潘（1647—1698），法国物理学家。

5 托马斯·纽科门（1664—1729），英国工程师，蒸汽机发明人之一，他发明的常压蒸汽机是瓦特蒸汽机的前身。

哥的一名仪器制造工匠詹姆斯·瓦特[1]改进了他的机器，在1777年造出了世界上第一台真正具有实用价值的蒸汽机。

在试验"热力机"的几百年间，政治形势发生了巨大的变化。英国人继荷兰人之后，成了世界贸易的运输经营者。他们开拓了新的殖民地，把殖民地生产的原料运往英国，再将制成品销往世界各地。在17世纪，佐治亚和卡罗来纳两地的人民开始种植一种新的灌木，这种灌木长出一种奇特的绒毛物质，即所谓的"棉毛"。棉毛摘下以后被运往英国，兰开夏郡的人们将它织成布匹。工人们在家中手工织布。不久，纺织工序有了很大的改进。1730年，约翰·凯发明了"飞梭"。1770年，詹姆斯·哈格里夫斯取得"珍妮纺纱机"的专利。一位名叫伊莱·惠特尼的美国人发明了剥离棉絮与棉籽的轧花机，这项工作以前一直由人工完成，每天只能脱棉一磅。最后，理查德·阿克赖特和埃德蒙·卡特赖特牧师发明了水力驱动的大型纺织机。在18世纪80年代，法兰西召开了著名的三级会议，会议的内容即将彻底改变欧洲的政治制度。正值此时，瓦特的发动机与阿克赖特的纺织机装在一起，结果带来了一场经济及社会的大变革，几乎在全世界都改变了人与人之间的关系。

在固定式发动机取得成功之后，发明家们即刻将注意力转向借助机械装置驱动车船问题。瓦特本人曾设计了蒸汽机车的计划，但是在他完善自己的构想以前，理查德·特里维西克在1804年制造了一辆机车，能在威尔士矿区的潘尼达伦运输20吨的货物。

---

1 詹姆斯·瓦特（1736—1819），英国著名的发明家，1776年制造出第一台有实用价值的蒸汽机。

　　与此同时，一个名叫罗伯特·富尔顿[1]的美国珠宝商和肖像画家正在巴黎，试图说服拿破仑使用他的"鹦鹉螺号"潜艇和汽船，如此法国便有可能摧毁英国的海上霸权。

　　富尔顿有关汽船的构想并非他的首创，他无疑抄袭了他人。康乃狄克的一名天才机械师约翰·菲奇曾经造出汽船，1787年在特拉华河进行了首航。拿破仑及其科学顾问们却不相信自行推动的船只能有什么实用的价值，尽管已有小船搭载苏格兰制造的发动机喷着烟在塞纳河上行驶，但是这位皇帝却没有利用这一可怕的武器，否则他会报特拉法尔加战役之仇。

　　富尔顿作为一个讲究实际的实业家，回到美国以后与独立宣言的签名人之一罗伯特·利文斯顿[2]一起创办了一家成功的汽船公司。富尔顿在法兰西推销他的发明期间，罗伯特·利文斯顿是美国驻法兰西大使。新公司获得了纽约州全部水域的垄断经营权，公司的第一艘汽船克勒蒙号装配了英国伯明翰的博尔顿[3]和瓦特制造的发动机，1807年开始在纽约和奥尔巴尼之间开展定期航行的业务。

　　早在汽船投入商业运营之前，可怜的约翰·菲奇就已经凄惨而死。他的第五条船装配了螺旋桨推进器，结果意外毁坏，当时他疾病缠身，身无长物，遭人讥笑，就像兰利[4]教授在100年后制造滑稽可笑的飞行器而受人讥笑一样。菲奇一直希望能让自己的

1　罗伯特·富尔顿（1765—1815），美国人，1807年建成了世界上第一艘蒸汽机轮船克勒蒙号。

2　罗伯特·利文斯顿（1746—1813），美国政治家，独立战争时期的大陆会议代表，第一任外交部长（1781—1783）。

3　马修·博尔顿（1728—1809），英国制造商，詹姆斯·瓦特的生意合伙人。

4　塞缪尔·皮尔庞特·兰利（1834—1906），美国天文学家、物理学家，航空先驱，测热辐射计的发明者。

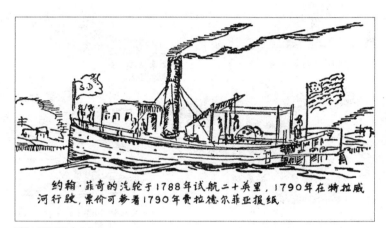

约翰·菲奇的汽轮于1788年试航二十英里，1790年在特拉威河行驶，票价可参看1790年费拉德尔菲亚报纸.

《第一条汽船》｜房龙

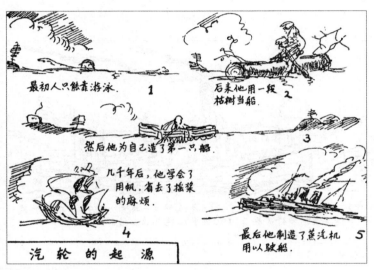

最初人只能靠游泳. 1

后来他用一段枯树当船. 2

然后他为自己造了第一只船. 3

几千年后,他学会了用帆,省去了摇桨的麻烦. 4

最后他制造了蒸汽机用以驶船. 5

汽轮的起源

《汽轮的起源》| 房龙

国家轻易穿越通向欧洲的海洋，可是他的同胞们却宁肯乘坐平底船或步行。1798年，菲奇在绝望和困苦之中服毒自尽。

20年之后，萨凡纳号汽船被制造出来，载重1850吨，时速为6节，只有毛里塔尼亚号[1]比它快4倍。该船从美国的萨凡纳出发，用了25天横越大洋，然后到达了利物浦。人们不再嘲笑汽船，这才以极大的热忱将荣誉归功于那个时运不佳的人。

6年以后，苏格兰人乔治·史蒂芬森[2]为了将煤从矿坑运往炼铁炉和棉花加工厂，一直从事机车的制造工作，结果造出了著名的"移动式发动机"，从而降低煤价将近70%，并且促成曼彻斯特和利物浦之间首次运行定期客运业务，人们以每小时15英里这一前所未闻的速度从一个城市前往另一个城市。十几年以后，车速增至每小时20英里。现今，运转正常的福特T型小汽车，即上个世纪80年代戴姆勒[3]和莱瓦索尔[4]制造的小型机动车的直系后裔，都强于早期的"喷汽小船"。

在讲究实际的工程师们改进嘎嘎作响的"热力机"之时，一群"纯"科学家正沿着一条新的线索前进，有可能揭示大自然最神秘、最隐蔽的领域。所谓的纯科学家每天花费14个小时钻研"理论性"的科学现象，没有他们的理论指导，根本无法取得机械方面的进步。

2000年前，希腊和罗马的一些哲学家注意到一种奇怪的现

1　1906年建成的毛里塔尼亚号轮船是当时世界上最大的船只，长240.8米，重3.2万吨，时速27节，设计载客2335人。该船由英国的Swan Hunter & Wigham Richardson有限公司在纽卡斯建造，属利物浦的Cunard轮船公司，1935年报废。

2　乔治·史蒂芬森（1781—1848），英国机械工程师、发明家，建造了世界上第一条公开铁路，他在1829年制造的火箭号是最早取得商业成功的蒸汽机车之一。

3　戈特利布·海因希·戴姆勒（1834—1900），德国工程师、工业设计师和实业家，发明了世界上第一台高速汽油发动机，制造了第一辆四轮汽车。

4　埃米尔·莱瓦索尔（1843—1897），法国工程师，法国汽车工业的先驱。

起初人们步行，
自己荷重。 1

后来他用马戴他和
他的行李。 2

后来他将马套在
车前（因为我不能
驾马，是由托尼·
沙格赶马的） 3

然后他在车子前的轮子上装
一架机器 4

最后他将机器装在
车子里边 5

《汽车的起源》┃房龙

象，羊毛擦拭的琥珀竟能吸住稻草屑和羽毛。在这些哲学家当中，有著名的米利都的泰勒斯[1]，以及公元79年维苏威火山爆发时在实地观察而不幸身亡的普林尼[2]，被埋入灰烬之下的庞贝和赫库兰尼姆。中世纪的学者对神秘的"电"没有兴趣。在文艺复兴运动兴起之后不久，伊丽莎白女王的私人医生威廉·吉尔伯特[3]撰写了一篇著名的论文，分析了磁体的特性。在三十年战争时期，曾经发明了真空泵的马格德堡市长奥托·冯·格里克[4]制作了第一台发电机。在随后的一个世纪里，一大批科学家致力于电的研究。1795年，至少有3名教授发明了著名的莱顿电瓶。与此同时，继本杰明·汤姆森[5]（因亲英而逃离新罕布什尔，后来称朗福德伯爵）之后，美国出现了另一位举世闻名的天才，即本杰明·富兰克林，他也关注这一方面的研究。他发现闪电和电火花都是同一种电力活动的现象。虽然他劳碌一生，但他在有生之年始终从事电学研究。此后，又出现了伏特[6]及其著名的"电堆"、伽伐尼[7]、戴伊[8]、丹麦教授汉斯·克里斯蒂安·奥斯

1　米利都的泰勒斯，公元前7至6世纪的古希腊哲学家，米利都学派的创始人，古希腊七贤之一，西方思想史上第一个有名字留下来的哲学家。

2　加伊乌斯·普林尼·塞坤杜斯（23—79），常称为老普林尼或大普林尼，古罗马作家、科学家，以《自然史》一书留名后世。

3　威廉·吉尔伯特（1540—1605），英国伊丽莎白女王的御医、英国皇家科学院物理学家，在电学和磁学方面颇有建树。

4　奥托·冯·格里克（1602—1686），德国物理学家、政治家，1650年发明了活塞式真空泵。

5　本杰明·汤姆森（1753—1814），物理学家、发明家，他在热电学方面的研究具有极高的前瞻性。

6　亚历山德罗·朱塞佩·安东尼奥·安纳塔西欧·伏特（1745—1827），意大利物理学家，因在1800年发明伏特电堆而著名，受封为伯爵。

7　路易吉·伽伐尼（1737—1798），意大利医生和物理学家，现代科学的先驱者，他在1771年发现死青蛙的肌肉接触火花时会颤动，从而发现神经元和肌肉会产生电力。

8　理查德·埃文斯·戴伊，英国物理学家，1876年与他的导师物理学家威廉·格里尔斯·亚当斯在硅结晶上证明了光电效应。

特[1]、安培[2]、阿拉戈[3]和法拉第[4]等，这些勤奋的探索者研究电的性质，并将自己的发现无偿奉献给世界。

萨缪尔·摩尔斯[5]像富尔顿一样，一开始投身于艺术。他认为可以利用这种新的电流把信息从一个城市传到另一个城市。他打算使用钢丝和一台自己发明的小机器实现这一目的，结果遭到人们的嘲笑。摩尔斯被迫自费进行试验，不久便花光了所有的钱财。他变得极度贫困，于是人们更加嘲笑他。他随后请求国会帮助，一个特别商务委员会答应给予资助，但是国会议员对此毫无兴趣。摩尔斯等了12年，议会才拨给他一小笔款子。此后，他架设了一条从巴尔的摩到华盛顿的"电报"线路。1837年，他在纽约大学的一个学术厅里演示电报获得首次成功。1844年5月24日，第一份长途电报终于从华盛顿发至巴尔的摩。今天，全世界布满了电报线，我们在几秒钟之内便可以将消息从欧洲传至亚洲。又过了23年，亚历山大·格雷厄姆·贝尔[6]发明了利用电流的电话。半个世纪以后，马可尼[7]改进了这些构想，从而发明了一套并不完全利用传统电线的通讯系统。

正当新英格兰人摩尔斯研究电报之时，约克郡人迈克尔·

---

1 汉斯·克里斯蒂安·奥斯特（1777—1851），丹麦物理学家、化学家和文学家，他率先发现载流导线的电流能使磁针改变方向，并最先发现铝元素。

2 安德烈—玛丽·安培（1775—1836），法国物理学家、数学家，电流的国际单位安培即以其姓氏命名。

3 弗朗索瓦·让·多米尼克·阿拉戈（1786—1853），法国数字家、物理学家、天文学家和政治家，在磁学和光学方面的研究成就卓著。

4 迈克尔·法拉第（1791—1867），英国物理学家、化学家，在电磁学及电化学领域有所贡献。

5 萨缪尔·芬利·布里斯·摩尔斯（1791—1872），美国发明家，摩尔斯电码的创立者。

6 亚历山大·格雷厄姆·贝尔（1847—1922），美国发明家和企业家。尽管现在普遍认为电话的发明者为意大利人安东尼奥·梅乌奇，但是贝尔率先取得了电话机的专利权，并将电话投于商用。

7 古列尔莫·马可尼（1874—1937），意大利无线电工程师，实用无线电报通信的创始人，1909年获诺贝尔物理学奖。

法拉第制造出了第一台"电动机"。这个小巧的机器在1831年制成，当时欧洲仍然处于动荡不安之际，不久之前发生的七月革命严重颠覆了维也纳会议的计划。自第一台发电机问世以来，发动机不断完善，不仅给我们提供了热和光（你们知道，根据法国和英国在40年代和50年代的试验，爱迪生[1]在1878年制成了第一只白炽灯泡），而且驱动各种机器。如果我没有错的话，电动机很快会完全取代"热力机"，就像组织更严密的史前动物在古代取代了低等动物一样。

虽然我对机械一无所知，但就我个人来说，我对此感到非常高兴。因为靠水力驱动的电动机是人类干净而友善的仆人，而堪称18世纪奇迹的"热力机"则是嘈杂而肮脏的怪物，结果全世界到处都是可笑的烟囱，灰尘和煤烟笼罩大地。此外，"热力机"需要以煤作燃料，成千上万的人冒着生命危险，必须费尽周折从矿井挖煤。

如果我是小说家，而不是历史学家，必须尊重史实，不能发挥凭空想象，我会描写幸福的未来，那时最后一部蒸汽机车会被送入自然史博物馆，置于恐龙、飞龙和其他绝种的古生物的骨架旁。

1　托马斯·阿尔瓦·爱迪生（1847—1931），美国发明家、企业家，拥有包括留声机、电影摄影机和钨丝灯泡等1000多项专利，1892年创立了通用电气公司。

阿基米德的发现

据传阿基米德常在浴缸中思索浮力的问题，后来有一天突然灵感闪现，他悟出了有关液体浮力的定律，即阿基米德定律。

第58章　社会革命

新的发动机非常昂贵，只有富人才能买得起。木匠或皮匠曾在自己的小作坊里当家做主，如今被迫受雇于拥有大型机械工具的雇主，虽然挣的钱比以前多，但是他不满自己失去了从前的独立性。

世界上的工作在古代由独立的工人完成，他们坐在家中前厅开办的小作坊里工作。他们拥有自己的工具，在行会规定的范围之内打骂自己的学徒，并且随意经营自己的业务。他们过着简朴的生活，必须长时间劳作，但是他们自己当家做主。如果起床以后发现天气晴好，适合钓鱼，他们便去钓鱼，没有人会说不许去。

机器的引入改变了这一切。机器其实只是一种极大增强效率的工具而已。以每分钟一英里的速度行驶的火车实际上是一双快腿，把沉重的铁板砸平的气锤仅是一双重拳。

尽管我们买得起一双快腿和一只重拳，但是一辆火车、一个气锤和一个棉纺厂却是非常昂贵的机械装置，并非个人能够拥有，通常需要一伙人各自拿出一笔钱，然后按照投资的钱多钱少分享投资的铁路或棉纺厂取得的利润。

机器经过不断的改进，直到投入实际应用才可以取得利润，于是大型工具的制造者即机器制造商便开始寻找拿得出现金的买家。

在中世纪初期，土地几乎是财富的唯一形式，只有贵族才被认为是富人。但是，正如我在前一章中所说，他们拥有的金银并不多，于是他们采用古老的以物易物的制度，以牛换马，以鸡蛋换蜂蜜。在十字军东征期间，由于恢复了东西方之间的贸易，因而城市的市民们能够致富，结果他们成为贵族老爷和骑士们的权力竞争对手。

法国革命彻底摧毁了贵族的财富，同时却极大加强了中产阶级或"资产阶级"的实力。大革命后的动荡岁月不啻是一个机会，中产阶级的许多人乘机掌握了他们在这个世界应得的财物。法国公会没收的教会财产被拍卖，贪污之风令人发指。地产投机商窃取了数千平方英里的宝贵土地，他们在拿破仑战争期间利用

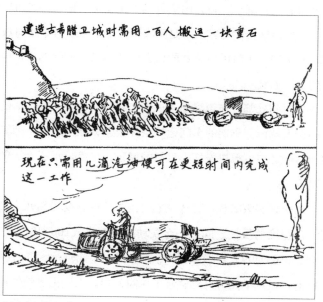

《人力与机械力》│房龙

自己的资金在粮食和军火上牟取暴利，现在拥有的财富已经超出了家庭所需的实际开支，他们有财力自建工厂，可以雇佣男女工人操作机器。

这一切给数十万人的生活带来了突变。在短短的几年里，许多城市的人口翻了一番，围绕曾是市民真正"住家"的市中心建起了丑陋而廉价的郊区，那是工人们在工厂劳累11个小时或12个小时甚至13个小时以后睡觉的地方，他们只要一听见汽笛声赶紧又到工厂上班。

农村到处都在传说城里可以挣大钱。习惯于室外生活的农家子弟进入城市。早期的车间通风条件极差，他们置身于烟雾、灰尘和污秽之中，很快毁坏了自己的健康，最终常常死于济贫院或医院。

对于许多人来说，完成从农村到工厂的转变当然并非没有遭遇一定程度的反抗。既然一台发动机能够完成100人的工作，那么被迫失业的99人就不会喜欢。他们经常袭击厂房，并且纵火焚烧机器，但是早在17世纪就有了保险公司，工厂主遭受的损失一般会得到赔偿。

更新更好的机器很快安装起来，工厂的四周筑起了高墙，于是暴乱随之结束。在这个蒸汽和铁的新世界，古老的行会无法存在下去，于是便消失了。工人们随后试图组织正式的工会，但是工厂主借助他们的财力对不同国家的政治家施加影响，于是立法机关通过了法律，禁止组成工会，因为这样的工会干涉了工人的"行动自由"。

请不要以为通过这些法律的议会成员是邪恶的暴君，他们接受了大革命时期的思想。在大革命时期，人们谈论"自由"，经

《工厂》｜房龙

常杀死自己的邻居，因为这些人不热爱自由，尽管他们应该像热爱自由。既然"自由"是人类最重要的品德，工会就不应该规定会员们的工作时间长短和工资的多寡。工人必须在任何时间都可以"在公开市场上自由出售自己的劳动力"，而雇主必须同样有"自由"按照自认为合适的方法开展业务。在实行重商主义的时代，国家监管整个社会的工业生产，而这个时代正在濒临结束。"自由"的新思想坚决主张国家应该完全靠边站，让商业活动自行发展。

18世纪后半叶不仅是质疑思想和政治的时代，而且旧的经济思想也被更符合时代需要的新思想所取代。在法国大革命前几年，路易十六时期未获成功的财政总监杜尔戈曾经宣扬"经济自由"的新思想。在杜尔戈生活的国家存在太多的繁文缛节和条条框框，还有太多的官员竭力实施太多的法律。他写道："取消官方监管，让人民自行其是，一切都会顺利。"不久，他提出了"自由放任"这一著名的主张，受到了当时的经济学家热烈的响应。

与此同时，英国的亚当·斯密[1]正在撰写他的巨著《国富论》，又一次主张"自由"和"贸易的自由权利"。过了30年，在拿破仑垮台以后，欧洲的反动势力在维也纳取得了胜利，他们在工业生活方面将自由强加于他们的身上，但在政治关系上却拒绝给予人民同样的自由。

正如我在本章开始时所说，机器的普遍使用对国家极为有利。财富迅速增加，机器能使一个国家，如英国，承担起拿破仑战争时期的所有负担。资本家即出钱购买机器的人获得了巨额的

1　亚当·斯密（1723—1790），苏格兰哲学家和经济学家，他的《国富论》是第一本试图阐述欧洲产业和商业发展历史的著作。

利润。他们萌发了野心，开始对政治产生了兴趣。他们竭力与仍对欧洲大多数国家的政府有很大影响的地主贵族竞争。

英国议会仍然按照1265年的皇家敕令选举议员，许多新兴的工业中心不能选举自己的代表。议会通过了1882年的改革法案，改变了选举制度，使工厂主阶级对立法机构有了更大的影响。可是，这一举动却让数百万的工人感到强烈不满，因为他们在政府中没有发言权。他们也开始争取选举权。他们将自己的要求写进一份文件，即后来为人所知的《人民宪章》。关于这一宪章的辩论越来越激烈，直到1848年的革命爆发都没有终止。英国政府害怕会出现新雅各宾派和暴乱，于是任命80多岁的惠灵顿公爵担任陆军首领，并且召集了志愿军。伦敦处于围困之中，准备镇压即将到来的革命。

但是宪章运动由于领导无方而自行扼杀，暴动没有如期而至。新兴的富裕工厂主阶级——我不喜欢鼓吹新社会秩序的人老是使用"资产阶级"一词——逐渐加大对政府的控制，大城市的工业继续发展，大片的牧场和麦田变成了凄惨的贫民区，守望着迈向现代化的每一个欧洲城市。

《破产的手艺人》│安德烈·吉尔

本画表现的是手艺人破产后的悲惨命运，作于 1873 年，原载《月蚀报》。

第59章　奴隶解放

目睹过铁路代替驿站马车的那一代人曾经预言，机器的普遍使用会迎来幸福和繁荣的时代，可是实际情况却并非如此。虽然有人提出了几项补救的办法，但是均未能真正解决问题。

1831年，就在通过第一个改革法案之前，英国研究立法方案的伟大学者、那个时代最实际的政治改革家杰里米·边沁[1]在给一位朋友的信中写道："想要自己舒适的方法是让别人舒适。要想别人舒适的方法是示爱于他们。要想示爱于他们的方法是真正爱他们。"杰里米是一个诚实的人。他说出了自认为是真实的话。成千上万的同胞赞成他的见解。他们感到有责任让不幸的邻居得到幸福，并且尽最大的努力帮助他们。上天知道，到了必须要采取某种行动的时候了！

"经济自由"的理想——杜尔戈的"自由放任"——在那个旧社会是必要的，因为中世纪的种种限制阻碍了工业的发展，但是曾作为国家最高法律的"行动自由"却导致了一种可怕的情形。工厂的工作时间仅仅以工人的体力为限。一个女工坐在纺织机前只要不累得晕过去，她就应该干下去。五六岁的儿童被送进了棉纺厂，以免他们在街上遭遇危险，或者变得懒散。有一项法律强迫乞儿工作，否则就用铁链把他们锁在机器上以示惩罚。他们劳动所得的报酬是吃到足以活命的低劣食物，以及在一个像是猪圈的地方过夜。他们经常累得在干活时就睡着了。为了让他们保持清醒，工头拿着鞭子来回巡视，需要叫醒他们干活时便抽打他们的指关节。在这样的环境下，当然有数以千计的幼童死去。这种事情令人遗憾，雇主们毕竟也是人，不是没有心，他们真诚希望取消"童工"。然而，既然人是"自由"的，那么儿童也是"自由"的。此外，如果琼斯先生试图在他的工厂不用五六岁的儿童，他的对手斯通先生便会雇佣多余的儿童，于是琼斯就会被

---

1 杰里米·边沁（Jeremy Bentham，1748—1832），英国哲学家、法学和社会改革家，最早支持功利主义和动物权利的人之一。

迫破产。因此，在议会颁布禁止雇主使用童工的法令之前，琼斯不可能不雇佣童工。

虽然旧的土地贵族看不起拥有工厂的暴发户，他们对之持以公开的蔑视态度，但是他们并不掌握议会，而是工业中心的代表掌握议会。只要法律不允许工人们组织工会，对此就根本没有办法。那个时代聪明而正直的人对于这种触目惊心的情形并非视而不见，他们只是无能为力。机器以出人意料的方式征服了世界，成千上万的高尚男女经过多年的努力才使机器摆正了位置，机器只是人的仆人而不是人的主人。

令人称奇的是，这种可憎的用工制度遍及世界各地，而率先攻击这种制度却是为了非洲和美洲的黑奴。西班牙人将奴隶制引入美洲大陆。他们企图使用印第安人在田地和矿山工作，但是印第安人习惯于生活在野外，他们被抓以后纷纷倒下以致死去。一位好心的教士为了避免印第安人遭遇灭族之灾，提议从非洲运来黑人干活。黑人体格健壮，经得起粗暴的待遇。此外，与白人交往能给他们提供学习基督教的机会，这样可以拯救他们的灵魂。不管从哪一方面来看，这样对于仁慈的白人和他们无知的黑人兄弟都是极好的安排。然而，机器的引进增大了对棉花的需求，黑人被迫比以前更加卖力地劳动，于是他们也像印第安人那样，开始死于监工的虐待。

难以置信的残酷行为不断传到欧洲，所有国家的男男女女都开始要求废除奴隶制。在英国，威廉·威伯福斯和扎卡里·麦考莱组建了一个取缔奴隶制度的社团（扎卡里·麦考莱的儿子是一位伟大的历史学家，如果你想知道历史书会多么引人入胜，那么你们一定要阅读他所写的英国史）。他们首先争取议会通过了一项法律，使"贩卖奴隶"成为非法行为。1840年以后，英属殖民地再也没有一个奴隶。1848年的革命结束了法国属地的奴隶制度。葡萄牙在1858年通过了一项法律，承诺20年后所有奴隶均可获得自由。荷兰在1863年废除了奴隶制，同年，沙皇亚历山大二世也将两个世纪以前剥夺的自由归还给他的农奴。

在美利坚合众国，这个问题导致了严峻的困难，引起了一场持久的战争。虽然独立宣言确定了"人人生而自由与平等"的原则，但是黑皮肤人和在南方各州种植园劳动的人却是例外。随着时代的进展，北方人越发讨厌奴隶制，而且并不掩饰自己的态度，可是南方人却声称没有奴隶劳动，他们就无法种植棉花。在将近50年的时间里，众议院和参议院为此展开了激烈的辩论。

北方坚持已见，南方也毫不让步。在似乎无法达成和解的情况下，南方各州威胁要脱离合众国，合众国的历史到了最危急的时刻。如果不是一位非常伟大、非常仁慈的人力挽狂澜，"也许会"发生许多事情。

1860年11月6日，伊利诺依州一位自学成才的律师亚伯拉罕·林肯被共和党推选为总统，而共和党在反对奴隶制的各州势力强大。林肯深知人类奴役的罪恶，他那精明的常识告诉自己，北美大陆上没有存在两个敌对国家的空间。南方的一些州退出了合众国，转而成立了"美利坚邦联国"，林肯在这时接受了挑战。北方各州征召了志愿兵，成千上万的青年以满腔热情响应召唤。随后进行了艰苦的4年内战。南方备战充分，在李将军和杰克逊将军的英明领导下，多次打败北方军队。新英格兰和西部的经济力量随后发挥了作用。一位名叫格兰特的军官一鸣惊人，成为这场伟大的反奴战争的查理·马特尔。他连战连捷，猛烈摧垮了南方分崩离析的防线。1863年初，林肯总统颁布了《解放宣言》，所有的奴隶都获得了自由。1865年4月，李将军率领勇敢善战的残部在阿波马托克斯投降。几天以后，林肯总统被一个疯子[1]行刺身亡，但是他完成了自己的工作。除了仍在西班牙统治下的古巴以外，奴隶制在文明世界的各地宣告结束。

然而，正当黑人享受越来越多的自由之时，欧洲的"自由"工人却生活艰难。的确，对于许多当代作家和观察家来说，劳工大众（所谓的无产阶级）生活在如此困苦之中而没有大批死亡实属意外。工人们住在凄苦的贫民区内肮脏不堪的房子里，饮食极差，接受的教育仅能应付自己的工作。他们一旦死亡或遭遇事故，家人就得不到照管。酿酒业能对立法机构施加极大的影响，因而以极其低廉的价格，向他们提供不限量的威士忌和杜松子酒，鼓励他们借酒浇愁。

自上世纪30年代和40年代起，世界发生了天翻地覆的变化，这种变化并非出自一人之力。两代人中最杰出的人致力于拯救世界，避免突然引进机器而产生灾难性的后果。他们没有试图摧毁资本主义制度。那样做是非常愚蠢的，因为别人积累的财富如果使用得当，会给全人类带来极大的好处。另一方面，他们试图反对那种认为人人应该真正平等的观念，不管他是一个有钱人，拥有工厂并能随意关闭工厂而不至于挨饿，还是一个工人，必须接受任何工作，不计工资多少，否则他和妻儿就会面临饥饿的危险。

他们努力制定了一批法令，以规范工厂主与工人之间的关

1　指约翰·威尔克斯·布斯（1838—1865），美国戏剧演员。1865年4月14日，布斯因同情南部邦联并对南北战争的结局不满而刺杀了林肯总统，随后逃到一个贮存烟草的仓库，被包围仓库的士兵开枪打死。

系。各国的改革者在这一方面逐渐占了上风。大多数的工人今天都有很好的保障，每天的工作时间缩短到平均8个小时，他们的子女能够上学，不会被送到井下和棉纺厂的梳棉车间。

- 另一些人注视所有冒烟的烟囱，聆听隆隆行驶的火车，打量堆满多余物资的仓库，思考这样的巨变在未来的年月里最终会导致什么样的结果。他们记得在没有商业和工业竞争的情况下，人类已经生活了几十万年。他们能够改变现状并废除经常以牺牲人类的幸福为代价的竞争制度吗？

这种观念——对美好的未来抱有模糊的希望——并不限于在某一个国家。罗伯特·欧文，一个拥有多家棉纺厂的厂主，在英格兰建立了一个所谓的"社会主义社区"，并且获得了成功。但是在他死了以后，新拉纳克的繁荣随之终结。一个名叫路易·布朗的法国记者在法国各地建立了"社会主义车间"，结果也未获成功。的确，越来越多的社会主义作家很快就开始看到，在正常的工业生活之外建立的单个社区永远都不会有所作为，因此在提出任何有用的补救措施之前，必须要研究整个工业和资本主义社会的基本原理。

继罗伯特·欧文、路易·布朗和弗朗索瓦·傅利叶等从事实际工作的社会主义者之后，又出现了研究社会主义理论的学者卡尔·马克思和弗雷德里希·恩格斯。在这两个人中，马克思的名气最大。他是一个杰出的犹太人，家族久居德国。他听说了欧文和布朗进行的试验，开始对劳工、工资和失业等问题产生了兴趣。德国警察当局对他的自由主义思想极为反感，于是他被迫逃到布鲁塞尔，后来又前往伦敦，担任《纽约论坛报》的外派记者，过着穷困潦倒的日子。

当时没有人对他的经济学著作给予太多的关注。他在1864年组织了第一国际工人协会，并在三年后即1867年出版了著名的论著《资本论》第一卷。马克思认为人类的全部历史都是"有产者"与"无产者"之间的长期斗争。机器的引进和普遍使用创造了社会中的一个新阶级，即资本家阶级，他们利用自己的剩余财富购买工人用来生产的工具，以创造更多的财富，然后使用这一财富建造更多的工厂，如此循环往复，永无止境。与此同时，按照马克思的说法，第三等级（资产阶级）越来越富，第四等级（无产阶级）则越来越穷。他预言最终会有一个人占有全世界的财富，其他的人都将成为他的雇员，需要仰仗他的善心过活。

为了防止这种情形发生，马克思建议全世界的工人们联合起来而斗争，以争取一些政治和经济措施。1848年，即上一次欧洲大革命爆发的那一年，他发表了《共产党宣言》，其中列举了这些措施。

欧洲各国政府对这些观点当然极不欢迎，许多国家，尤其是普鲁士，通过了严厉的法律，以打击社会主义者。警察授权解散社会主义者的集会，并且逮捕演讲者。不过这种迫害无济于事，烈士们是宣扬一种不受欢迎的事业的最佳广告。欧洲社会主义者的人数稳步上升，人们不久便发现社会主义者并不想发动一场暴力革命，他们只是利用在各国的议会中逐渐加强的权力来维护劳工阶级的利益。社会主义者甚至担任内阁大臣，他们与进步的天主教徒和新教徒合作，以消除工业革命所造成的损失，对机器的引进和财富的增加所带来的许多好处进行更加合理的分配。

《伽利略》│房龙

第60章　科学时代

世界经历了另一场重要性大于政治革命或工业革命的变革。在世代遭受压迫和残害之后，科学家们终于获得了行动的自由，他们正在努力探索宇宙的基本规律。

为了获得最初模糊的科学与科学研究的概念，埃及人、巴比伦人、迦勒底人、希腊人和罗马人都曾做过一定的贡献，可是公元4世纪的大迁徙摧毁了地中海的古典世界，而重视人类精神生活甚于人类肉体生活的基督教却认为科学是人类妄自尊大的表现形式，企图探究属于万能的上帝管辖之内的神圣事物，因此科学与七宗罪[1]关系密切。

文艺复兴虽然打破了中世纪的偏见，但是程度有限。宗教改革运动在16世纪取代了文艺复兴运动，对"新文明"一直持有敌对的态度。如果科学家企图突破《圣经》记载的有限知识，便会再次面临极刑的危险。

我们的世界到处都是雕像，塑造的是伟大的将军，他们骑在腾跃的马上，领导欢呼的士兵取得光荣的胜利。偶尔会发现一块简朴的大理石墓碑，说明这里是一位科学家的长眠之地。1000年以后，我们或许会以不同的方式对待这些现象，那一代幸福的孩子们会知道他们是开拓者，他们秉持惊人的勇气和几乎令人难以置信的职责，追求抽象的知识，正是这种知识才使得我们这个当今世界成为现实。

许多科学先驱者忍受了贫困、鄙视和屈辱的磨难。他们住在阁楼上，死于地牢中。他们不敢在自己所写的著作上署名，也不敢在各自的出生地印刷自己的著作，而是将手稿偷运出境，送到阿姆斯特丹或哈勒姆的一家秘密印刷所。新教和天主教对他们恨之入骨，在喋喋不休的布道中对他们大肆抨击，煽动教区的居民群起反对这些"异教徒"。

1　基督教认为暴怒、贪婪、懒惰、傲慢、色欲、妒忌和暴食是七宗罪。

《哲学家》｜房龙

他们偶尔找到一处避难的地方。在宽容精神最强大的荷兰，当局虽然对科学研究不屑一顾，但是拒绝干预人们的思想自由。因此，荷兰成为知识自由的一个不大的庇护所，法兰西、英格兰和德意志的哲学家、数学家及物理学家在这里可以获得短暂的休息，呼吸一点自由的空气。

我在前文中提到了13世纪伟大的天才罗杰·培根，他长期不准发表只言片语，否则教会又会找他麻烦。500年以后，伟大的哲学巨著《百科全书》的编纂者遭到法国宪兵长期的监视。又过了半个世纪，达尔文敢于质疑《圣经》中上帝造人的故事，每一个宗教讲台都谴责他是人类的敌人。

直至今日，敢于探索科学未知领域的人仍会遭到迫害。就在写作此书之时，布赖恩先生在大众面前大谈"达尔文主义的危害"，警告他的听众提防这位伟大的英国博物学家的谬误。

尽管如此，这一切都无足轻重。应该完成的工作必定会完成，各种发现和发明最终会造福于大众，尽管大众总是讥笑远见卓识之士是不合实际的理想主义者。

17世纪人们仍然喜欢探究遥远的天际，研究我们这个星球与太阳系之间的关系。即便如此，教会仍不赞成这种不合时宜的好奇心。哥白尼率先证明太阳是宇宙的中心，直到去世之时才出版了他的著作。伽利略大半生处于教会当局的监视之下，但是他继续用他的望远镜观察天体，并且获得了大量的实际观察数据，为艾萨克·牛顿提供了极大的帮助。那位英国数学家发现了物体坠落所存在的有趣现象，即后来所知的万有引力。

万有引力的发现至少在当时耗尽了人们对天体的兴趣，他们转而开始研究地球。安东尼·范·利文霍克在17世纪后半叶发明了易于操作的显微镜，一件古怪而又笨拙的小物件，人们借此可以研究导致多种疾病的微生物，从而奠定了细菌学。由于发现了致病的微生物，因而在过去的40年根除了多种疾病。显微镜的使用也使地质学家能够更仔细地研究埋藏在地表深处的不同的岩石和化石。通过这些调查研究，他们相信地球比《创世纪》中所说的年代更加古老。1830年，查尔斯·莱尔爵士出版了《地质学原理》一书，否认了《圣经》所讲的创世说，对宇宙的缓慢形成和渐进发展作了一番更加奇妙的描述。

与此同时，德·拉普拉斯侯爵正在研究宇宙起源的新理论，他认为行星系形成于一片星云状海洋中，而地球只是其中的一个小斑点。本生和基希霍夫[1]正在使用分光仪研究星球和太阳的化学成分，太阳上奇怪的耀斑最初由伽利略发现。

在此同时，解剖学家、生理学家与天主教及新教国家的教会当局进行了一场极其艰苦的斗争，最终获准解剖人体，从而使我们对自身的器官及其习性有了正确的知识，不再像中世纪的江湖医生那样胡乱猜测。

从第一次遥望星星并思考星星为什么会在天上，人们在几十万年里对自然进行了不懈的探索，可是从1810至1840年，一代人在科学的各个领域所取得的成就超过了以往。对于在旧制度下接受教育的人们来说，那是一个极其可悲的时代。我们可以理解他们对拉马克[2]和达尔文等人的憎恨；这两人虽然没有明说他们

1　古斯塔夫·罗伯特·基尔霍夫（1822—1887），德国物理学家，1859年制成了分光仪，与化学家罗伯特·威廉·本生一同创立光谱化学分析法。

2　拉马克（1744—1829），法国博物学家，1809年发表了《动物哲学》一书，系统阐述了他的进化理论，即通常所称的拉马克学说。达尔文在《物种起源》一书中多次引用拉马克的著作。

达尔文的进化论在问世之初饱受围攻。在这幅作于150多年以前的漫画中，达尔文被画成了猴子。

《达尔文教授》｜英国｜霍金斯

是"猴子的后代"（我们的祖辈似乎视这种说法为人身攻击），但是他们认为骄傲的人类经过了漫长的进化，人类的祖先可以追溯到我们这个星球最早的居民——水母。

富裕的中产阶级在19世纪称霸世界，他们愿意使用煤气和电灯，以及许多伟大的科学发明实际应用的成果，但是那些研究"科学理论"的人员却继续得不到信任。没有他们的贡献，便不可能取得任何的进步。这一情况最近才有所改变。他们的贡献近来终于得到认可。富人在过去捐钱修建大教堂，今天却出资建起庞大的实验室，人们在这里与暗藏的人类之敌进行无声的战斗。为了让人们在未来更幸福、更健康，他们经常不惜牺牲自己的生命。

的确，我们的祖先曾经认为世上的许多疾病体现了必然的"上帝旨意"，人们之所以患病，是缘于我们自己的无知和疏忽。如今每一个孩子都知道只要对饮水稍加注意便可避免伤寒症，但是医生们经过了多年的努力才使人们相信这一事实。我们当中很少人现在害怕坐在牙医的椅子上。研究口腔内的微生物能使我们避免患龋齿。如果碰巧必须拔掉一颗牙，我们会乐颠颠赶去。报纸在1846年刊登了美国利用乙醚进行"无痛手术"的一则消息，当时欧洲人对此莫不摇头。对于他们来说，人类逃避疼痛似乎违反了上帝的旨意，凡人都应该经历疼痛，结果经过漫长的推广才在手术中广泛使用乙醚或氯仿。

不管怎样，人类赢得了进步之战。偏见之墙的缺口越来越大，随着时间的推移，古代无知的石块纷纷坍塌。斗志昂扬的勇士急于建立一个更加幸福的社会新秩序。他们突然发现自己遇到了新的障碍。在年代久远的废墟上又建起了另一座反动城堡，为了摧毁这个最后的堡垒，必须要牺牲数百万人的生命。

《行吟诗人》┃房龙

第61章　艺术

有关艺术的一章

一个非常健康的婴儿在吃饱睡足之后，会哼唱一首小曲，以表达自己快乐的心情。对于成年人来说，这种哼唱毫无意义，听上去像是"咕吱、咕吱、咕咕咕咕"，但是对婴儿来说就是完美的音乐，这是他对艺术的最初贡献。

他（或她）稍微长大一点，便能坐起来，从而开始了捏泥饼的时期。其他的人对这些泥饼根本不感兴趣，千百万的婴儿同时制作千百万的泥饼，可是对于婴孩来说，他们则进入了另一个美妙的艺术世界。婴儿在这一时期是雕塑家。

到了三四岁，双手开始听从脑子的支配，孩子便成为画家。慈爱的妈妈给他一盒彩笔，零散的纸张上迅速画满了稀奇的笔画，分别代表房子、马和激烈的海战。

然而，如此随手"创作"的欢快时日很快就结束了。孩子开始上学了，白天大部分时间要做功课。在每一个男孩或女孩的一生中，生活或者"谋生"是头等大事。除了学习乘法表和法语不规则动词过去分词之外，几乎没有多少时间从事"艺术"。除非出于享受创作的快乐而不奢望实际的回报，否则孩子长大以后会忘记人生的前5年曾经主要进行艺术创作。

民族与孩子相似。穴居人一旦逃离了漫长而严寒的冰川期，安顿好家之后便开始制作一些自认为漂亮的物件，尽管在与丛林野兽搏斗时没有实际的用处。他们在居住的洞穴壁上描绘猎杀的象和鹿，在石头上刻画粗糙的形象，画下他们认为最动人的女人。

埃及人、巴比伦人、波斯人和其他的东方人在尼罗河及幼发拉底河的两岸建起多个小国之后，便开始为他们的国王建造辉煌的宫殿，为他们的女人制作闪亮的首饰，用鲜艳的花朵点缀他们的庭园。

我们自己的祖先是漂泊的游牧民族，他们来自遥远的亚洲草原，像斗士和猎人一样喜欢自由自在的生活。他们谱写歌曲，颂扬伟大的领袖建立的丰功伟绩。他们创作了诗歌这种文学体裁，一直流传至今。1000年以后，他们在希腊大陆上定居，建立了自己的"城邦国家"，当时他们修建宏伟的庙宇、制作雕像、写作喜剧和悲剧，通过各种能够想到的艺术形式来表达他们的喜怒哀乐。

罗马人像他们的敌人迦太基人一样，忙于统治其他民族和发财致富，没有时间热爱"无用又无利"的精神活动。他们征服了世界，修筑了桥梁和道路，全部照搬希腊艺术。为了适应时代的需要，他们发明了某些实用的建筑形式，但是他们的雕像、历史、镶嵌工艺和诗歌，仅是源自希腊的仿制品。如果没有那种模糊不清而又难以定义的特性，即世人所称的"个性"，便不可能有艺术，但是罗马不相信这种特别的"个性"。帝国需要善战的士兵和能干的商人，写诗作画尽可让外国人去做。

随后是"黑暗时代"。蛮族在西欧胡作非为，他们对于不能理解的东西视之为废物。用我们现在的话来说，他们喜欢杂志封面的漂亮女郎，但是却把伦勃朗的蚀版画扔进垃圾箱。他们不久有所领会，于是试图弥补几年前造成的损失，但是垃圾箱已经不复存在，画作也随之消失了。

到了这个时候，他们从东方带回了艺术，在此基础之上形成了自己的艺术，进而使之变得绚丽多彩。他们以所谓的"中世纪艺术"补偿了过去的疏忽和漠视。至少对于北欧人来说，这种艺术即是日耳曼的精神产物，几乎没有借鉴希腊和拉丁艺术，与埃及和亚述的古老艺术毫无关系，更不用说印度和中国的艺术。对于当时的人们来说，根本就不存在印度和中国艺术。的确，北方民族几乎没有受到南部民族的影响，意大利人全然无法理解他们的建筑，对之持有十足的鄙视态度。

你们都听说过哥特式这个词。很可能由此想到一座美丽而古老的教堂，细长的尖顶高耸入云。可是这一词的真正含义是什么？

其意是"不文明的"和"野蛮的"，即属于"未开化哥特人"的东西。哥特人来自偏远地区一个粗野的民族，他们毫不尊重古典艺术确定的准则，他们修筑了"恐怖的现代建筑"，以迎合自己的低级趣味，轻视古罗马广场和古希腊卫城的建筑模式。

在古希腊和古罗马的城市里，建有庙宇的集市是市民生活的中心。在中世纪，教堂神殿成为这样的中心。我们这些信奉新教的现代信徒每个星期去一次教堂，而且只会待上几个小时，因而我们难以理解中世纪的教堂对于社区的意义。那个时候，你出生不到一周便被送到教堂接受洗礼。你在儿时便去教堂学习《圣经》讲述的神圣故事。你后来会成为教堂的教友，如果你有足够的钱，你可以为自己修建一座小教堂，专为供奉你们家族的守护神。教堂作为神圣的建筑全天开放，大多数的夜晚也要开放。从某种意义上讲，教堂如同现代社会的俱乐部，供市镇的全部居民使用。你很可能在教堂里第一次遇到某个姑娘，而她日后会成为你与之在主祭台前举行隆重婚礼的新娘。最后，当你结束了人生的旅程时，你会被埋在你所熟悉的这座建筑的石块下，而你的儿女或他们的儿孙也许会经过你的坟墓，直到末日审判到来为止。

由于教堂不仅是"神殿"，而且也是一般日常生活的真正中心，因此教堂不同于人们建造的其他建筑。埃及人、希腊人和罗马人的庙宇仅是当地供奉某个神祇的神殿。由于不在奥西里斯、宙斯或朱庇特的神像前讲道，庙宇不必容纳大批的信徒。古代地中海沿岸居民的所有宗教活动都在露天举行，可是北方的气候通常比较恶劣，大部分的宗教活动在教堂内进行。

数百年来，建筑师们一直纠结于如何修建足够大的建筑。罗马的传统教导他们如何垒砌沉重的石墙，然后在石墙之上加盖沉重的石头屋顶。开窗要小，否则会影响石墙的承重。到了12世纪，在十字军东征以后，西方的建筑师看到了穆斯林建筑工匠修建的尖顶拱形建筑，于是西方的建筑工匠发现了一种新的建筑风格，他们从而第一次有机会筑造适合当时强烈的宗教生活所需的建筑。他们随后发展了这种奇怪的建筑，意大利人斥之为"哥特式"建筑，即蛮族建筑。为了实现他们的目标，他们发明了一种用"肋骨"支撑的拱顶，可是这样的屋顶太重便会压垮墙体，就像一个体重300磅的人坐在一把儿童椅上肯定会将它压垮一样。为了克服这一困难，几位法兰西的建筑师开始用"扶垛"加固墙体，即用巨石搭建支撑屋顶的墙体。为了进一步确保屋顶的安全，他们又用所谓的"飞垛"支撑屋脊。看一看我们这本书中的插图，你们会立刻明白这种极其简单的建筑方法。

这一新的建筑方法可以建造大扇的窗户。玻璃在12世纪仍是昂贵的珍奇品，只有为数不多的私人住宅装有玻璃窗户。即便是贵族的城堡都没有挡风设施，因此室内的穿堂风长年不断，人们在室内和在户外一样都要穿毛皮衣服。

幸而古代地中海沿岸人民熟悉的制造彩色玻璃的工艺没有完全失传。彩色玻璃再次风行，哥特式教堂的窗户不久便使用长条的铅质框架固定，然后再镶嵌色彩斑斓的小块玻璃，上面刻画《圣经》的故事。

因此有了这一段史话。

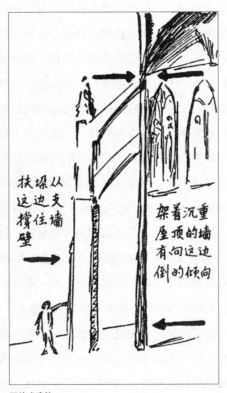

从支墙
扶墙这边住
撑壁

架着沉重
屋顶的墙
有向这边
倒的倾向

哥特式建筑

崭新而又辉煌的神殿挤满了急切的人群，从没有人像他们这样将宗教贯穿于生活的方方面面。对于这样的"神殿"和"信徒之家"，人们不惜工本，力求使之美妙绝伦。自从罗马帝国毁灭以后，一直失业的雕塑家在迟疑之间重操旧业。正门、廊柱、扶垛和上楣全都雕刻上帝和圣徒的形象。绣工们也投入工作，他们绣出装饰墙面的挂毯。首饰匠们以最精巧的手艺点缀祭坛，使之值得人们全身心的膜拜。甚至画家们都尽其最大的努力。可怜的人，他们由于缺乏适当的颜料而受到极大的限制。正因为如此，这才留下了一段史话。

基督教初期的罗马人以镶嵌工艺，即小块彩色玻璃的画像，铺设庙宇和住宅的地面和墙壁。但是这种工艺极其复杂，画家们没有机会可以表达自己的想法，如同儿童无法用彩色积木搭成人像一般。因此，镶嵌工艺除在俄罗斯以外，到了中世纪已经失传。在君士坦丁堡失陷以后，拜占庭的镶嵌画家逃到俄罗斯避难，他们继续装饰东正教的教堂，直到布尔什维克¹停止修建教堂为止。

中世纪画家当然可以用熟石膏水调上颜色涂在教堂的墙上，这种使用"新鲜石膏"的画法即通常所称的壁画已经流行了数个世纪。壁画在今天就像手稿中的微型画一样罕见，现代城市几百位画家中也许只有一个人能够成功调制绘画所用的溶剂。中世纪的画家别无他法，他们缺乏其他更好的溶剂，只能创作壁画。这种作画的方法有一些极大的不利之处。往往过了几年，石膏便从

1　在1903年7、8月举行的俄罗斯社会民主工党第二次代表大会期间，党内发生激烈的冲突，以列宁为首的一派称为布尔什维克（多数派），而以马尔托夫等人的一派称为孟什维克（少数派）。

墙上剥落，要不就是画面受潮湿而损坏，就像潮湿会损坏墙纸一样。人们想方设法，尝试了各种便捷的方法以取代石膏底料。他们曾经尝试用葡萄酒、醋、蜂蜜和黏性的蛋清来调色，但是没有一种方法令人满意。试验持续了1000多年。中世纪的画家在羊皮纸手稿上作画非常成功，但在大块的木块或石头上作画极不成功，因为颜料会起粘。

最终在15世纪上半叶，荷兰南方的扬·范·爱克[1]和胡伯特·范·埃克[2]解决了这个难题。这对著名的弗拉芒兄弟俩用特制的油调和颜料，从而可以在木头、帆布、石头或任何其他东西上作画。

然而到了这一时期，中世纪初的宗教热忱已经成为过去。城市有钱的自由民取代主教而成为艺术的赞助人。由于艺术必定要为金钱服务，因而艺术家们开始为这些世俗的雇主工作，他们为国王、大公和有钱的银行家绘制肖像画。使用油彩的绘画方式不久便风靡欧洲，每个国家形成了各自的画派，画家们的风景画和肖像画反映了各国人民独特的欣赏特点。

例如，西班牙的委拉斯开兹[3]的绘画对象包括宫廷侏儒和王室挂毯厂的纺织工，以及与国王和宫廷有关的人和物。荷兰的伦勃朗、弗兰茨·哈尔斯[4]和维米尔[5]专画商人的仓院、家中邂逅的妻子和健康而肥胖的孩子以及给他带来财富的船只。另一方面，

1　扬·范·埃克（1390—1441），早期尼德兰画派最伟大的画家之一，15世纪北欧后哥德式绘画的创始人。

2　胡伯特·范·埃克（约1385—1426），荷兰画家，扬·范·埃克的哥哥。

3　委拉斯开兹（1599—1660），17世纪西班牙画派的大师，西班牙文艺复兴时期杰出的画家。

4　弗兰茨·哈尔斯（1583—1666），荷兰肖像画家，老荷兰派画家中最重要的代表之一。

5　约翰内斯·维米尔（1632—1675），荷兰风俗画家，"荷兰小画派"的代表人物，与梵高和伦勃朗合称为荷兰三大画家。

在意大利，教皇仍然是艺术最高的赞助人，米开朗基罗、柯勒乔[1]继续画圣母和圣徒。而在贵族有钱有势的英格兰和最高统治者为国王的法兰西，艺术家绘画的对象是政府的显贵高官，以及国王陛下与之为友的那些绰约可爱的淑女。

绘画的巨变之所以产生，一方面是人们忽视旧宗教，另一方面是社会出现了一个新的阶级。这一变化也在其他的艺术形式中得到反映。随着印刷术的发明，作者们为大众写书能够赢得声誉，因而便出现了专业的小说家和插图画家。然而，有钱买得起新书的人并不喜欢晚上坐在家中望着天花板，或者闲坐无事。他们需要娱乐。中世纪为数不多的行吟诗人已经不能满足他们的娱乐需求。自从希腊早期的城邦在2000年前出现以来，专业剧作家第一次有机会从事自己的职业。中世纪只知道戏剧是教会某些庆祝活动的一部分。13世纪和14世纪的悲剧主要讲述耶稣的受难，但是到了16世纪，世俗的剧场重新出现。专业剧作家和演员的地位起先的确不高。威廉·莎士比亚[2]被视为马戏班的角色，以悲剧和喜剧娱乐他人。然而，他在1616年去世以后，却开始受到人们的尊敬，演员们再也不是警察监视的对象。

莎士比亚的同时代人、杰出的西班牙人洛佩·德·维加[3]写了不少于1800部世俗剧和400部宗教剧。他是一位贵族，他的著作曾经得到罗马教皇的赞许。一个世纪以后，法国人莫里哀[4]竟

1　安东尼奥·阿莱格里·达·柯勒乔（1489—1534），意大利文艺复兴时期帕尔马画派最著名的人物。

2　威廉·莎士比亚（1564—1616），英国最杰出的诗人和剧作家，西方文艺史上最杰出的作家之一，全世界卓越的剧作家之一。他流传下来的作品包括38部剧本、154首十四行诗、2首长叙事诗和其他诗作。

3　费利克斯·洛佩·德·维加·伊·卡尔皮奥（1562—1635），西班牙历史上最伟大的诗人和剧作家之一。

4　莫里哀（1622—1673），法国喜剧作家和演员。

与国王路易十四成为挚友。

戏剧从此越来越受到人们的喜爱。时至今天，每一个管理有序的城市肯定会有"剧场"，无声电影院已经深入到最小的村庄。

另一种艺术最受人欢迎，那就是音乐。大多数古老的艺术形式都需要大量的技巧。我们笨拙的双手要经过多年的练习才会听从大脑的使唤，然后才能在帆布或大理石上再现我们的构想。学会如何表演或如何创作一本优秀的小说需要一生的努力。对于大众来说，欣赏绘画、著作和雕塑的佳品需要大量的训练。但是只要不是完全耳聋，几乎每一个人都能跟着一个曲调哼唱，几乎每一个人都能欣赏某种音乐。中世纪虽然能够听到一些音乐，然而都是宗教音乐。圣歌有极其严格的节奏与和声限制，听了很快就觉得单调，而且在街道或集市上也不适合演唱圣歌。

文艺复兴改变了这一现象。音乐又一次成为人们的好友，无论是在欢乐或痛苦之时。

埃及人、巴比伦人及古犹太人都非常喜欢音乐，他们甚至把不同的乐器组并在一起，组织正规的乐队。希腊人对异国他乡这种鼓噪的声音不屑一顾，他们喜欢听人吟诵荷马[1]和品达[2]大气磅礴的诗篇，也允许用七弦琴（最简陋的弦乐器）伴奏。如果不愿招致众人的反对，最多只能如此而已。另一方面，罗马人喜欢在晚餐或聚会时演奏管弦乐，他们发明了我们今天使用的大多数乐器，这些乐器在历史上当然经过改进。早期的教会认为这种音乐太具有邪恶的异教徒世界特有的风格，而这个世界又刚被摧毁，

1　荷马（约公元前9世纪—公元前8世纪），相传为古希腊失明的游吟诗人，生于小亚细亚，创作了史诗《伊利亚特》和《奥德赛》，即《荷马史诗》。

2　品达（约公元前518年—公元前438年），古希腊著名的抒情诗人。

Mr. WILLIAM
SHAKESPEARES
COMEDIES,
HISTORIES, &
TRAGEDIES.

Published according to the True Originall Copies.

LONDON
Printed by Ifaac Iaggard, and Ed. Blount. 1623.

《莎士比亚文集》1623 年版封面

因而对此抱以蔑视的态度。公元3世纪和4世纪的所有主教只准教会的所有会众演唱几首歌。在没有乐器伴奏的情况下，会众唱歌动辄跑调，于是教会允许使用风琴伴奏。风琴是公元2世纪的发明，包括一组潘神排箫和一对风箱。

接着是大迁徙时代。罗马最后一批音乐家不是被杀，就是沦为流浪的提琴手，转辗于城市之间，在大街上演奏，像现代渡船上的竖琴手一样乞讨几个小钱。

在中世纪的后期，随着城市的发展，再度时兴了一种更加世俗的文明，人们对音乐家有了新的需求。像号角这样的乐器过去仅被用来在狩猎和作战时传递信号，经过不断改造而能发出适合于舞厅和宴会厅的声响。一种以马鬃为弦的弓用来演奏老式的吉他，这种六弦乐器可以追溯到埃及和亚述最古老的弦乐器。到了中世纪末，这种吉他演变成现代的四弦小提琴。斯特拉迪瓦里[1]和18世纪其他的意大利提琴制作师使之臻于尽善尽美。

最后是现代钢琴的发明。钢琴在所有乐器中最为普及，它随人们进入荒野的丛林和格陵兰的冰天雪地。风琴是第一种键盘乐器，演奏者以前必须要与一个拉风箱的人合作，这一工作现在用电来完成。因此，乐师寻找一种更为简便的乐器，不受环境的限制，以便帮助他们训练教堂众多的唱诗班学生。在伟大的11世纪，在诗人彼特拉克的出生地阿列佐城，一个名叫奎多[2]的本笃会[3]僧侣为我们带来了现代的音乐记谱法。在11世纪的某

1　安东尼奥·斯特拉迪瓦里（1644—1737），意大利克著名的弦乐器制作大师。

2　奎多（991/992—1050），又称阿列佐的奎多，据说他发明了五线谱的前身"四线乐谱"。

3　本笃会是天主教的一个隐修会，又译为本尼狄克派，由意大利人圣本笃于529年在意大利中部的卡西诺山所创。

一时期，人们对音乐产生了广泛的兴趣，于是制作了第一件键弦俱全的乐器。这种乐器肯定像是在玩具店可以买到的儿童钢琴，能够发出叮当的声音。中世纪的乐师四处漂泊，地位如同杂耍艺人和纸牌魔术师。他们于1288年在维也纳第一次单独组成了乐师公会。小小的一弦琴发展成为一种我们认得出的乐器，即现代的斯坦威钢琴的前身。这种乐器在奥地利通常叫做"击弦钢琴"（clavichord），因为它使用"音棒"（claves）。击弦钢琴从奥地利传到了意大利，经过完善，以发明家乔万尼·斯比奈蒂的名字命名为斯皮奈蒂琴（立式钢琴）。最后，到了18世纪，约在1709年至1720年，巴托洛米奥·克里斯托福里制作了一个"键盘乐器"（clavier），演奏者可以奏出弱音（piano）和强音（forte）。这种乐器经过某些改进便成为我们所知的钢琴（pianoforte或piano）。

于是世界上第一次有了一种简单而便捷的乐器，学习几年便能掌握，不像竖琴和小提琴那样老是需要调音，而且声音比中世纪的大号、单簧管、长号和双簧管更加悦耳。正如留声机让数百万的现代人爱上音乐一样，"钢琴"广泛普及了音乐知识。对于每一个有教养的男女来说，音乐是教育的必修课程。王公富商拥有私人乐队。乐师不再是四处漂泊的"行吟诗人"，他们在社会中享有极高的地位。剧院的演出添加了音乐的演奏，如此便出现了现代歌剧。起初，仅有少数非常富有的王公贵族能够承担"歌剧团"的开支。可是，随着人们对这种娱乐形式的兴趣越来越大，许多城市修建了自己的剧院。意大利的歌剧以及稍后的德国歌剧公开演出，给所有的人都带来无限的喜悦，只有基督教少数极其严格的教派仍以极端的怀疑态度对待音乐，认为音乐这种东西过于欢快，对心灵完全没有好处。

到了18世纪中叶，欧洲的音乐生活进入全面繁荣时期。当时涌现了一个才华超群的人，他是莱比锡托马斯教堂一位普通的风琴师，名叫约翰·塞巴斯蒂安·巴赫[1]。他为每一种已知的乐器都创作了乐谱，既有喜剧歌曲和大众舞曲，也有最庄严的圣歌和清唱剧，从而奠定了现代音乐的基础。巴赫于1750年去世，他的继承者莫扎特[2]创作的音乐作品美妙绝伦，犹如和声与韵律编织的精美饰物。接着是路德维希·范·贝多芬[3]，他一生多舛，给我们带来了现代的乐队，尽管他本人听不到自己最伟大的作品，因为他在贫困的岁月中因感冒而失聪。

贝多芬经历了法国大革命时期，曾对光荣的新时代充满了希望，为拿破仑创作过一部交响曲，为此而抱恨终生。贝多芬在1827年去世，当时拿破仑已经成为过去，法国大革命也成为过去，但是随后出现的蒸汽机却给世界带来一种与《第三交响曲》的梦幻境界并不和谐的声音。

的确，蒸汽、铁、煤和大工厂所代表的新秩序对艺术、绘画、雕塑、诗歌和音乐丝毫无益。那些艺术的赞助人，即中世纪和17、18世纪的教会、王公富商，已经销声匿迹了。工业世界的领袖们太忙，也没有受过什么教育，他们无暇顾及蚀版画、奏鸣

1　约翰·塞巴斯蒂安·巴赫（1685—1750），德国作曲家，杰出的管风琴、小提琴、大键琴演奏家，有现代音乐之父的美称。

2　沃尔夫冈·阿马德乌斯·莫扎特（1756—1791），奥地利作曲家，欧洲最伟大的古典主义音乐作曲家之一，人类历史上极为罕见的音乐天才。莫扎特在短暂的一生中写出了大量的音乐作品，其中包括20余部歌剧、41部交响曲、50余部协奏曲、17部钢琴奏鸣曲、6部小提琴协奏曲、35部钢琴小提琴奏鸣曲和23首弦乐四重奏，以及数部嬉游曲小夜曲、舞曲及宗教乐曲。

3　路德维希·范·贝多芬（1770—1827），德国古典音乐作曲家、钢琴演奏家，古典主义音乐集大成者，一共创作了9部交响曲、35首钢琴奏鸣曲、10部小提琴奏鸣曲、16首弦乐四重奏、1部歌剧、2部弥撒曲等。

曲和小件的牙雕，更不用说关注这些东西的制作者了，这些人对于他们生活的世界毫无实际用处。工厂的工人听着机器的轰鸣声，直到他们对务农的祖先喜爱的笛子或小提琴奏出的曲调丧失了所有的兴趣。艺术成了工业新纪元的弃儿。"艺术"与"生活"彻底分离了。残留下来的绘画作品在博物馆里黯然失色。音乐成为少数几位"鉴赏家"独享的专利，他们将音乐从家庭中带走，送到了音乐厅。

然而，艺术尽管缓慢，还是稳步恢复了本来的面目。人们开始意识到伦勃朗、贝多芬和罗丹[1]是真正的民族先知和领袖，一个没有艺术和快乐的世界像是一个没有笑声的托儿所。

1 奥古斯特·罗丹（1840—1917），法国雕塑家，主要作品有《伤鼻的男子》、《青铜时代》、《圣约翰的说教》、《地狱之门》、《亚当》、《夏娃》、《加莱义民》、《吻》、《巴尔扎克》等。

《征服西部》 | 房龙

第62章　殖民地扩张与战争

本章应该谈论过去50年的政治发展，其实只有几点说明，谨此表示歉意。

早知撰写一部世界史如此困难，我决不会承担这一工作。当然，任何一个足够勤奋的人，如果在图书馆发霉的书库埋头苦干五六年，也能编写厚厚的一大卷，叙述每一片土地在每一个世纪发生的事件，但是这并非是本书的宗旨。出版商要求写出一本富有节奏的历史书，讲述故事应该快马驰骋，而不是闲云漫步。在本书即将完成之时，我发现某些章节步伐太快，另一些章节则步伐太慢，在早已被遗忘的年代干燥的沙漠中悠然穿行。有些地方毫无任何的进展，而另一些地方则纵情于十足的动感爵士乐和浪漫传奇之中。我不喜欢这样，我建议销毁全部的手稿，然后从头开始，可是出版商不许我这样做。

为了解决我的难题，另一个办法是我把打字机打好的稿子送给几个好心的朋友，请他们阅读我写的东西，然后给我提些意见。这一办法令我相当失望，因为每个人都有自己的成见、嗜好和偏爱。他们全都要了解我为什么忽略他们喜爱的国家、他们喜爱的政治家，甚至他们最喜欢的罪犯。他们还要了解我在什么地方忽视了这些内容，以及我为什么竟敢这样做。在有些人看来，拿破仑和成吉思汗均应获得最高的褒扬。我解释说，我竭尽全力公正地对待拿破仑，但是根据我的评价，他远远不如乔治·华盛顿、古斯塔夫·瓦萨[1]、奥古斯都、汉谟拉比、林肯及许多其他人，而限于篇幅，我只得用几个段落来介绍他们。至于成吉思汗，我仅承认他在大肆屠杀方面具有超人的能力，我尽量不对他进行更多的宣扬。

另一位评论家说："到目前为止写得挺好，可是清教徒怎么

1　即瑞典国王古斯塔夫·阿道夫二世（1594—1632）。

《拓荒者》| 房龙

办？我们正在庆祝他们抵达普利茅斯[1]300周年。他们应该占据更多的篇幅。"我回答说，如果我写一部美国史，那么清教徒在前12章应该占据一半的篇幅，可是这是一部有关人类历史的书，在普利茅斯礁石上发生的事情直到几个世纪之后才算是具有深远意义的国际事件，何况美国是由13个州而并非单独一个州建立起来的，美国历史上前20年最主要的领袖出自弗吉尼亚州、宾夕法尼亚州和尼维斯岛，而不是马萨诸塞州，因此清教徒对一个印刷页的篇幅外加一幅特制的地图应该感到满足。

接下来是史前专家的质问。我为什么看在大霸王龙的份上，没有用更多的篇幅介绍克鲁麦农人？他们是一个优秀的人种，早在10000年前就发展了高度文明。

的确，我为什么没有作此介绍呢？理由很简单，我不像一些最著名的人类学家那样，关注这些早期人种的成就。卢梭和18世纪的哲学家创造了"高贵的野蛮人"这一术语，假设他们在远古时代过着非常幸福的生活。我们那些现代的科学家已经抛弃了我们的先辈如此珍爱的"高贵的野蛮人"，以法兰西山谷"出色的野蛮人"取而代之，他们在35000年前终结了低额头的低等兽类人种尼安德特人和其他的日耳曼近邻。他们向我们揭示了克鲁麦农人描绘的大象和雕刻的人像，这些东西给克鲁麦农人带来了莫大的荣耀。

我并不是说他们不对，但我认为我们对于整个历史了解太少，无法准确重现早期的西欧社会。我之所以不愿叙述某些事

1　指美国马萨诸塞州的普利茅斯，1620年9月16日，102名清教徒从英格兰的普利茅斯乘坐五月花号木船前往美洲新大陆，来到了现今马萨诸塞州的普利茅斯，在此建立了殖民地。

件，是因为我不想冒险叙述某些并非是事实的事件。

还有一些评论者直截了当地指责我有失公平。我为什么遗漏爱尔兰、保加利亚和暹罗这样的国家而偏要扯进荷兰、冰岛和瑞士这样的国家？我的回答是我没有扯进任何国家，而是这些国家主要受形势所迫自己进入本书，我不能将它们排斥在外。为了便于你们理解我的观点，不妨让我申明考虑这本历史书取舍内容的依据。

原则只有一条。"所涉国家和个人是否产生某种新的思想或做出某个空前的举动，从而改变了全人类的历史？"这个问题与个人的好恶无关，而是基于冷静的判断，近似数学般的判断。虽然没有一个民族像蒙古人那样曾在历史上扮演了如此令人神往的角色，但是从成就或知识进步方面来看，蒙古人对人类并没有多大的贡献。

亚述王提革拉·毗列色一生充满了戏剧性的事件。但对我们来说，有没有这个人无关紧要。同样，荷兰共和国的历史之所以引人入胜，并不是因为德·鲁伊特的水兵曾在泰晤士河中钓鱼，而是因为北海沿岸这一片不大的沙洲曾是一个好客的避难所，接纳过对各种不受欢迎的论题持有各种稀奇古怪看法的各种怪人。

不错，雅典或佛罗伦萨在全盛时期仅有堪萨斯城十分之一的人口，可是如果没有出现这两个地中海盆地的小城，我们目前的文明就会全然不同。恳请怀恩多特县的人民谅解，对于密苏里河边这个繁忙的大都市，就不能这么说了。

既然是表达我个人的观点，那就允许我陈述另一个事实。

我们去看医生时，必须事先搞清他是外科医生、诊断医生、顺势疗法医师或信仰治疗师，因为我们要知道他会从什么角度看待我们的病情。在选择我们的历史学家时，必须像选择医生一样谨慎。我们想着"好吧，历史就是历史"，于是置之不理。然而，一个在苏格兰的偏远地区接受严格的长老会家庭教育的作者，与一个在儿时就被拉去倾听罗伯特·英格索尔[1]反对各种妖魔鬼怪的精彩演说的邻居相比，他对人际关系的每一个问题都持有不同的看法。到了一定的时候，这两人也许会忘却早期接受的教育，不再前往各自的教堂或演讲厅，但是他们在世界观形成的年代所受的影响却陪伴他们，他们在写作上或言行中都会流露出来。

在这本书的前言中，我告诉过你们我不是一个不犯错误的向导。现在几乎已经读完全书，我再次重复这一告诫。我生长于一个信奉旧派自由主义的家庭，这个家庭曾经关注达尔文和19世纪其他先驱者的发现。童年时代，我醒来的大部分时间跟我的一位伯父待在一起，他收藏了16世纪法国散文家蒙田的许多著作。由于我出生在鹿特丹，在豪达小城上学，我经常会接触伊拉斯谟。出于某种不为人知的原因，这位伟大的宽容倡导者占据了我并不宽容的内心。我后来又发现了阿纳托尔·法朗士[2]。我初次与英语打交道是碰巧看到萨克雷[3]的《亨利·艾斯芒德》，这篇小说给我留下了深刻的印象，胜过其他的英语小说。

如果我出生在美国一个中西部城市，我很可能会对儿时听到的圣歌有一种亲切感。然而，我对于音乐最早的回忆要追溯到一天下午，当时我母亲带我去听巴赫的一赋格曲。那位伟大的新教

1　罗伯特·英格索尔（1833—1899），美国政治活动家、法学家、讲演家，不可知论的倡导者，曾经参加过美国南北战争。

2　阿纳托尔·法朗士（1844—1924），法国作家、文学评论家、社会活动家，主要作品有《黛丝》、《鹅掌女王烤肉店》、《企鹅岛》、《诸神渴了》等长篇小说。

3　威廉·梅克比斯·萨克雷（1811—1863），英国小说家，最著名的作品是《名利场》。

大师的音乐作品堪称完美，对我的影响太深，因而我在祈祷会上听到通常的圣歌，总有极度痛苦的感觉。

再者，如果我出生在意大利，在快乐的阿尔诺河流域享受温暖的阳光，我或许会喜爱许多绚丽多彩、阳光灿烂的图画，而我现在对此却漠然置之，因为我对艺术的最初印象是在荷兰这样一个国家获得的，那里很少会有太阳普照的日子，连绵不断的阴雨冲刷大地，几乎到了残忍的程度，致使一切呈现黑白分明的强烈对照。

我特意陈述这些事实，便于你们了解本书作者的个人偏见，并且理解他的观点。书后的参考书目代表了不同的观点与意见，你们可以与之比较我的看法。这样你们就能得出自己的最终结论，否则你们的结论不会更公正。

以上简短的说明虽然偏离了主题，但却实有必要。我们回头继续介绍最近50年的历史。这一时期发生了许多事情，可是事发之时却很少会表现出不同寻常的重要性。大多数的大国不再只是政治的实体，而是成为大型实体。它们修筑铁路，建立并资助通向世界各地的轮船航线，以电报线路连接不同的属地，稳步扩大在其他大陆控制的领土。只要有机可乘，敌对的列强就会争夺非洲和亚洲每一小块土地。法国成为阿尔及利亚、马达加斯加、安南[1]和东京[2]的殖民宗主国。德国抢占了非洲西南部和东部的部分土地，在非洲西海岸的喀麦隆、新几内亚和太平洋的众多岛屿

---

1 安南通常指越南，其实安南在历史上指现今越南的北方。唐高宗调露元年（679年）改交州都督府为安南都护府，史称安南府。南宋淳熙元年（1174年），改封该地为安南国。明永乐五年（1407年），安南臣属中国。越南作为国名出现在清嘉庆八年（1803年），包括现今越南的南方。

2 东京是越南城市河内的旧名。法国人控制越南北方以后，便用这个名字称呼整个越南北方。

上建立了殖民地，并以几名传教士被杀为借口抢夺了中国黄海胶州湾的港口。意大利在阿比西尼亚碰运气，结果却被皇帝[1]的士兵打得大败而归，只得以占领土耳其在北非属地的黎波里聊以自慰。俄罗斯在占据了西伯利亚的全部土地以后，又从中国夺走了旅顺口。日本在1895年打败了中国，占据了台湾岛，1905年又声称拥有朝鲜全境的主权。1883年，英国这个世界上最大的殖民帝国出兵"保护"埃及。英国执行这一任务极其卖力，给这个被人忽视的国家带来了巨大的物质利益。自苏伊士运河在1868年开通以后，埃及一直面临外国入侵的威胁。随后的30年，英国在世界的不同地区进行了多次殖民战争。1902年，经过3年的苦战以后，英国征服了德兰士瓦和奥兰治自由邦这两个独立的布尔共和国。与此同时，英国鼓励塞西尔·罗兹为建立一个非洲大国而奠定基础，这个大国从南非的好望角几乎一直延伸到尼罗河口，并入了未被欧洲人占领的所有岛屿或陆地。

精明的比利时国王利奥波德利用亨利·斯坦利[2]的发现于1885年建立了刚果自由邦。这个幅员辽阔的热带帝国原是一个"君主专制国"，但是皇帝统治国家荒诞不经。在这种情形持续多年以后，比利时人吞并了这个国家，在1908年建立了殖民地，废除了肆无忌惮的皇帝容忍的各种骇人听闻的陋习。皇帝只要得到象牙与橡胶，根本不顾土著人的死活。

至于美国，他们有那么多的土地，因而没有继续扩张领土的欲望。但是，西班牙在西半球的最后一批属地之一古巴施行苛

1　孟尼里克二世，指埃塞俄比亚皇帝（1889—1913）。1896年3月1日，孟尼里克二世指挥军队在阿杜瓦战役中重创了意大利军队，确保了埃塞俄比亚的独立。

2　亨利·斯坦利（1841—1904），英国威尔士的记者、探险家。

政，实际上迫使华盛顿政府采取了行动。经过一场短暂又平淡的战争，西班牙人被赶出了古巴、波多黎各和菲律宾群岛。波多黎各和菲律宾群岛随后成为美国的殖民地。[1]

世界经济的发展十分自然。英国、法国和德国的工厂越来越多，需要越来越多的原料。同样的道理，越来越多的欧洲工人需要越来越多的食物。到处都在要求得到更多的东西，更多的市场，更多易于开采的煤矿、铁矿、橡胶种植园和油井，更多的小麦和粮食供应。

对于正在计划在维多利亚湖开通航线或在山东境内修建铁路的人们来说，欧洲大陆单纯的政治事件已经没有多大的意义。他们知道欧洲需要解决的问题太多，但是他们无暇顾及。结果，正是由于持有这种冷漠和粗心的态度，他们给后代留下了一笔可怕的遗产，既有憎恨也有痛苦。数个世纪以来，欧洲西南部一直是叛乱和流血的场所。在上世纪70年代，塞尔维亚、保加利亚、黑山和罗马尼亚的人民再次掀起争取自由的斗争，而土耳其人在许多西方列强的支持下则试图加以阻止。

1876年，保加利亚在一段时间内发生了多起尤其残暴的屠杀，于是俄罗斯人失去了耐心。俄罗斯政府被迫出面干涉，就像麦金莱[2]总统被迫派兵前去古巴，以制止维雷尔[3]将军在哈瓦那枪杀平民。1877年4月，俄罗斯军队越过了多瑙河，攻克了希普卡

---

1 房龙的这一观点有失偏颇，美国在1898年发动美西战争，目的完全是拓展殖民利益。

2 威廉·麦金莱（1843—1901），1897年当选为美国第25任总统。1898年，麦金莱发动了美西战争，夺取了西班牙属地古巴、波多黎各和菲律宾，并且兼并了波多黎各和菲律宾，并将古巴纳为自己的保护地。

3 瓦雷里阿诺·维雷尔（1838—1930），西班牙军人，在担任古巴总督期间实行暴政，竟把50万古巴人关进集中营，导致20—40万古巴人在集中营死于饥饿和疾病，外号"维雷尔屠夫"。

关隘，夺取了普列文，向南长驱直入，然后兵临君士坦丁堡。土耳其向英国求援。许多英国人谴责政府支持土耳其苏丹，但是迪斯雷利决定出面干涉。迪斯雷利刚刚促成维多利亚女王担任印度女皇，他本人喜欢风趣的土耳其人，痛恨俄罗斯人残酷对待境内的犹太人。俄罗斯被迫签订《圣斯特法诺和约》（1878），巴尔干问题留待同年6月至7月的柏林会议解决。[1]

著名的柏林会议完全受迪斯雷利的个性左右。迪斯雷利一头的卷发油光锃亮，他态度傲慢自大，冷嘲热讽而不失幽默，阿谀奉承却又不露痕迹，甚至连俾斯麦都害怕这个聪明的老人。英国首相在柏林期间关注他的土耳其朋友的命运。黑山、塞尔维亚和罗马尼亚成为独立的王国。保加利亚公国获得了半独立的地位，并被置于沙皇亚历山大二世的姨侄、巴滕堡的亚历山大亲王的统治之下。这几个国家本来可以利用各自的资源以发展自身实力，但却没有获得这样的机会，因为英国热心维护土耳其苏丹的命运，让他控制这些国家以便抵御俄罗斯进一步的侵略，从而保证大英帝国的安全。

更为糟糕的是，柏林会议允许奥地利从土耳其人手中夺走了波斯尼亚和黑塞哥维那，使之成为哈布斯堡王朝的领土。奥地利的确干得很漂亮。这两个为人忽视的地方治理有方，如同英国最好的殖民地。换句话说，这一安排非常不错，可是那里的居民多

1　房龙的说法与历史不符。为了争夺高加索、巴尔干、克里米亚和黑海等，俄罗斯与奥斯曼土耳其在17世纪至19世纪进行了11次俄土战争，续前长达241年。在第10次俄土战争（1887—1888）后，俄罗斯迫使土耳其签订《圣斯特法诺和约》。根据这一条约，土耳其承认黑山、塞尔维亚和罗马尼亚三国完全独立；波斯尼亚和黑塞哥维那自治；成立大保加利亚；俄罗斯收复萨拉比亚西南部，兼并卡尔斯、巴统统阿尔达汉和巴亚齐特；俄罗斯等黑海沿岸国家的军舰获准自由通行博斯普鲁斯海峡。

为塞尔维亚人。塞尔维亚人在古代臣属于斯特凡·杜尚[1]的大塞尔维亚帝国。杜尚在14世纪曾经抵御土耳其人入侵西欧，早在哥伦布发现新大陆前150年之前，塞尔维亚帝国的首都乌斯库布就是一个文明中心。塞尔维亚人对古代的光荣历史牢记不忘。谁又不是这样呢？他们痛恨奥地利人占据这两个地方，他们认为这两个地方在传统上属于自己。

正是在波斯尼亚的首府萨拉热窝，奥地利皇位的继承人斐迪南王子在1914年6月28日被刺身亡。刺客是一名塞尔维亚大学生，行刺纯粹出于爱国的动机。

这场可怕的灾难是导致世界大战[2]的直接原因，尽管并非是唯一的原因。不应指责那个半疯狂的塞尔维亚青年，也不应指责他所刺杀的奥地利皇储，但必须要追究著名的柏林会议所在的时代。当时欧洲忙于物质文明的建设，根本不去关心在古老的巴尔干半岛一个凄凉的角落，一支被人遗忘的民族也有自己的抱负和梦想。

1　斯特凡·杜尚（1309—1355），塞尔维亚国王（1331—1346年在位），塞尔维亚帝国沙皇（1346—1355年在位）。杜尚从1334年起数次与拜占庭帝国交战，夺取了马其顿、阿尔巴尼亚和希腊的大部分土地，建立了塞尔维亚帝国，自称塞尔维亚人、希腊人、保加利亚人和阿尔巴尼亚人的沙皇。塞尔维亚帝国在他死后即告分裂，1389年被奥斯曼土耳其人征服。

2　指第一次世界大战（1914年8月—1918年11月）。

《闭上你的臭嘴，你这个怪物！》| 维莱特作于 1898 年

这幅反战漫画原载《法兰西信使报》。

第63章 新世界

世界大战其实是建立美好新世界的斗争

发动法国大革命的人是一小批诚实的积极分子，孔多塞侯爵[1]是这些人当中品格最高尚的人之一。为了穷苦而不幸的人们，他奉献了自己的生命。在德·达朗贝尔和狄德罗编写著名的《百科全书》时，他曾是他们的助手之一。在大革命的初期，他曾是国民公会的温和派领袖。

国王及宫廷党徒的叛国行为给极端的激进分子提供了机会，他们乘机夺取政权并杀害对手。在这种情况下，孔多塞的宽容、仁慈和坚实的常识使他成为被怀疑的对象。孔多塞被宣布为"不法分子"，一个为社会唾弃的人，因而每一个真正爱国者都能处置他。他的朋友们愿意不顾自己的安危将他藏匿，但是孔多塞拒不接受他们的善意。他逃走了，打算回到自己家中，那里也许是藏身的安全之所。他在外露宿了3天，衣衫褴褛，伤痕累累。他走进一家小饭店讨要一些食物，疑心的乡下佬搜了他的身，在他的衣袋里找出拉丁诗人贺拉斯的一本诗集。这表明他们扣下的人是高贵出身，不应在路上跑来跑去，因为当时每一个受过教育的人都被视为革命的敌人。他们抓住孔多塞，把他捆绑起来，塞住了他的嘴，然后扔进了村拘留所。第二天早上，赶来的士兵们押送他返回巴黎受审砍头。看啊！他已经死了。

这个人奉献了一切，却毫无所得，他完全有理由对人类丧失信心，但他所写的几句话时至今日仍是至理名言，如同130年前一样。我抄录如下，以飨读者。

他写道："大自然赐予我们无限的希望，人类现在已经挣脱

1　孔多塞（1743—1794），法国数学家和哲学家，18世纪法国启蒙运动时期最杰出的代表之一，亲身参加了1789年爆发的法国大革命，为法兰西第一共和国的重要奠基人，并起草了吉伦特宪法。

了枷锁，正以坚定的步伐在真理、道德与幸福的大道上前进，这一画面向哲学家展示了一种愿景，使他聊以慰藉，因为错误、犯罪和不公正仍然玷污并折磨这个地球。"

世界刚刚经历了一场痛苦的磨难，法国大革命与之相比简直不足挂齿。这种震撼如此之大，以至于扼杀了成百上万人心中最后一点的希望火花。他们高唱进步的圣歌，而在他们祈盼和平之后却迎来了长达4年的屠杀。他们问道："人类尚未超越最早的穴居人阶段，为了他们而工作和卖命值得吗？"

只有一个答案。

回答是："值得！"

世界大战是一场骇人听闻的灾祸，但这并不意味着世界的末日。相反，它带来了新的一天的开端。

撰写一本有关希腊、罗马或中世纪的历史书倒是容易。曾在那个早已被遗忘的历史舞台上出演的演员全都死了。我们可以对他们进行冷静的评判。曾为他们的成就喝彩的观众早已消失，我们的言语根本不会伤害他们的感情。

对当代的事件进行真实的叙述却非常困难。我们在生活中与之相遇的人在心中纠结的难题即是我们自己的难题，他们伤害我们太多或太讨我们的喜欢，因而公正地对待他们几乎不可能，但是我们在书写历史时却必须公正地对待他们，而不是大肆进行宣传。不管怎样，我都要努力告诉你们，我为什么赞同可怜的孔多塞对美好的未来持有坚定的信念。

我以前经常告诫你们，要提防采用我们所谓的历史时代来划分人类历史所产生的虚假印象，即人类历史分为四个阶段：古代、中世纪、文艺复兴与宗教改革时代及现代。最后一个分类最危险。"现代"一词的含意是我们这些20世纪的人处于人类成就的顶峰。英国以格拉斯通[1]为首的自由派在50年前认为,在通过了第二次议会改革法案以后,工人与其雇主一样享有平等的参政权利,因而建立一个真正的代议制民主政府的问题得到彻底的解决。[2]当迪斯雷利及其保守派朋友们批评这是危险的"冒失之举"时,他们断然予以否认。他们对自己的事业坚信不疑,相信必须认同一个国家,而政府的成功必须取决于社会所有阶层的合作。从那时起已经发生了太多的事情,仍然在世的几个自由派开始明白自己的错误。

任何历史问题都没有一个肯定的答案。

每一代人都必须为了惩恶扬善而奋斗,否则就会像史前世界的那些懒惰的动物一样遭遇毁灭。

你们一旦掌握这一伟大的真理,便会重新认识生活,而且视野更加开阔。接着,不妨再进一步,设想你们在公元10000年处于你们的后代所在的地位会是什么情况。他们也会学习历史。我们以文字记录下短暂4000年来我们的行动和思想,但是他们对此会有什么想法?他们会以为拿破仑与亚述人的征服者提华拉·毗列色是同时代人。他们也许会将他与成吉思汗或马其顿的亚历山大相混淆。关于这场刚刚结束的世界大战,他们似乎会想到罗马与迦太基之间漫长的商业冲突,双方为了争夺地中海的霸权进行了长达128年的战争。19世纪巴尔干半岛的冲突,即塞尔维亚、希腊、保加利亚和黑山争取自由的斗争,对于他们来说似乎是大

1　威廉·尤尔特·格拉斯通(1809—1898),英国政治家,曾以自由党人的身份四次出任英国首相。

2　英国在19世纪进行了三次议会改革,完善了英国的议会制度。

迁徙造成的混乱局面持续的表现。他们望着前不久刚被德国的枪炮摧毁的兰斯大教堂的图片，犹如我们看着250年前在土耳其人与威尼斯人交战时被毁的雅典卫城的照片一样。对于许多人普遍存在的死亡恐惧，他们会视之为一种幼稚的迷信，而这种迷信对于曾在1692年烧死巫婆的种族来说也许是再自然不过的事情。甚至我们引以为豪的医院、实验室和手术室都会被认为是炼金术士和中世纪外科医生的工作间，只是稍作改进而已。

凡此种种的原因十分简单。我们这些现代的男女并不"现代"。相反，我们依然属于穴居人的最后几代。新纪元的基础仅在昨天才奠定。只有人类有勇气质疑一切，使"知识与理解"成为建立一个更合理、更实际的人类社会的基础，人类才第一次有机会成为真正的文明人。这场世界大战是这个新世界的"成长的烦恼"。

在未来相当长的一段时间里，人们会书写各种巨著，以证明这个人、那个人或另一个人导致了这场战争。社会主义者会一再出版各种著作，指责"资本家"为了"商业利益"而发动战争。资本家会回答他们在战争中遭受的损失多于收益，他们的子女率先奔赴前线并战死在沙场，他们也会证明每一个国家的银行家如何尽量阻止战争的爆发。法国历史学家会罗列从查理曼大帝的时代直到霍亨索伦的威廉时代德意志人的各种罪恶，而德意志历史学家则予以回击，列举从查理曼大帝时代直至普恩加莱[1]总统时期法兰西人的各种暴行。他们随后会心安理得，证实对方是"发动战争"的罪魁祸首。各国的政治家，不管是已故还是在世的政治家，都著书立说，解释他们如何尽力防止战争爆发，以及邪恶

1　雷蒙·普恩加莱（1860—1934），又译为雷蒙·彭加勒，法国政治家。

的敌人如何迫使他们卷入战争。

在今后的100年，历史学家不会理会这些辩解和辩白。他们会理解真正的内在原因，了解个人的野心、个人的邪恶和个人的贪婪与战争的最终爆发没有多大的关系。在我们的科学家开始创造一个钢铁、化学和电力的新世界时，他们忘记了人脑比谚语中的乌龟还迟钝、比出名的树獭还懒惰，并在100至300年间紧跟一小撮胆大妄为的领袖。在这种情况下，导致一切灾难的最初错误便已铸成。

身穿双排扣长礼服的祖鲁人仍然是祖鲁人。学会骑自行车和抽烟斗的狗仍然是狗。一个头脑滞留在16世纪的乡村商贩即便驾驶一辆1921年产的劳斯莱斯轿车，仍然是一个头脑滞留在16世纪的乡村商贩。

如果你们一开始不明白这一点，不妨再读一遍。你们过一会便会明白，其中的道理能够说明在过去的6年发生的许多事情。

或许我应该给你们再举一个更熟悉的例子，以说明我是什么意思。在电影院里，笑话与滑稽的语句往往以字幕形式显现在银幕上。[1]下次有机会时，你不妨留意观察电影院的观众。少数几个人似乎能立即理解这些字幕，他们只用一秒钟就能看完。其他人慢一些。还有一些人需要花上二三十秒钟。在聪明的观众开始理解下一个字幕时，阅读能力有限的男女才明白刚才的字幕是什么意思。我要向你们说明，人生也是如此。

在上一章中，我告诉过你们，在最后一位罗马皇帝死后，罗马帝国的思想如何延续了1000年。在这种思想的影响下，人们建

1　房龙所说的电影指无声电影。本书写于1921年，当时还没有出现有声电影。1927年10月，华纳公司推出第一部有声电影《爵士歌王》，从而结束了无声电影时代。

立了一大批的"复制帝国"。这种思想给了罗马的主教们自封为全教会首领的机会，因为他们代表了罗马主宰世界的思想。这种思想驱使一些本无恶意的蛮族酋长无恶不作、征战不休，因为他们永远都对富于魅力的"罗马"一词着魔。所有这些人，包括教皇、皇帝和普通的斗士在内，与你我没有多大的区别，但在他们生活的世界，罗马传统是一种活生生的东西，他们的父辈和儿孙对此记忆犹新。于是，他们为了一个现在难以号召十来个人而奋斗的事业，竟然战斗不止，甚至不惜牺牲生命。

在另一章中，我曾告诉过你们，在宗教改革的第一幕开始以后，伟大的宗教战争如何进行了一个多世纪。如果你们将有关三十年战争的章节与有关创造发明的章节作一下比较，你们会看到在那场血腥的屠杀进行之时，第一架笨重的蒸汽机已经在法兰西、德意志和英格兰的一些科学家的实验室中喷气冒烟，可是世界上大多数人对这些古怪的发明不感兴趣，而是继续进行神学大讨论。这样的讨论现在虽然不会让人生气，但是却会令人感到厌倦。

事情就是这样。1000年以后，对于已成过去的19世纪的欧洲，历史学家会使用同样的词句进行评说，他们会看到人们正在忙着进行激烈的民族斗争。与此同时，一群严肃认真的人待在实验室里，只要能够迫使奥秘无穷的大自然揭示些许的奥秘，他们便毫不关心政治。

你们会逐渐开始理解我的意思。工程师、科学家和化学家仅在一代人的时间，便给欧洲、美洲和亚洲带来了大量的机器、电报、飞机和煤焦油产品。他们创造了一个新世界，时间与空间经过压缩而变得无足轻重。他们发明了新产品，并且使之价廉物美，人人都能买得起。我在前面已经跟你们讲过这些，但是肯定需要我旧话重提。

为了让越来越多的工厂开工，已经成为国家统治者的工厂主需要原料与煤炭，尤其是煤炭。与此同时，大众仍然抱着16世纪和17世纪的思想，固守国家就是一个君主机构或政治机构的旧观念。突然之间，这种僵化的中世纪机构需要处理一个机械的工业世界面临的高度现代化的问题。这种机构根据几个世纪以前制定的游戏规则竭尽全力。不同的国家建立了庞大的陆军和海军，以便在遥远的地区攫取新的属地。哪里尚有一小块剩余的土地，哪里就会出现英格兰、法兰西、德意志或俄罗斯的殖民地。如果土著人反抗，他们便会遭到杀戮。在大多数情况下，他们并不反抗。只要他们不要干涉钻石矿、煤矿、油矿、金矿或橡胶种植园，他们便能过上安宁的生活，并从外国占领中获得许多好处。

有的时候，碰巧两个国家为寻找原料同时需要同一块土地，于是便发生战争。15年前，俄罗斯与日本为了争夺属于中国人的某些领土而进行了一场战争，可是这样的冲突毕竟是例外。没有人真的愿意打仗。的确，对于20世纪初的人们来说，动用军队、战舰和潜艇作战的概念开始显得荒诞。他们把暴力的概念与很早以前毫无限制的君权和钩心斗角的王朝联系在一起。他们每天在报纸上都能了解更多的发明，获悉英国、美国和德国的科学家小组在完全友好的氛围下，为了致力于医学或天文学的进步而共同工作。他们生活在一个商贸发达、工厂林立的忙碌世界。只有少数几个人关注国家的发展落后于时代好几百年，以及所谓的国家即是认同某些共同理想的一个庞大的社会群体。他们试图告诫其他人，但是其他人正忙于自己的事业。

我已经作了许多比喻，请原谅我再做一个比喻。埃及人、希腊人，罗马人、威尼斯人和17世纪商业冒险家的"国家之舟"
——这个古老而可信的表达永远不失新奇和生动——曾是一条坚
固的船，用经过干燥处理的木料打造，撑船的人必须了解船员和
船只，熟悉祖先留传下来的航海术存在什么局限性。

接着到了钢铁和机器的新时代。"国家之舟"的一部分发
生了变化，随后另一部分也发生了变化。船的尺寸加大了。蒸汽
机取代了船帆。客舱的条件有了改善，但是更多的人必须下到锅
炉舱。虽然工作安全，而且能有相当优厚的报酬，但是他们却不
喜欢这样的工作。以前的工作与帆缆索具打交道，虽然危险，但
是他们乐在其中。最后，几乎没有人觉察到古老的方形木船已经
变成现代的远洋轮船，但是船长和大副仍然保持不变，他们仍像
100年前一样经任命或推选产生。他们学习15世纪即在海上航行
中使用的同一套航海术。他们的船舱挂着与路易十四时代和弗雷
德里克大帝时代相同的航海图和信号旗。总之，他们完全不能胜
任其职，尽管这不是他们的过错。

国际政治的海洋并不辽阔。在那些帝国轮船和殖民轮船开始
相互争先时，必然会有事故发生。事故也的确发生过。如果你敢
于穿越那一片海域，你仍然能看到失事船只的残骸。

这个故事的道理非常简单。这个世界急需要新的领袖，他们
必须有勇有谋，卓有远见，十分清楚我们只是刚刚起航，因而必
须学习全新的航海技术。

他们作为学徒必须实习多年。他们必须克服各种阻力，通过
奋斗登上高位。当他们到达驾驶台时，妒忌的船员发动哗变也许
会造成死亡，但是总有一天，会有一个人驾船安全驶入港口，他
将是时代的英雄。

连环历史年表

第64章　继往开来

"我越思考人生，就越觉得我们应该选择讽刺和怜悯作为我们的裁判者，正如古埃及人要求伊西斯女神和奈夫蒂斯女神[1]对他们的死者所做的一样。讽刺和怜悯都是我们的良师益友，前者以她的微笑使人生愉悦，而后者则以她的眼泪使人生化为圣洁。我所祈求的讽刺并不是一个残酷的神灵。她既不嘲笑爱，也不嘲笑美。她的性情温和而仁慈，她的欢笑可以解除对方的武装，教我们嘲笑恶棍和傻瓜的就是她。如果没有她的指引，我们定会脆弱得对那些人加以轻蔑和憎恨。"[2]

我引用一位法国伟人充满智慧的语句作为给你们的临别赠言。

1　奈芙蒂斯为死者的守护神，伊西斯的姐妹。

2　房龙在此引述了阿纳托利·法朗士的作品《伊壁鸠鲁的花园》的英译本（Anatole France . The garden of Epicurus, tr. lfred Allinson. London and New York: John Lane, 1920, p106），引文与原文略有出入。阿纳托尔·法郎士（1844—1924），法国著名作家，1921年诺贝尔文学奖获得者。其主要作品有《当代史话》、《企鹅岛》、《诸神渴了》和《天使的叛变》等。

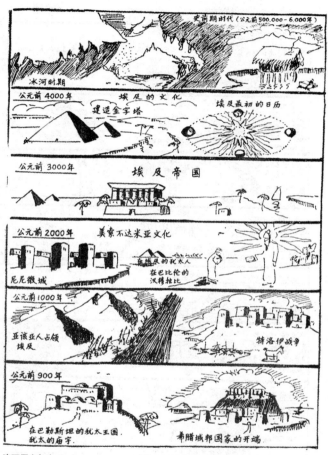

史前期时代（公元前500,000－6,000年）

冰河时期

公元前4000年　　　埃及的文化
建造金字塔　　　　　埃及最初的日历

公元前3000年　　　埃及帝国

公元前2000年　　　美索不达米亚文化
尼尼微城　　　在埃及的犹太人
　　　　　　在巴比伦的汉穆拉比

公元前1000年
亚该亚人占领埃及　　　特洛伊战争

公元前900年
在巴勒斯坦的犹太王国，犹太的庙宇　　　希腊城邦国家的开端

连环历史年表（一）

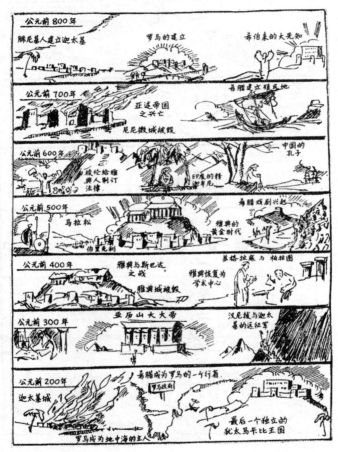

连环历史年表（二）

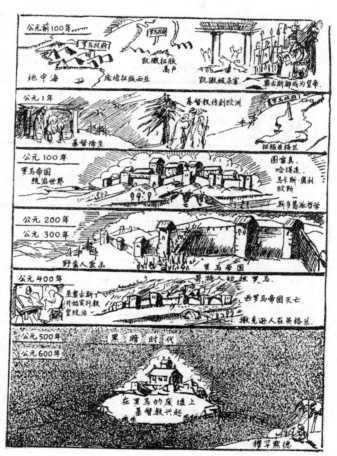

连环历史年表（三）

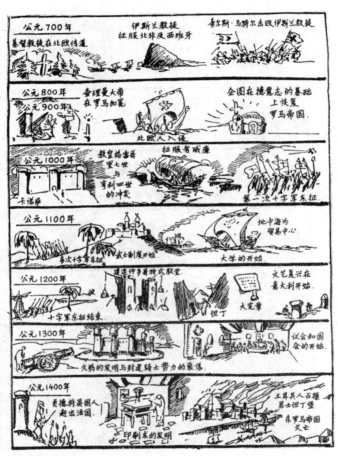

连环历史年表（四）

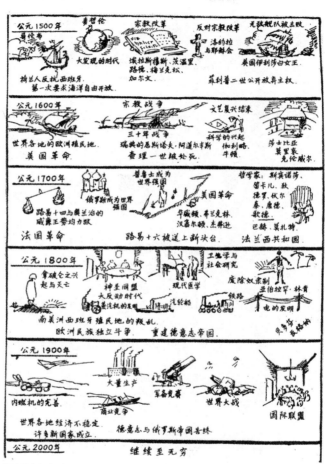

连环历史年表（五）